# 한국의 버섯도감

# 한국의 버섯도감

초판인쇄 | 2017년 7월 10일
초판발행 | 2017년 7월 14일

지 은 이 | 김양섭·석순자·박영준
펴 낸 이 | 고명흠
펴 낸 곳 | 푸른행복

출판등록 | 2010년 1월 22일 제312-2010-000007호
주    소 | 경기도 고양시 덕양구 통일로 140(동산동)
          삼송테크노밸리 B동 329호
전    화 | (02)3216-8401 / FAX (02)3216-8404
E-MAIL  | munyei21@hanmail.net
홈페이지 | www.munyei.com

ISBN 979-11-5637-071-0 (13400)

※ 이 책의 내용을 저작권자의 허락없이 복제, 복사, 인용, 무단전재하는 행위는 법으로 금지되어 있습니다.
※ 잘못된 책은 바꾸어 드리겠습니다.
※ 이 도서의 국립중앙도서관 출판예정도서목록(CIP)은 서지정보유통지원시스템 홈페이지(http://seoji.nl.go.kr)와
   국가자료공동목록시스템(http://www.nl.go.kr/kolisnet)에서 이용하실 수 있습니다.(CIP제어번호: CIP2017014130)

고려시대부터 현재까지 한국에 기록된
버섯 1875종 목록 최초 수록!

# 한국의 버섯도감

김양섭 · 석순자 · 박영준 共著

푸른행복

# 머리말

　생물은 식물, 동물, 균류 등으로 구분합니다. 그중 균류에 속하는 버섯은 균사체의 형태로 동물과 식물 사체의 섬유질을 분해하여 양분을 얻거나 식물의 뿌리에 균근을 형성하여 공생의 형태로 살아갑니다. 버섯은 곰팡이의 꽃으로 불리며, 번식을 위해 포자를 만들어내는 자실체를 만드는데, 이를 버섯이라고 부릅니다.

　버섯은 독특한 맛과 향으로 인해 우리 실생활과도 밀접한 관계를 맺고 있습니다. 고대 서양에서는 신의 음식으로 불렸으며, 중국에서는 불로장생할 수 있는 영험한 약으로 여겨져 귀한 대접을 받기도 했습니다. 우리나라에서도 『삼국사기』에 버섯을 진상품으로 이용했다는 기록이 처음으로 등장하였고, 고려시대 이인로의 『파한집(破閑集)』에는 송이에 대한 기록이 처음으로 실렸음을 확인할 수 있습니다.

　버섯의 항암 기능과 혈중 콜레스테롤을 감소시키는 기능은 성인병 치료와 예방에 도움을 주는 것으로 널리 알려져 현대인들에게는 건강을 지키는 데 꼭 필요한 식재료가 되었습니다. 최근 버섯에 대한 관심이 높아지면서 정확한 지식 없이 무분별하게 버섯을 채취하여 식용함으로써 독버섯 중독이나 사망사고가 늘어나는 추세입니다. 특히 장마철에는 야생 버섯의 발생이 증가하므로 버섯의 채취와 섭취에 정확한 확인과 각별한 주의가 필요합니다.

　또한 색이 화려하지 않고 세로로 잘 찢어지면 식용버섯, 화려하고 세로로 찢어지지 않으면 독버섯이라는 식의 구분법은 버섯에 의한 식중독 사고를 일으키는 중요한 단서가 되고 있습니다. 버섯은 형태와 특성을 바탕으로 종명을 확인한 후, 문헌으로 이용별 특성 자료를 검색하여 식용 및 약용 또는 독버섯을 구분해야 합니다.

　이 책에서는 이러한 요구를 반영하여 국내에서 자생하는 총 180종의 버섯들을 망라하여, 독자들이 야생에서 채취한 버섯에 대한 정보를 한눈에 볼 수 있도록 정리하였습니다. 여기에는 개암버섯 등 식용버섯 68종, 간버섯 등 약용버섯 23종, 갈색고리갓버섯 등 독버섯 49종, 갈변흰무당버섯 등 준독버섯 12종, 그리고 가랑잎꽃애기버섯 등 이용이 불명확한 불명버섯 28종 등이 포함되어 있습니다.

한편 버섯의 이름은 갓의 모양이나 크기, 색 등 형태나 고유한 특성에 따라 매우 다채롭고 특색 있게 명명됩니다. 독성의 특성을 의미하는 이름을 가진 버섯에는 갈황색미치광이버섯·파리버섯 등이 있고, 외형으로 유추할 수 있는 이름을 가진 버섯에는 곰보버섯·국수버섯·귀신그물버섯·노란망말뚝버섯·노린재포식동충하초·목도리방귀버섯·뱀껍질광대버섯·붉은사슴뿔버섯·오징어새주둥이버섯·용종버섯·족제비눈물버섯·찐빵버섯·찹쌀떡버섯·콩버섯·톱니겨우살이버섯 등이 있습니다.

이 책의 구성을 살펴보면, 식용버섯, 약용버섯, 독버섯, 준독버섯, 불명버섯 등 다섯 가지로 대별한 후, 한국명의 가나다순으로 정리하였습니다. 따라서 사전처럼 필요한 항목만 찾아보기도 편하게 구성하였습니다. 각 버섯의 분류체계는 Index fungorum에서 정리한 웹 DB를 기준으로 정리하였으며, 학명은 정명으로 인정한 것을 사용하였습니다. 그리고 한국명은 『한국의 버섯목록』(한국균학회, 2013)을 인용하였으며, 속명·과명 등이 없는 그룹은 새로 명명하거나 개칭하였습니다.

버섯의 종 특징 기술은 형태적 특징, 발생 시기 및 장소, 식용가능 여부, 분포, 참고 등으로 나누어 종 판단에 근거가 되는 특성을 최대한 수록하였습니다. 또한 자실체를 비롯한 갓, 대, 주름살, 인편 등 성장시기별로 변하는 부위별 사진을 수록하여 독자들에게 버섯에 대한 정확한 지식을 전달하고자 기술하였습니다. 또한 책 마무리는 고려시대부터 현재까지 기록된 1,875종의 국내 기록 버섯을 우리나라 최초로 정리하여 수록하였습니다.

단, 현재 사용 중인 버섯의 학명은 Index fungorum(2017년 1월)의 분류체계에 준하여 정리되었습니다. 그래서 버섯의 한국명 또한 이 시점을 기준으로 분류체계를 반영하여 정리하였습니다.

끝으로 버섯에 관심이 많은 야생버섯 동호회원들과 학생들, 그리고 산행을 즐기는 일반인들에게 이 책이 버섯에 관한 기초를 다지는 야생버섯 길잡이가 되기를 기대합니다.

저자 일동 씀

# 차례

머리말 • 4

일러두기 • 15

버섯의 일반적인 특성 • 16

버섯 구조에 관한 용어 • 20

## Part 1 식용버섯　24

| | | | |
|---|---|---|---|
| 개암버섯 26 | 고무버섯 30 | 국수버섯 32 | 굽은꽃애기버섯 34 |
| 귀신그물버섯 36 | 금무당버섯 40 | 기와버섯 42 | 긴꼬리버섯 46 |
| 까치버섯 50 | 꽃흰목이 52 | 꾀꼬리버섯 54 | 냉이무당버섯 56 |
| 너도벚꽃버섯 58 | 노란난버섯 62 | 노란달걀버섯 64 | 노란망말뚝버섯 68 |

 풀버섯
 황그물버섯
 황소비단그물버섯
 흰둘레그물버섯

## Part 2 약용버섯　　236

 간버섯
 간송편버섯
 구름송편버섯(구름버섯)
 꽃송이버섯

 나방꽃동충하초
 노린재포식동충하초
 단색털구름버섯
 동충하초

 말굽버섯
 먼지버섯
 목도리방귀버섯
 목질열대구멍버섯

 벌포식동충하초
 불로초(영지)
 산호침버섯
 손등버섯

아까시흰구멍버섯 280
옷솔버섯 284 
자작나무시루뻔버섯 288 
잔나비버섯 290 
잔나비불로초 292 
좀주름찻잔버섯 296 
한입버섯 298 

# Part 3 독버섯　　300

갈색고리갓버섯 302
갈황색미치광이버섯 305 
갓그물버섯 308 
개나리광대버섯 312 
검은띠말똥버섯 316 
검은망그물버섯 320 
고동색광대버섯 324 
금관버섯 326 
긴골광대버섯아재비 328 
깔때기버섯 332 
노란개암버섯 336 
노란젖버섯 340

| 노랑싸리버섯 344 | 달화경버섯 346 | 독우산광대버섯 348 | 독흰갈대버섯 352 |
| 땅비늘버섯 356 | 마귀곰보버섯 360 | 마귀광대버섯 364 | 맑은애주름버섯 368 |
| 무당버섯 370 | 미치광이버섯 374 | 뱀껍질광대버섯 378 | 붉은사슴뿔버섯 382 |
| 붉은싸리버섯 386 | 비탈광대버섯 390 | 삿갓외대버섯 394 | 소나무능이 398 |
| 암회색광대버섯아재비 400 | 애기무당버섯 404 | 어리알버섯 408 | 오징어새주둥이버섯 410 |
| 원반버섯 414 | 자주색싸리버섯 418 | 절구무당버섯아재비 422 | 점박이어리알버섯 426 |

| | | | |
|---|---|---|---|
| 젖버섯 430 |  진갈색주름버섯 432 |  큰우산광대버섯 436 |  턱받이광대버섯 440 |
|  파리버섯 444 |  푸른끈적버섯 448 |  황금싸리버섯 450 |  회색두엄먹물버섯 452 |
|  흙무당버섯 456 |  흰가시광대버섯 460 |  흰갈대버섯 464 |  흰꼭지외대버섯 466 |
|  흰오뚜기광대버섯 468 | | | |

# Part 4 준독버섯     472

갈변흰무당버섯 474

검은비늘버섯 476

곰보버섯 479

넓은큰솔버섯 482

한국의 버섯도감

## Part 5 불명버섯 510

삼색도장버섯 546 | 솔방울털버섯 550 | 신알광대버섯 552 | 용종버섯 556
이끼버섯 558 | 장미자색구멍버섯 562 | 접시버섯 564 | 제주쓴맛그물버섯 566
좀노란밤그물버섯 570 | 종버섯 572 | 찐빵버섯 574 | 치마버섯 577
콩버섯 581 | 털가죽버섯 584 | 톱니겨우살이버섯 587 | 흰애주름버섯 590

## Part 6 고려시대부터 현재까지 기록된 버섯 목록 592

부록 용어 설명 • 686 | 국명 찾아보기 • 694 | 학명 찾아보기 • 698 | 참고문헌 • 703

## 일러두기

- 대한민국에 자생하는 버섯들로 구성하였고, 버섯 항목마다 학명, 형태적 특징, 발생 시기 및 장소, 식용 가능 여부, 분포, 참고할 내용 등을 최대한 수록하였다.
- 버섯명은 **식용**, **약용**, **독**, **준독**, **불명 버섯의 5가지로 구분**하여 색으로 표시하였다.
- 버섯 사진은 생장과정에 따라 변화가 심하여 식별하기가 어려운 점을 감안하여 되도록 다양한 형태의 사진을 수록하고자 하였으며, 갓 위 또는 자실층을 위주로 촬영한 사진과 갓 밑부분에서 촬영한 사진을 각각 수록하도록 노력하였다.
- 어려운 과학 용어나 한자어는 가능한 한 쉬운 우리말로 쉽게 풀어 설명하고자 하였다.
- 버섯 구조에 관한 용어 및 용어 설명 등을 여러 자료집에서 발췌하여 수록하였다.
- 분류체계는 Index fungorum에서 정리한 웹 DB를 기준으로 정리하였으며, 학명은 위의 웹 DB에서 정명으로 정한 것을 인용하였다. 한국명은 한국균학회에서 발간한 한국의 버섯 목록(2013)을 인용하였으며 속명, 과명 등이 잘못되었거나 없는 그룹은 신칭 또는 개칭을 하였다.
- 고려시대부터 현재까지 기록된 버섯 1875종을 우리나라 최초로 정리 수록하였다. 정리순서는 학명의 알파벳순으로 정리하였다.
- 현재 사용중인 한국명과 학명의 색인표는 2017년 1월의 Index fungorum 분류체계에 준해 정리되었습니다. 그러나 균학자들에 의해 계속 분류위치가 변경되고 있어 한국의 버섯연구관련 학회에서 인증된 자료를 중심으로 본 책자에 반영한 것입니다.

# 버섯의 일반적인 특성

### 균류의 특성

균류(fungi)는 진핵생물의 하나로, 효모와 곰팡이, 버섯 등이 포함되며, 진균류라고 부르기도 한다. 균류 세포는 핵막이 있으며 일반적으로 세포벽이 식물과 달리 키틴으로 구성되어 있고, 엽록소 등과 같은 동화색소가 없는 점이 특징이다. 따라서 고등식물처럼 광합성을 하여 스스로 양분을 만들지 못하므로 다른 생물체나 유기물에 기생 또는 부생을 한다. 주로 동식물이 만든 유기물에 의존하여 영양을 섭취하는 형태로 살아간다. 이런 균류는 생태계 내에서 초·목본류의 리그닌과 셀룰로오스를 분해하고 대기 중으로 이산화탄소와 물을 내보낸다. 이들의 생활사는 유성포자가 발아하여, 기질 내에서 생장 상태를 거쳐 다시 원래의 포자 형성을 하는 과정을 말하는데, 반드시 규칙적인 생활사를 거치지는 않는다. 포자는 운동성이 없으므로 바람이나 비, 곤충의 소화기에 의하여 전파된다. 균류는 단시간에 많은 양의 포자를 형성하고, 공중·수중·땅속 등 어느 곳에나 부착한 후 환경조건이 알맞으면 발아하여 균사를 뻗어 살아간다.

균류 중 버섯(mushroom)은 곰팡이의 번식체인 유성포자를 가지는 자실체를 말한다. 즉 균류 중에서 영양생장세대에 균사체(hyphae)로 살아가다가 생식생장세대(유성세대)에서 자실체(버섯)를 만드는 곰팡이를 버섯이라고 부른다. 그래서 버섯은 나무에 달린 사과와 유사

〈헌구두솔버섯의 균사체〉

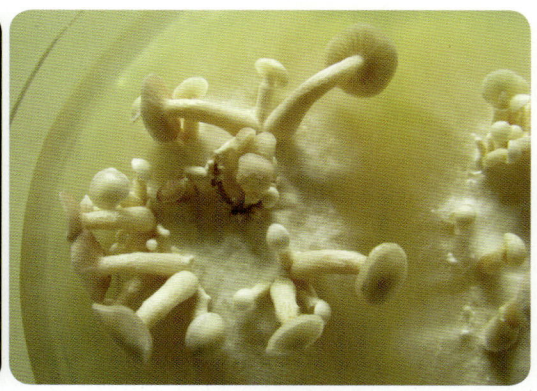

〈자갈버섯의 자실체〉

〈버섯의 발생장소〉

하다. 버섯 균사체는 다양한 기질에서 살아간다. 균사체는 기질의 유기물(섬유소, 리그닌 등)을 분해하는 효소를 내어 가용성 영양분을 만들고 이것을 균사체의 성장에 이용한다. 균사체는 습도, 온도, 산도, C/N율 등 다양한 환경 요소가 적합한 상태로 유지되면 기질 내에서 지속적으로 성장한다. 특히 흙에서 성장하는 균사체를 토질성(terrestrial), 나무에서 성장하는 균사체를 호목재성(lignicolous), 분변에서 성장하는 균사체를 분서식성(coprophilous), 다른 버섯 위에서 성장하는 균사체를 버섯기생성(fungicolous)으로 구분한다. 버섯이 잘 자라는 환경요인은 버섯 종별로 차이가 있으나 대부분 인공재배가 가능한 버섯류는 특정 나무와 연관 지어 찾을 수 있다. 그리고 일부 버섯의 균사체는 균근성(mycorrhizal)이라 불리며 살아 있는 나무의 뿌리와 공생 관계를 형성하는 것들도 많이 알려져 있다.

## 생활사

균사체는 성장 과정에서 다양한 물리적, 화학적, 생물학적, 영양학적 변화로 번식단계인 자실체(mushroom)를 형성한다. 그리고 자실체에서 만들어진 유성포자는 적합한 기질로 낙하하여 두 종류의 균사체로 발아한다. 이 균사체들을 단핵균사체라 부르며, 외관상으로는 유사하지만 각각 다른 핵의 성질을 가진다. 그중 하나는 플러스(+), 다른 하나는 마이너스(−) 계통이다. 각각 다른 핵을 가진 일차균사(primary mycelia)가 결합하여 두 종류의 세포핵을 갖는 2차균사를 형성한다. 2차균사는 기질 속에 원기(primordium)를 형성하고 환경요인에 따라 1~3주 후에 균사의 집합체인 어린 자실체(button) 형태로 성장한다. 알 모양의 어린 자실체는 갓과 대로 성장을 해서 성숙한 자실체가 된다. 외피막(universal veil)은 어린 버섯을 완전히 덮는 막이고, 성장하면 대주머니와 갓 표면의 인편이나 돌기로 남게 된다. 자실층(포자형성층)은 주름살과 관공 등으로 성장한 후 포자를 산출하는 조직이다. 내피막(partial veil)은 자실층을 보호하는 막이며, 대가 땅에서 위쪽으로 길어지면 성숙포자는 비산하기 위해 갓에서 떨어져 대부분 대의 상부에 위치한다. 그래서 내피막의 흔적을 턱받이라 부른다.

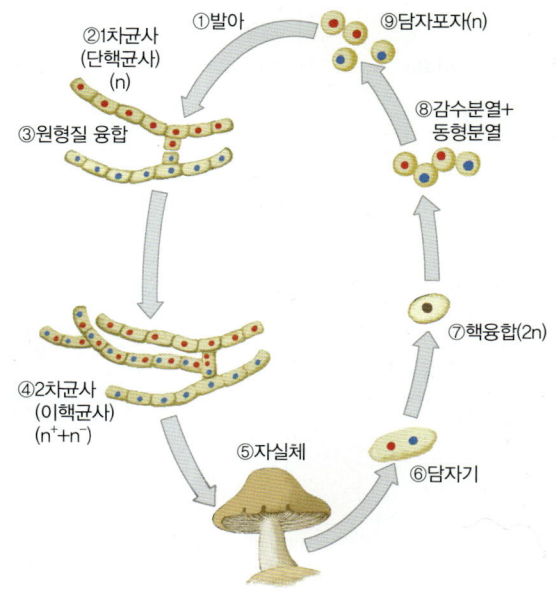

〈버섯의 생활주기〉

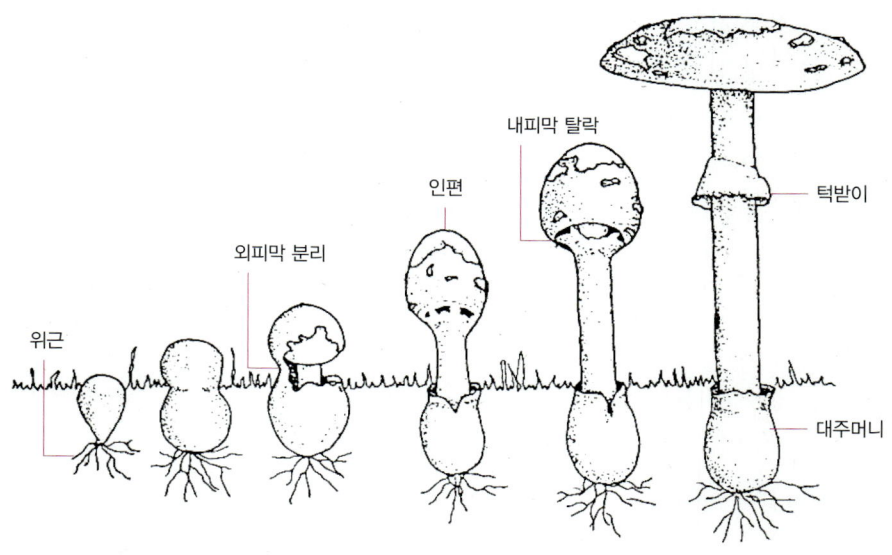

〈버섯(광대버섯)의 성장단계〉

### 식용버섯과 독버섯의 구별법

식용버섯과 독버섯의 구별법은 따로 있는 것이 아니다. 버섯도 다른 생물과 마찬가지로 형태적인 특성에 의해 종(species)을 구분한 후, 국내외 발표된 문헌을 통하여 식용버섯과 독버섯의 여부를 판단하고 있다. 특히 버섯은 현미경으로 관찰해야 하는 미세구조의 특성이 종을 결정하는 주요인이 되는 경우가 많다. 그러므로 항상 정확한 동정을 위해서는 미세구조를 확인할 수 있는 표본을 보관한 후, 버섯의 이름을 확인할 수 있는 전문기관을 방문하여 종 구분을 해야 한다. 버섯의 일반적인 외형은 그림(〈버섯의 부위별 명칭〉)과 같으나, 일부 버섯들은 전혀 다른 모양을 나타내기도 한다.

일반인이 버섯의 색깔과 모양, 벌레가 먹은 흔적의 유무, 찢어지는 양상 등으로 식용버섯과 독버섯을 구분할 수 있다는 오류를 범하고 있기 때문에 가끔씩 독버섯 중독사고가 발생하고 있다. 우리나라 산야에는 식용버섯의 종류와 유사한 독버섯들이 많으므로 야생에서 버섯을 채취하는 경우에는 반드시 주의해야 한다. **잘못 알려진 식용버섯과 독버섯의 구별법은 아래와 같다.** 근거없는 내용이므로 식용·독버섯 판별에 이용하면 안 된다.

**잘못 알려진 식용버섯과 독버섯의 구별법**

| 식용버섯 | 독버섯 |
| --- | --- |
| ● 색이 화려하지 않고 원색이 아닌 것 | ● 색이 화려하거나 원색인 것 |
| ● 세로로 잘 찢어지는 것 | ● 세로로 잘 찢어지지 않는 것 |
| ● 유액이 있는 것 | ● 유액이 없는 것 |
| ● 대에 띠가 있는 것 | ● 벌레가 먹지 않은 것 |
| ● 곤충이나 벌레가 먹은 것 | ● 요리에 넣은 은수저가 변색되는 것 |
| ● 요리에 넣은 은수저가 변색되지 않는 것 | ● 가지나 들기름을 넣으면 독성이 없어진다는 생각 |

# 버섯 구조에 관한 용어

[ 버섯의 형태 ]

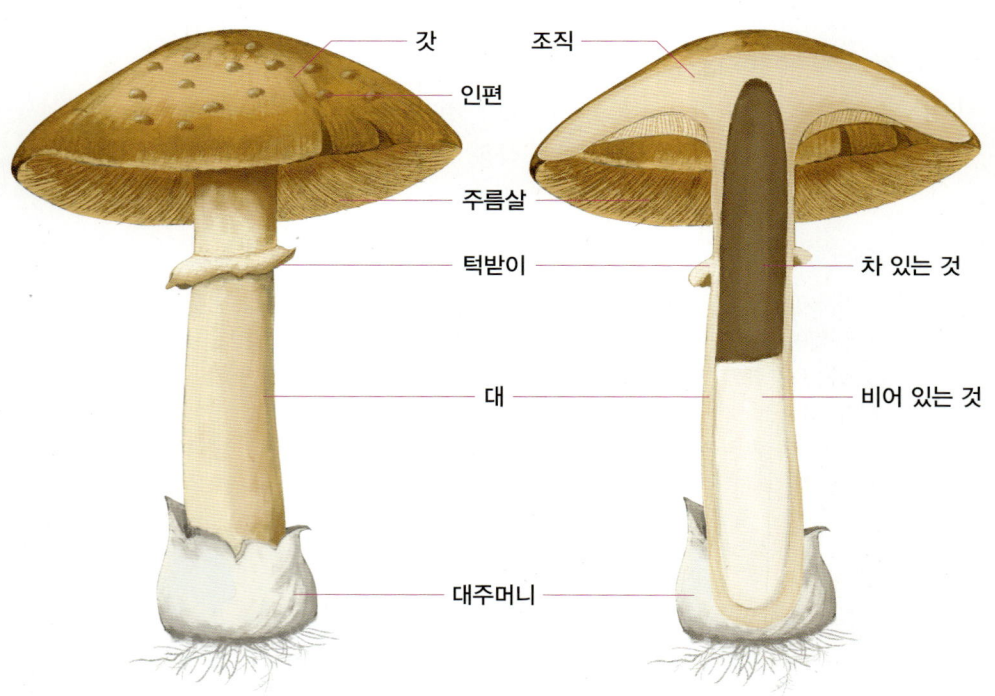

## [ 갓이 대에 붙은 모양 ]

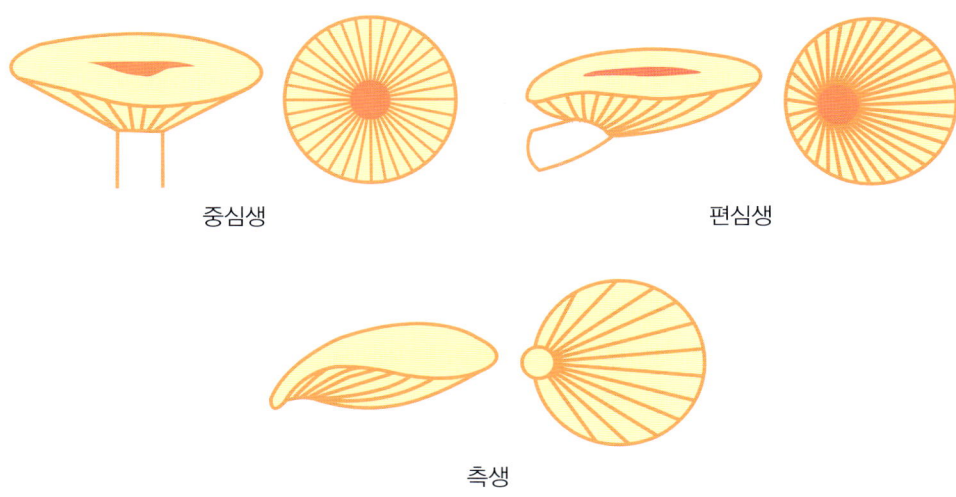

## [ 갓의 모양 ]

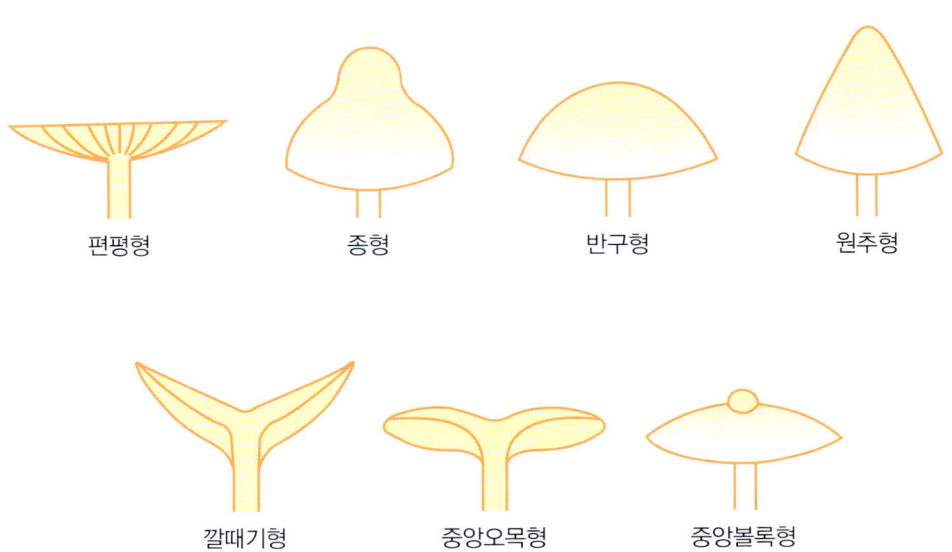

## [ 주름살이 붙은 모양 ]

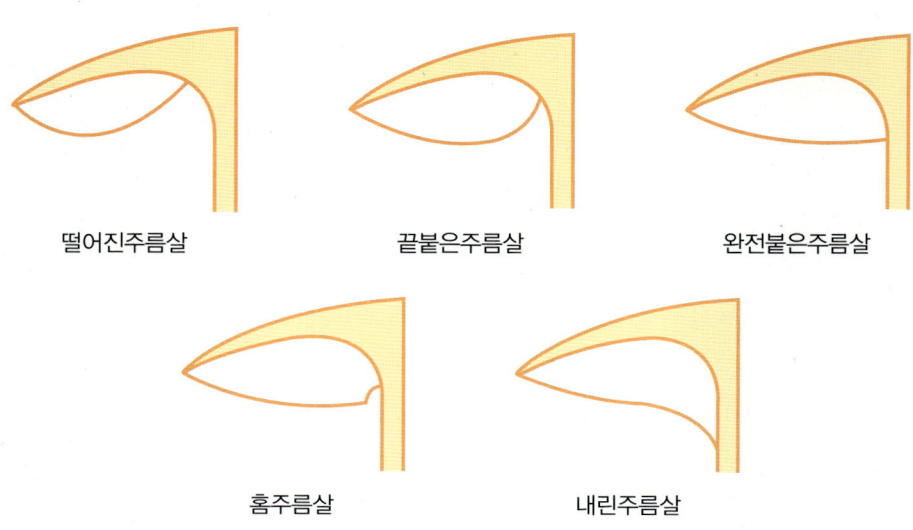

## [ 주름살의 밀도 ]

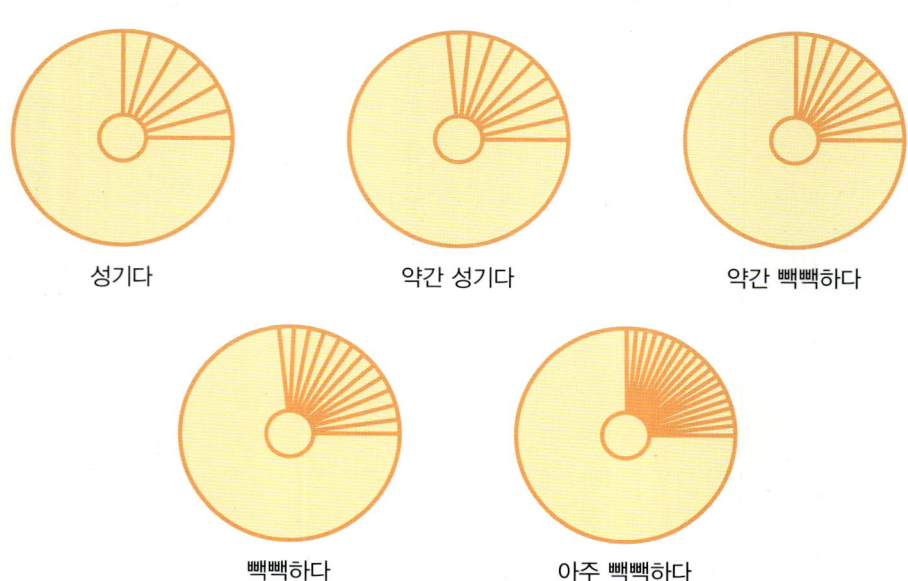

## [ 대 기부의 모양 ]

원통형      곤봉형

## [ 대의 속 모양 ]

 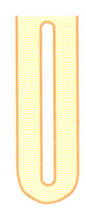

대속찬형      대속빈형

## [ 버섯의 발생 형태 ]

홀로 발생(단생)      흩어져 발생(산생)      무리지어 발생(군생)

뭉쳐서 발생(속생)      겹쳐서 발생(복생)      동심원상으로 발생(균륜)

한국의 버섯도감

# Part 1 식용버섯

개암버섯
고무버섯
국수버섯
굽은꽃애기버섯
귀신그물버섯
금무당버섯
기와버섯
긴꼬리버섯
까치버섯
꽃흰목이
꾀꼬리버섯
냉이무당버섯
너도벚꽃버섯
노란난버섯
노란달걀버섯
노란망말뚝버섯
노랑느타리
노루궁뎅이
느타리
다발방패버섯
달걀버섯
대공그물버섯
들주발버섯

땅찌만가닥버섯
말뚝버섯
말불버섯
말징버섯
망태말뚝버섯
명아주개떡버섯
목이
밀꽃애기버섯
배젖버섯
버터철쭉버섯
볏싸리버섯
부채버섯
분홍느타리
붉은창싸리버섯
빨간난버섯
뿔나팔버섯
새벽꽃버섯
색시졸각버섯
세발버섯
송이
싸리버섯
애기볏짚버섯
양송이

잎새버섯
자주방망이버섯아재비
작은맛솔방울버섯
적색신그물버섯
접시그물버섯
족제비눈물버섯
졸각버섯
주름버섯
주름볏싸리버섯
참낭피버섯
참부채버섯
찹쌀떡버섯
큰갓버섯
큰낙엽버섯
큰눈물버섯
털목이
팽나무버섯(팽이)
표고
풀버섯
황그물버섯
황소비단그물버섯
흰둘레그물버섯

# 개암버섯

*Hypholoma lateritium* (Schaeff.) P. Kumm.

담자균문 Basidiomycota | 주름버섯강 Agaricomycetes | 주름버섯목 Agaricales | 포도버섯과 Strophariaceae | 개암버섯속 Hypholoma

**형태적 특징**  개암버섯의 갓은 지름이 3~8㎝ 정도이며, 처음에는 반구형이나 성장하면서 편평형이 되며, 갓 가장자리에 백색의 섬유질상 내피막 잔유물이 있으나 성장하면서 소실된다. 갓 표면은 갈황색 또는 적갈색이며, 습할 때 점성이 있고, 갓 주변부는 연한 색이며, 백색의 섬유상 인편이 있다. 조직은 비교적 두꺼우며, 황백색이다. 주름살은 완전붙은주름살형이며, 약간 빽빽하고, 초기에는 황백색이나 차차 황갈색을 거쳐 자갈색이 된다. 대의 길이는 5~15㎝ 정도이며, 위아래 굵기가 비슷하거나 다소 아래쪽이 굵다. 대의 위쪽은 연한 황색이고, 아래쪽은 황적갈색이며, 섬유상 인편이 빽빽이 퍼져있다. 대 속은 성장하면서 비어간다. 턱받이는 없다. 포자문은 자갈색이며, 포자 모양은 타원형이다.

**발생 시기 및 장소**  늦가을에 죽은 나무 그루터기에 뭉쳐 무리지어 발생하며 목재부후성 버섯이다.

**식용 가능 여부**  식용버섯

**분포**  한국, 북반구 온대 이북

**참고**  북한명은 밤버섯이며, 다발버섯과 비슷하나 본 종은 쓴맛이 없다는 점에서 쉽게 구별된다.

◉ 담황갈색을 띠는 주름살

◉ 갈황색의 갓

✪ 섬유질상의 털이 있는 어린 버섯

✪ 내피막 잔유물이 모두 소실된 성숙한 버섯

✪ 대 위쪽은 연황색을 띠고 기부는 황적갈색을 띠는 모습

○ 다발로 발생하는 자실체

○ 황색을 띠는 자실체

# 고무버섯

*Bulgaria inquinans* (Pers.) Fr.

자낭균문 Ascomycota | 두건버섯강 Leotiomycetes | 두건버섯목 Leotiales |
고무버섯과 Bulgariaceae | 고무버섯속 Bulgaria

◯ 접시 모양인 윗면

◯ 고무처럼 탄력이 있다.

**형태적 특징**  고무버섯의 자실체 크기는 1~3㎝ 정도이고, 성장 초기에는 팽이 모양이고, 기부 쪽으로 점점 좁아진다. 전체 모양은 원형 또는 유원형이며 종종 무리지어 발생하며, 일그러진 타원형으로 자라기도 한다. 성장하면 정단부가 넓어져 접시 모양을 이루기도 한다. 자실층은 윗면이 검고 편평하다. 하단은 비듬상 인피가 있으며, 연한 갈색 또는 흑갈색을 띤다. 조직은 젤라틴질이고, 고무처럼 강한 탄성이 있으며, 황토색을 띤다. 대 없이 기주의 표피에서 직접 발생한다. 자낭포자는 넓은 타원형이며, 연한 갈색이다.

**발생 시기 및 장소**  초여름부터 가을까지 참나무류의 활엽수 고사목이나 그루터기에서 목재를 썩히며 무리지어 발생한다.

**식용 가능 여부**  식용버섯

**분포**  한국, 전 세계

**참고**  표고 재배 골목에서 병원균으로 발생하여 많은 피해를 주기도 한다.

◯ 대가 없이 기주의 표피에서 발생한다.

# 국수버섯

*Clavaria fragilis* Holmsk.

담자균문 Basidiomycota | 주름버섯강 Agaricomycetes | 주름버섯목 Agaricales |
국수버섯과 Clavariaceae | 국수버섯속 Clavaria

**형태적 특징**　국수버섯의 자실체는 원통형, 원통상 방추형 또는 좁은 곤봉상 방추형이며, 정단부의 끝은 둥그스름하거나 뭉툭하고, 드물게는 끝이 둘로 갈라지며 종종 상단부가 휘어져 있다. 표면은 평활하고 백색을 띠며 끝부분은 종종 옅은 황색을 띤다. 성숙 후에는 퇴색되어 옅은 황색을 띤다. 자실층은 자실체의 표면 전면에 골고루 퍼져 있으며, 평활하거나 다소 미분질상이다. 기부의 대는 특별한 경계가 없다. 조직은 얇고 백색이며, 잘 부서진다. 맛과 향기는 부드럽다.

**발생 시기 및 장소**　여름부터 가을 사이에 활엽수림 내의 땅 위에 다수가 모여 나거나 무리지어 발생한다.

**식용 가능 여부**　식용버섯

**분포**　한국, 일본, 동아시아, 유럽, 북아메리카

● 원통형 자실체

● 둥그스름한 자실체 정단부 끝

# 굽은꽃애기버섯

*Gymnopus dryophilus* (Bull.) Murrill

담자균문 Basidiomycota | 주름버섯강 Agaricomycetes | 주름버섯목 Agaricales |
화경버섯과 Omphalotaceae | 꽃애기버섯속 Gymnopus

◐ 주름살은 백색을 띤다.

**형태적 특징**  굽은꽃애기버섯의 갓은 지름이 1~4㎝ 정도이며, 초기에는 둥근 산 모양이지만 성장하면서 거의 편평한 모양으로 되고 가장자리가 위로 올라가며, 표면은 매끄럽고 황토색이나, 마르면 색이 연해진다. 주름살은 끝붙은주름살형으로 백색 또는 연한 크림색이며, 폭이 좁고 빽빽하다. 대의 길이는 2~6㎝, 굵기는 0.2~0.4㎝ 정도이며, 기부와 부착된 부분이 조금 굵다. 포자 모양은 타원형이다.

**발생 시기 및 장소**  봄에서 가을까지 숲 속의 부식토 또는 낙엽에 무리지어 발생하며, 낙엽부후성 버섯이다.

**식용 가능 여부**  식용버섯

**분포**  한국, 전 세계

**참고**  낙엽을 분해하여 자연으로 환원시키는 역할을 한다.

◐ 갓이 크림색인 자실체

# 귀신그물버섯

*Strobilomyces strobilaceus* (Scop.) Berk.

담자균문 Basidiomycota | 주름버섯강 Agaricomycetes | 그물버섯목 Boletales |
그물버섯과 Boletaceae | 귀신그물버섯속 Strobilomyces

**형태적 특징**   귀신그물버섯의 갓은 크기가 3.2~10㎝이며 초기에는 반반구형이며 갓 끝은 섬유상막질의 내피막이 있다. 성장하면 반반구형 또는 편평상 반반구형이며, 갓 끝에는 회색의 섬유상 막질인 내피막 잔유물이 부착되어 있다. 표면은 건성으로 어두운 갈색 또는 흑갈색이며 면모상 인피가 솔방울형이다. 조직은 백색이나 상처를 입으면 적색으로 변하고 시간이 경과하면 흑색으로 된다. 맛은 부드럽고, 냄새는 불분명하다. 관공은 길이가 0.8~1.3㎝로 초기에는 완전붙은관공형이나 성장하면 대 주위가 함몰된 홈관공형으로 된다. 초기에는 백색 또는 회백색이나 성장 후에 어두운 회색 또는 갈흑색으로 되며, 상처를 입으면 붉은색으로 변하고 후에 검은색으로 된다. 관공구는 다각형이고, 0.1~0.13㎝로 크며, 관공과 같은 색이며, 상처를 입으면 같은 색으로 변한다. 대는 크기가 4.6~14.8㎝로 원통형이며, 위아래 굵기가 비슷하거나 기부 쪽이 다소 굵은데 드물게는 상부 쪽이 다소 굵다. 표면은 건성이고, 정단부위는 회백색 또는 백회색이고, 그 아래쪽은 어두운 회갈색 또는 흑갈색을 띠며, 종으로 긴 돌기망목이 있고, 면모상 인피가 피복되어 있다. 상부에 면모상 막질의 턱받이가 있으나 곧 소실된다. 견고하고, 속은 차 있으나 잘 부러진다. 포자문은 흑갈색 또는 흑색이고, 포자 모양은 유구형 또는 짧은 타원형이고, 표면에 돌기망목(0.4~1.3㎛)이 잘 발달되어 있다.

**발생 시기 및 장소**   여름에서 가을 사이에 너도밤나무, 졸참나무, 신갈나무, 적송림 등 지상에 홀로 나거나 무리지어 발생한다.

**식용 가능 여부**   식용버섯

**분포**   한국, 북반구 일대

**참고**   본 종은 자실체 전체가 흑색으로 되고, 갓 표면에 솔방울 모양의 인피가 있으며, 상처를 입으면 적변 후 흑색으로 된다는 점이 특징적이다. 털귀신그물버섯(*Stroblomyces confusus* Sing.)과 매우 유사하나 후자는 갓 표면의 인피가 직립이고, 포자가 수국꽃 모양이란 점에서 쉽게 구별된다. 그러나 유사종으로서 일본에서 *Strobilomyces seminudus* Hongo가 보고되어, 귀신그물버섯류에 대하여 재검토가 필요하다. 두 종의 영어 이름은 "old man of the woods"로 같다.

◐ 종으로 긴 돌기망목이 있는 대

○ 면모상 인피가 솔방울형인 갓 표면

○ 갓 끝에 있는 회색의 내피막의 잔유물

귀신그물버섯 · 39

# 금무당버섯

*Russula aurea* Pers.

담자균문 Basidiomycota | 주름버섯강 Agaricomycetes | 무당버섯목 Russulales |
무당버섯과 Russulaceae | 무당버섯속 Russula

⊕ 백색의 대

⊕ 주름살 끝은 황색을 띤다.

**형태적 특징**   금무당버섯의 갓은 지름이 4~8㎝ 정도로 처음에는 반구형이나 성장하면서 오목편평형이 된다. 갓 표면은 적황색 또는 연한 황색이나 습하면 점성이 나타난다. 조직은 백색이나 표피 밑은 황색이다. 주름살은 떨어진주름살형이며, 빽빽하고, 처음에는 백색이나 성장하면서 연한 황색이 되며, 주름살 끝은 황색이다. 대의 길이는 5~9㎝ 정도이며, 처음에는 백색이나 성장하면서 연한 황록색이 된다. 포자문은 황토색이며, 포자 모양은 유구형이다.

**발생 시기 및 장소**   여름부터 가을 사이에 활엽수림, 침엽수림 내의 땅 위에 홀로 발생한다.

**식용 가능 여부**   식용버섯

**분포**   한국, 일본, 중국, 유럽 등 북반구 일대

⊕ 갓 표면이 적황색을 띠고 점성이 있는 자실체

# 기와버섯

*Russula virescens* (Schaeff.) Fr.

담자균문 Basidiomycota | 주름버섯강 Agaricomycetes | 무당버섯목 Russulales | 무당버섯과 Russulaceae | 무당버섯속 Russula

○ 어린 자실체   ○ 소수 무리지어 발생하는 자실체

**형태적 특징**　기와버섯의 갓은 크기가 4.5~13.5㎝로 초기에는 반구형이나 성숙하면 편평형 또는 중앙오목편평형으로 되며, 드물게는 갓 끝이 반전되기도 한다. 표면은 건성이고, 녹색 또는 녹회색을 띠며, 표면은 불규칙하게 다각형 또는 귀열상으로 갈라지며 갈라진 사이에 유백색의 조직이 보인다. 조직은 백색이고 어린 시기에는 다소 견고하며, 맛과 향기는 부드럽다. 주름살은 대에 떨어진주름살이며 다소 빽빽하고, 초기에는 백색이지만 시간이 경과하면 다소 옅은 황백색을 띠며, 주름살날은 분질상이다. 대는 크기가 3.2~9.7㎝로 원통형이고, 위아래 굵기가 비슷하다. 표면은 평활하고 다소 주름선이 종으로 있으며, 백색 또는 유백색이며, 상처를 입어도 변색하지 않는다. 대 속은 초기에는 차 있으나 성장하면 다소 스폰지화 된다. 포자문은 백색이며, 포자 모양은 유구형이다. 포자의 표면에는 멜저용액에서 회청색을 띠는 돌기와 미세한 돌기망목이 있다.

**발생 시기 및 장소**　여름부터 가을 사이에 주로 잡목림 내의 지상에 홀로 또는 흩어져 나거나 소수 무리지어 발생한다.

**식용 가능 여부**　식용버섯

**분포**　한국, 동남아시아, 유럽, 북아메리카

**참고**　본 종은 갓의 표면이 녹색 또는 녹회색을 띠고, 성장하면 갓 표피가 갈라져 마치 깨진 기와를 늘어놓은 것처럼 된다는 점이 특징적이며, 국내에서는 야생 식용버섯 중에 옛날부터 널리 알려진 식용버섯이다.

◉ 중앙오목편평형인 갓

◉ 반구형의 갓

◉ 유백색의 조직

◉ 대에 떨어진주름살

◉ 반전된 갓 끝

◉ 원통형의 대

◉ 불규칙하게 갈라진 표면

# 긴꼬리버섯

*Hymenopellis radicata* (Relhan) R. H. Petersen

담자균문 Basidiomycota | 주름버섯강 Agaricomycetes | 주름버섯목 Agaricales | 뽕나무버섯과 Physalacriaceae | 긴꼬리버섯속 Hymenopellis

○ 지중의 뿌리 길이가 긴 대   ○ 상부 쪽은 백색이고 아래쪽은 점차 황갈색을 띠는 대

**형태적 특징**   긴꼬리버섯의 갓은 크기가 3.5~10.5㎝이고, 모양은 초기에는 반구형 또는 반반구형이나, 성숙하면 중앙볼록편평형이 되며, 옅은 황토갈색 또는 담회갈색을 띠며, 표면은 방사상의 주름이 현저하게 있고, 습할 때는 젤라틴질층이 두껍게 덮여 있다. 조직은 갓 중앙부는 두꺼우며, 끝 부위는 다소 얇다. 표피층 아래는 회갈색을 띠며 그 외는 백색이고, 맛과 향기는 부드럽다. 주름살은 대에 완전붙은주름살 또는 끝붙은주름살이며, 성글고 넓으며 편복형이고, 백색이다. 주름살날은 분질상이다. 대는 지상부의 크기가 5.5~12.3㎝(지중의 뿌리 길이는 3.5~23㎝)이고, 방추형이나 드물게는 다소 편압되어 있다. 상부 쪽은 백색이고 분상이며 섬유질상의 선이 보이고, 아래쪽은 점차 갓보다 옅은 황토색 또는 황갈색을 띠며, 종으로 섬유상 선이 있고, 종종 뒤틀려 있다. 포자문은 백색이다. 포자 모양은 광타원형이고, 평활하며 세포벽은 얇고, 대부분 하나의 커다란 기름방울이 있으며, 포자문은 백색이다.

**발생 시기 및 장소**   여름에서 가을 사이에 활엽수 또는 침엽수의 뿌리 또는 묻혀 있는 나무토막에서 발생한다.

**식용 가능 여부**   식용버섯

**분포**   한국, 동아시아, 유럽, 북아메리카

◆ 황토갈색의 갓 표면

◆ 습할 때 젤라틴층이 덮인 표면

**참고** 본 종은 외관상 *Oudemansiella melanotricha* Dorfelt 매우 비슷하나 후자는 갓 표면에 방사상의 홈선이 없고, 젤라틴질이 없으며, 갓 표피상층과 대에 강모체(setae)가 산재해 있으며, 포자가 유구형이란 점에서 쉽게 구별된다. 본 종의 국내 표본재료의 포자는 유럽종의 포자(Breitenbach & Kranzlin, 13~15.6×9~10.5㎛)의 것보다 크므로 앞으로 대륙 간의 표본에 대해 세밀한 조사 관찰이 필요하다고 본다.

◆ 백색인 주름살

◯ 중앙볼록편평형인 갓

◯ 방사상의 주름이 있는 표면

# 까치버섯

*Polyozellus multiplex* (Underw.) Murrill

담자균문 Basidiomycota | 주름버섯강 Agaricomycetes | 사마귀버섯목 Thelephorales | 사마귀버섯과 Thelephoraceae | 까치버섯속 Polyozellus

○ 파상형의 갓 가장자리

○ 꽃양배추와 유사한 형태를 가진 자실체

**형태적 특징**　까치버섯은 높이 5~15㎝, 너비 5~30㎝ 정도이며, 하부의 대는 하나이지만 분지하여 여러 개의 갓이 된다. 갓은 지름 5㎝ 정도로 꽃양배추 또는 잎새버섯 모양이며, 두께가 얇고, 끝 부분은 파상형이다. 표면은 매끄럽고, 흑청색 또는 남흑색을 띤다. 조직은 얇고 육질이나 약간 질기다. 자실층은 내린형이며, 회백색 또는 회청색이고, 백색의 분질물로 덮여 있다. 대의 길이는 2~5㎝ 정도이며, 원통형이며, 갓과 경계가 불분명하고, 갓과 같은 색을 띠며, 조직은 연하나 건조하면 단단해진다. 포자문은 백색이며, 포자 모양은 구형이다.

**발생 시기 및 장소**　가을에 침엽수림, 활엽수림 또는 혼합림 내 땅 위에 무리지어 나거나 홀로 발생한다.

**식용 가능 여부**　향기와 맛이 좋은 식용버섯이다.

**분포**　한국, 동아시아, 북아메리카

**참고**　강원도 일부 지역에서는 '먹버섯'이라고도 하고, 양양지역에서는 '고무버섯', '곰버섯'이라고도 한다. 해조류의 톳과 비슷한 향기가 나며, 쫄깃하고 씹는 맛이 좋다.

○ 송이와 같은 장소에서 발생한다.

○ 회청색을 띠는 자실층

# 꽃흰목이

*Tremella foliacea* Pers.

담자균문 Basidiomycota | 흰목이강 Tremellomycetes | 흰목이목 Tremellales |
흰목이과 Tremellaceae | 흰목이속 Tremella

◯ 반투명 아교질의 자실체

◯ 수피가 갈라진 곳에서 발생

**형태적 특징** 꽃흰목이는 지름이 3~10㎝이고, 높이는 2~6㎝ 정도이며, 꽃잎 모양으로 반투명의 아교질이다. 일반적으로 나무의 수피가 갈라진 곳에서 나오며, 갓은 성장하면서 주름져 있거나 불규칙한 꽃잎 모양을 이룬다. 갓 표면은 매끄럽고, 연한 갈색 또는 적갈색을 띠며, 건조하면 흑갈색으로 오므라들거나 단단해지고, 습기를 흡수하면 원상태로 회복된다. 자실층은 표면의 양쪽 면에 분포되어 있으며, 기부는 다소 단단하고 갈색을 띤다. 포자문은 백색이고, 포자 모양은 난형이다.

**발생 시기 및 장소** 여름부터 가을 사이에 활엽수의 고목, 죽은 가지에 뭉쳐서 발생하며 기부는 하나이다. 목재를 썩히는 부생생활을 한다.

**식용 가능 여부** 식용, 약용, 항암버섯으로 이용된다.

**분포** 한국, 전 세계

**참고** 흰목이와 매우 비슷하나 버섯 전체가 갈색을 띤다는 점이 다르다.

◯ 자실층은 양쪽 면에 분포하여 포자를 만든다.

# 꾀꼬리버섯

*Cantharellus cibarius* Fr.

**담자균문** Basidiomycota | **주름버섯강** Agaricomycetes | **꾀꼬리버섯목** Cantharellales | **꾀꼬리버섯과** Cantharellaceae | **꾀꼬리버섯속** Cantharellus

◐ 나팔형의 자실체　　　　　　　　　　　　　　　　　　◐ 갓은 난황색을 띤다.

**형태적 특징**　꾀꼬리버섯의 크기는 3~10㎝ 정도이며, 갓의 지름은 3~8㎝ 정도이고, 나팔형이나 성장하면서 편평해진다. 표면은 난황색을 띠나 성장하면서 연한 난황색을 띤다. 갓 둘레는 불규칙하게 굴곡이 지거나 갈라져 있다. 조직은 약간 두꺼우며, 질기고, 연한 황색을 띤다. 주름살은 대에 길게 내린주름살형으로 약간 빽빽하며, 황색이고, 주름살 사이에 연락맥이 있다. 대의 길이는 2~7㎝ 정도이며, 원통형이다. 대의 굵기는 아래쪽이 다소 가늘며, 편심형 또는 중심형이다. 대의 길이는 비교적 짧고, 단단하며, 난황색을 띤다. 포자문은 담황색이고, 포자 모양은 타원형이다.

**발생 시기 및 장소**　늦여름부터 가을에 걸쳐 혼합림 내 땅 위에 무리지어 발생하고, 외생균근성 버섯이다.

**식용 가능 여부**　식용버섯

**분포**　한국, 전 세계

◐ 살구향이 난다.　　　　　　　　　　　　　　　◐ 주름살 사이에 연락맥이 있다.

# 냉이무당버섯

*Russula mariae* Peck

**담자균문** Basidiomycota | **주름버섯강** Agaricomycetes | **무당버섯목** Russulales | **무당버섯과** Russulaceae | **무당버섯속** Russula

◐ 어린 자실체

◐ 흩어져 발생한 자실체

**형태적 특징**　냉이무당버섯의 갓은 지름이 1~5㎝ 정도로 처음에는 반구형이나 성장하면서 중앙이 오목한 편평형 또는 깔때기형으로 된다. 갓 표면은 적색, 선홍색이며, 건조하면 광택이 없는 분질상의 얼룩이 있고, 습하면 점성이 있다. 주름살은 내린주름살형이며, 빽빽하고, 초기에는 백색이나 점차 연한 황색이 된다. 대의 길이는 2~5㎝ 정도이며, 표면은 갓과 같은 색이거나 다소 연한 색이다. 조직은 백색이고, 흙 냄새나 냉이 냄새가 난다. 포자문은 백색이다.

**발생 시기 및 장소**　여름에서 가을까지 활엽수림, 침엽수림 내 땅 위에 홀로 나거나 흩어져 발생하는 외생균근성 버섯이다.

**식용 가능 여부**　식용버섯

**분포**　한국, 일본

◐ 선홍색의 갓

◐ 조직에서 냉이 냄새가 나는 버섯

# 너도벚꽃버섯

*Hygrophorus fagi* G. Becker & Bon

담자균문 Basidiomycota | 주름버섯강 Agaricomycetes | 주름버섯목 Agaricales |
벚꽃버섯과 Hygrophoraceae | 벚꽃버섯속 Hygrophorus

**형태적 특징**  너도벚꽃버섯의 갓은 크기가 5.5~14cm로 어릴 때는 반구형 또는 반반구형이나 성장하면 갓 끝은 안쪽으로 말려 있으며 미모가 있다. 중앙부는 육홍색이고, 주변부는 옅은 색을 띠거나 거의 유백색이다. 조직은 두껍고, 백색이며, 맛과 향기는 부드럽다. 주름살은 대에 내린주름살이고 아치형이며, 폭은 0.6~1cm으로 성글며, 담크림색이다. 대는 크기가 8.5~15cm로 원통형이다. 표면은 백색이고 종으로 섬유질이 있으며, 상부는 백색이며 분상이고, 하부는 황색을 띠며 속은 차 있다. 포자문은 백색이고, 포자는 크기가 6.3~8.2×4.2~5.4㎛로 모양은 광타원형이고, 표면은 평활하며, 멜저용액에서 비아밀로이드이다.

**발생 시기 및 장소**  가을에 너도밤나무 숲 내 지상에 무리지어 발생한다.

**식용 가능 여부**  식용버섯

**분포**  한국, 일본, 유럽, 북반구 온대

**참고**  너도벚꽃버섯은 외형상 모양이나 색채가 원기재와 잘 부합하나 갓이 보다 크고, 포자가 약간 짧다는 점에서 다소 의문점이 있다(원기재 7~9×4.5~5.5㎛).

◐ 성장하면 안쪽으로 말려있는 갓 끝

◐ 대에 내린주름살

○ 두껍고 백색인 조직

○ 성글며 담크림색인 주름살

○ 포자가 백색인 주름살

❂ 반반구형의 편평한 자실체

❂ 위아래 굵기가 비슷한 대

# 노란난버섯

*Pluteus leoninus* (Schaeff.) P. Kumm.

담자균문 Basidiomycota | 주름버섯강 Agaricomycetes | 주름버섯목 Agaricales |
난버섯과 Pluteaceae | 난버섯속 Pluteus

○ 참나무부후목에 발생

**형태적 특징**　노란난버섯의 갓은 지름이 3~6㎝ 정도이며, 처음에는 종형이나 성장하면서 중앙볼록편평형이 된다. 갓 표면은 밝은 황색이며, 습할 때 가장자리 쪽으로 방사상의 선이 보인다. 주름살은 떨어진주름살형이며, 빽빽하고, 처음에는 백색이나 성장하면서 연한 홍색이 된다. 대의 길이는 3~8㎝ 정도이며, 백색이고, 위아래 굵기가 비슷하고, 아래쪽에 연한 갈색의 섬유상 인편이 있으며, 속은 처음에 차 있으나 성장하면서 빈다. 조직은 백색이다. 포자문은 연한 홍색이며, 포자 모양은 유구형이다.

**발생 시기 및 장소**　봄부터 가을까지 활엽수의 고목, 썩은 나무 등에 무리지어 나거나 홀로 발생한다.

**식용 가능 여부**　식용버섯

**분포**　한국, 동아시아, 유럽, 북아메리카

**참고**　갓이 밝은 난황색 또는 황금색인 것도 있으며 잘 썩은 참나무류의 목재에서 발생하는 버섯이다.

○ 밝은 황색을 띤 자실체

# 노란달걀버섯

*Amanita javanica* (Corner & Bas) T. Oda, C. Tanaka & Tsuda

담자균문 Basidiomycota | 주름버섯강 Agaricomycetes | 주름버섯목 Agaricales |
광대버섯과 Amanitaceae | 광대버섯속 Amanita

◐ 어린 자실체

◐ 황색을 띠는 주름살

**형태적 특징**   노란달걀버섯의 어린 버섯은 알 모양의 두꺼운 백색 대주머니에 싸여 있으며, 성장하면 정단 부위의 외피막이 파열되어 갓과 대가 나타난다. 갓의 지름은 5~15㎝ 정도로 초기에는 반구형이나 성장하면서 편평하게 펴지나 중앙 부위는 약간 돌출되어 있다. 표면은 황색이고, 갓 둘레는 다소 연한 색이며 방사상의 선이 있다. 습할 때는 다소 점성이 있다. 조직은 두꺼우며 백색이고, 표피 아래층은 황색을 띤다. 주름살은 떨어진주름살형이며 약간 빽빽하고, 연한 황색을 띠며, 주름살 끝은 분질상이다. 대의 길이는 10~20㎝ 정도이며, 원통형으로 위쪽이 다소 가늘다. 표면은 뱀 껍질 모양의 옅은 황색 무늬가 있으며, 턱받이 상부에는 주름살의 흔적인 세로형의 홈선이 있다. 대 기부에 막질형의 대주머니가 있다. 포자문은 백색이며, 포자 모양은 광타원형이다.

**발생 시기 및 장소**   여름부터 가을까지 활엽수림, 침엽수림, 혼합림 내 땅 위에 홀로 또는 흩어져 발생한다.

**식용 가능 여부**   식용버섯

**분포**   한국, 일본, 동남아시아

**참고**   달걀버섯과 비슷하나, 갓과 대의 색이 모두 노란색을 띤다. 경상도 지역에서는 자실체의 색깔 때문에 '꾀꼬리버섯'으로 부르고 있다. 맹독버섯인 개나리광대버섯과 형태적으로 유사하므로 미세구조를 확인하여 종 구분을 해야 하는 버섯이다.

○ 백색의 외피막에 싸인 어린 자실체

○ 갓 가장자리에 방사상의 홈선이 있다.

○ 어린 자실체

○ 대가 신장되는 어린 자실체

◎ 어린 자실체의 절단면

◎ 대주머니를 반으로 자른 모양

◎ 노란색의 턱받이

◎ 황색을 띠는 주름살과 턱받이

◎ 어린 자실체가 모여서 발생

# 노란망말뚝버섯

*Phallus luteus* (Liou & L. Hwang) T. Kasuya

담자균문 Basidiomycota | 주름버섯강 Agaricomycetes | 말뚝버섯목 Phallales |
말뚝버섯과 Phallaceae | 말뚝버섯속 Phallus

○ 갓은 종형이다.   ○ 갓에는 올리브색 포자가 있고 벌레를 유인하는 냄새를 풍긴다.

**형태적 특징**  노란망말뚝버섯 어린 시기의 알은 난형 또는 구형이고, 백색 또는 연한 자색을 띠며, 크기는 2~4㎝ 정도로 반지중생이다. 성숙하면 외피막의 정단 부위가 갈라지며, 원통상의 대가 빠르게 신장된다. 대의 길이는 10~15㎝ 정도이며, 속이 비어 있으며, 표면은 백색이며, 무수한 홈 반점이 있고, 잘 부서진다. 갓의 크기는 3~4㎝로 종형이며, 표면은 백색 또는 연한 황색을 띠며 망목상이고, 점액화된 진한 올리브갈색의 포자가 있어 악취가 난다. 갓의 정단부는 백색의 돌기가 있으며, 속은 뚫려 대 기부까지 관통되어 있다. 갓 아래에는 노란색의 망사 모양(균망)이 빠르게 신장하여 2시간 이내에 대 기부까지 펼쳐진다. 기부에는 백색 또는 옅은 적자색의 두꺼운 대주머니가 있다. 포자 모양은 타원형이며, 황갈색이다.

**발생 시기 및 장소**  여름 장마철과 가을에 혼합림 내의 땅 위에 무리지어 발생하거나 홀로 발생하기도 한다.

**식용 가능 여부**  식용, 약용버섯

**분포**  한국, 일본

**참고**  망태말뚝버섯은 외부 형태가 본 종과 매우 유사하지만 대나무에서 주로 발생하며 식용하고 있다.

# 노랑느타리

*Pleurotus citrinopileatus* Singer

담자균문 Basidiomycota | 주름버섯강 Agaricomycetes | 주름버섯목 Agaricales
느타리과 Pleurotaceae | 느타리속 Pleurotus

**형태적 특징** 노랑느타리의 갓은 크기가 3~5㎝로 모양은 초기에는 반반구형이나 편평하게 펴지며 깔때기형으로 된다. 표면은 평활하고, 밝은 황색 또는 유황색을 띤다. 조직은 얇고, 백색이며, 밀가루 냄새가 나고, 맛은 부드러우나 섬유질이 많아 질기다. 주름살은 대에 내린주름살이고, 다소 성글거나 약간 빽빽하며 황색을 띤다. 대는 원통형으로 윗쪽으로 2~15개의 분지가 형성된다. 포자문은 담황백색이며, 포자의 크기는 5.5~8.7×2.8~3.2㎛로 원통형이다.

**발생 시기 및 장소** 여름부터 가을에 미루나무, 버드나무, 뽕나무 등 활엽수 고목 그루터기 위에 무리지어 발생한다.

**식용 가능 여부** 식용버섯

**분포** 한국, 일본, 중국 동북부, 러시아

**참고** 인공재배가 가능하며, 버섯의 색은 매우 아름답고 포자가 날릴 때는 꽃게장 향이 난다.

◐ 다소 성글고 빽빽한 대에 내린주름살

# 노루궁뎅이

*Hericium erinaceus* (Bull.) Pers.

담자균문 Basidiomycota | 주름버섯강 Agaricomycetes | 무당버섯목 Russulales |
노루궁뎅이과 Hericiaceae | 산호침버섯속 Hericium

◐ 백색을 띤 포자는 수염 모양의 침에 형성

**형태적 특징**   노루궁뎅이의 지름은 5~20㎝ 정도로 반구형이며, 주로 나무줄기에 매달려 있다. 윗면에는 짧은 털이 빽빽하게 나 있고, 전면에는 길이 1~5㎝의 무수한 침이 나 있어 고슴도치와 비슷해 보인다. 처음에는 백색이나 성장하면서 황색 또는 연한 황색으로 된다. 조직은 백색이고, 스펀지상이며, 자실층은 침 표면에 있다. 포자문은 백색이며, 포자 모양은 유구형이다.

**발생 시기 및 장소**   여름에서 가을까지 활엽수의 줄기에 홀로 발생하며, 부생생활을 한다.

**식용 가능 여부**   식용, 약용, 항암버섯으로 이용하며, 농가에서 재배도 한다.

**분포**   한국, 북반구 온대 이북

**참고**   버섯 전체가 백색이고, 고슴도치처럼 생겼다.

◆ 활엽수에 홀로 발생하는 자실체

◆ 노숙하면 기주부착 부위가 황색으로 변한다.

◉ 건조하면 단단해지는 수지상 돌기

◉ 노루궁뎅이(재배)

# 느타리

*Pleurotus ostreatus* (Jacq.) P. Kumm.

담자균문 Basidiomycota | 주름버섯강 Agaricomycetes | 주름버섯목 Agaricales | 느타리과 Pleurotaceae | 느타리속 Pleurotus

❍ 백색 내린주름살을 가진 자실체

❍ 깔때기형인 갓

**형태적 특징**  느타리의 갓은 지름이 5~15㎝ 정도로 초기에는 둥근 산 모양이나 성장하면 조개껍데기 또는 반원형으로 되며, 종종 깔때기 모양으로 된다. 갓 표면은 매끄럽고 습기가 있으며, 회색, 흑색, 회갈색 등 다양하다. 조직은 두껍고 탄력이 있으며, 백색이다. 주름살은 내린주름살형으로 백색 또는 회색이고, 약간 빽빽하다. 대의 길이는 1~4㎝ 정도이며, 측심형 또는 편심형이며, 표면은 백색이고, 대 기부에는 백색의 짧은 털 모양의 균사가 덮여 있다. 가끔 대가 없이 갓이 기주에 부착한 경우도 있다. 포자문은 백색 또는 연한 자회색이며, 포자 모양은 타원형이다.

**발생 시기 및 장소**  늦가을에서 봄 사이에 썩은 고목에 뭉쳐서 발생하며 나무를 분해하는 부후균이다.

**식용 가능 여부**  식용할 수 있고 항암성분도 가지고 있다. 근래에는 버섯재배사를 이용한 다양한 종류의 느타리가 재배되고 있으며, 농가 수입원으로 고소득을 올리는 버섯이다.

**분포**  한국, 전 세계

**참고**  북한명도 느타리이며, 서양에서는 굴버섯(Oyster mushroom)이라고 한다.

✪ 대는 편심생으로 기주에 부착한다.

✪ 평활한 주름살날

⊕ 느타리(재배)

⊕ 느타리(재배)

⊕ 느타리(야생종)

느타리 · **79**

# 다발방패버섯

*Albatrellus confluens* (Alb. & Schwein.) Kotl. & Pouzar

담자균문 Basidiomycota | 주름버섯강 Agaricomycetes | 무당버섯목 Russulales |
방패버섯과 Albatrellaceae | 방패버섯속 Albatrellus

◑ 갓 끝은 불규칙한 파상형

◑ 자실층은 관공형이다.

**형태적 특징**  다발방패버섯은 높이 2~10㎝, 너비 5~15㎝ 정도이고, 모양은 구두칼 모양 또는 부채형이나 불규칙하게 파상으로 굴곡이 지거나 비뚤어져 있으며, 갓 끝은 안쪽으로 말려 있으나 성장하면서 펴지고, 일반적으로 다수 중복되어 있다. 갓의 표면은 초기에 미세한 털이 있으나, 점차 탈락되어 매끄럽고, 황백색이나 건조하면 황갈색 또는 적갈색으로 되며, 갓 끝부분은 파상형의 굴곡이 있다. 조직은 백색으로 유연하나 건조하면 단단해지며, 분홍백색을 띤다. 상처가 나도 변색되지 않으며, 맛은 약간 쓰거나 부드럽고, 냄새는 일반적인 버섯향이 난다. 자실층은 관공형이며, 관공의 길이는 0.1~0.2㎝ 정도로 대에 내린관공형이다. 관공구는 미세하며, 원형 또는 유각형이고, 2~4개/㎜이고, 초기에는 백색이나 성장하면서 연한 황색 또는 황백색을 띤다. 대의 길이는 2~8㎝ 정도이며, 원통형이고, 갓은 편심형 또는 약간 측심형이고, 기부에서 여러 개가 뭉쳐 있다. 표면은 매끄럽고, 연한 황색이나 건조하면 갈색을 띤다. 포자문은 백색이며, 포자 모양은 큰 타원형이다.

**발생 시기 및 장소**  가을에 침엽수림 내 땅 위에 무리지어 발생한다.

**식용 가능 여부**  식용버섯

**분포**  한국, 동아시아, 유럽, 북아메리카

**참고**  가을에 소나무림 내 지상에 발생하며, 전체가 황백색이고 갓 하면은 미세한 관공으로 되어 있으며, 여러 개의 갓이 뭉쳐 집단으로 성장한다는 점이 특징적이다.

◐ 파상형의 굴곡이 있는 갓 끝부분  ◐ 갓 표면에 미세한 털이 있는 자실체

◐ 대는 원통형으로 기부에 여러 개가 뭉쳐 있다.  ◐ 편심형의 대

○ 약간 쓴맛이 난다.

○ 안쪽으로 말려 있는 갓 끝

다발방패버섯 · **83**

# 달걀버섯

*Amanita hemibapha* (Berk. and Broome) Sacc.

담자균문 Basidiomycota | 주름버섯강 Agaricomycetes | 주름버섯목 Agaricales |
광대버섯과 Amanitaceae | 광대버섯속 Amanita

◐ 백색 외피막에 싸인 자실체

◐ 외피막에 싸인 자실체

◐ 외피막을 뚫고 나온 자실체

**형태적 특징** 달걀버섯의 어린 버섯은 백색의 알에 싸여 있으며, 성장하면서 정단 부위의 외피막이 파열되어 갓과 대가 나타난다. 갓의 지름은 5~20㎝ 정도로 초기에는 반구형이나 성장하면서 편평하게 펴진다. 표면은 적색 또는 적황색이고, 둘레에 방사상의 선이 있다. 주름살은 떨어진주름살형이며, 약간 빽빽하고, 황색이다. 대의 길이는 10~20㎝ 정도이며, 원통형으로 위쪽이 다소 가늘고, 성장하면서 속이 빈다. 대의 표면은 황색 또는 적황색의 섬유상 인편이 있고, 대의 위쪽에는 등황색의 턱받이가 있으며, 기부에는 두꺼운 백색 대주머니가 있다. 포자문은 백색이며, 포자 모양은 광타원형이다.

**발생 시기 및 장소** 여름부터 가을까지 활엽수림, 침엽수림, 혼합림 내 땅 위에 홀로 나거나 흩어져서 발생하는 외생균근성 버섯이다.

**식용 가능 여부** 식용버섯

**분포** 한국, 중국, 일본, 스리랑카, 북아메리카

**참고** 고대 로마시대 네로 황제에게 달걀버섯을 진상하면 그 무게를 달아 같은 양의 황금을 하사했다는 기록이 있다.

◯ 대주머니가 광대버섯 중에서 큰 편이다.

◯ 성장 후 편평하게 펴지는 갓

○ 갓 가장자리에 방사상의 홈선이 있다.

○ 어린 자실체의 단면

달걀버섯 · **87**

# 대공그물버섯

*Boletus subtomentosus* L.

담자균문 Basidiomycota | 주름버섯강 Agaricomycetes | 그물버섯목 Boletales |
그물버섯과 Boletaceae | 그물버섯속 Boletus

◉ 관공이 녹황갈색을 띠는 자실체

◉ 풀밭 내 땅 위에 홀로 또는 무리지어 발생

**형태적 특징**  대공그물버섯의 갓은 지름이 5~10㎝ 정도로 초기에는 평반구형이나 성장하면서 편평하게 펴진다. 표면은 매끄럽고, 황록갈색 또는 회갈색이며, 종종 표피가 갈라져 연한 황색의 조직이 보인다. 관공은 완전붙은관공형이고, 녹황갈색이나 상처가 나면 청색으로 변한다. 대의 길이는 5~10㎝ 정도이며, 위아래 굵기가 비슷하고, 표면은 황록갈색 또는 황갈색이며 세로로 줄이 있다. 포자문은 황록색이며, 포자 모양은 타원형이다.

**발생 시기 및 장소**  여름부터 가을까지 활엽수림, 침엽수림, 혼합림, 풀밭 내 땅 위에 홀로 또는 무리지어 발생한다.

**식용 가능 여부**  식용버섯

**분포**  한국, 북반구 일대, 보르네오, 오스트레일리아

**참고**  관공 부위에 상처를 주면 청색으로 변한다.

◉ 다각형인 관공

◉ 상처를 입으면 청변하는 관공

# 들주발버섯
*Aleuria aurantia* (Pers.) Fuckel

자낭균문 Ascomycota | 주발버섯강 Pezizomycetes | 주발버섯목 Pezizales |
털접시버섯과 Pyronemataceae | 들주발버섯속 Aleuria

○ 밝은 등황색을 띤 자실층

○ 대가 없는 자실체

**형태적 특징**  들주발버섯의 자실체는 접시 또는 컵 모양이고, 대가 없다. 폭은 1~10㎝로 드물게는 12㎝도 있으며 초기에 컵 모양이지만 성장하면서 접시형 또는 불균형접시형으로 된다. 포자가 형성되는 자실층은 밝은 등황색 또는 등적색이고, 평활하며, 바깥쪽 면은 옅은 등황색 또는 옅은 오렌지색이며 가장자리는 평활하다. 조직은 얇고 쉽게 잘 부서진다. 자낭의 크기는 185~200×10~13㎛이며, 8-자낭포자를 내포하고 있고, 자낭의 정단 부위는 요오드용액에 푸른색을 띠지 않는다. 자낭포자의 크기는 14~16×9~11㎛이고 타원형이며, 표면에는 망목이 있다. 측사의 정단 부위 폭은 8~10㎛이고, 장곤봉형이다.

**발생 시기 및 장소**  봄부터 늦가을까지 산길이나 나지에 무리지어 발생한다.

**식용 가능 여부**  식용버섯

**분포**  한국, 중국 등 북반구 일대

○ 산길이나 나지에 무리지어 발생

# 땅찌만가닥버섯
*Lyophyllum shimeji* (Kawam.) Hongo

담자균문 Basidiomycota | 주름버섯강 Agaricomycetes | 주름버섯목 Agaricales |
만가닥버섯과 Lyophyllaceae | 만가닥버섯속 Lyophyllum

◐ 안쪽으로 말려있는 갓 끝

**형태적 특징**  땅찌만가닥버섯의 자실체는 송이형 또는 애기버섯형으로 갓은 크기가 3.5~10.5㎝로 성장 초기에는 원추상반구형 또는 원추상반반구형이고, 갓 끝은 안쪽으로 말려 있으나 성장하면 갓 끝이 편평하게 펴지며, 종종 중앙볼록편평형 또는 중앙오목편평형으로 된다. 표면은 평활하고 건성이며, 성장 초기에는 암갈색을 띠나 성장하면 회색 또는 옅은 회갈색을 띤다. 조직은 두껍고 육질형이며 치밀하고, 백색이며 상처를 입어도 변하지 않는다. 맛은 부드럽고, 냄새는 전형적인 버섯 향이며 특별한 향이 없다. 주름살은 대에 홈주름살 또는 짧은내린주름살로 좁고 빽빽하며, 백색 또는 옅은 황색이고, 주름살날은 평활하다. 대는 3.5~7.5㎝(대의 기부 0.6~2.5㎝)로 원통형이고, 성장 초기에는 대부분 기부 쪽이 굵으나 성장하면 위아래 굵기가 비슷하다. 표면은 평활하며, 종으로 섬유질이 있고, 회백색 또는 백회색을 띠며, 옅은 회갈색 섬유질이 종으로 있다. 조직은 치밀하고 육질이며 백색이다. 포자문은 백색이고, 포자 모양은 구형 또는 유구형이며, 표면은 평활하고 멜저용액에서 비아밀로이드이다.

**발생 시기 및 장소**  가을에 송이가 질 무렵 참나무림 내 또는 참나무와 소나무가 혼재한 지상에 흩어져 나거나 소수 무리지어 발생한다. 외생균근균이다.

**식용 가능 여부**  식용버섯

**분포**  한국, 일본, 동아시아

**참고**  일본인들은 옛날부터 향은 송이가 제일이고 맛은 땅찌만가닥버섯을 제일로 여겼다. 그래서 일본에서는 버섯 이름 끝에 시메지(しめじ)란 단어를 많이 사용하고 있다.

◐ 성장하면 편평하게 펴지는 갓 끝

◐ 어린 자실체

◐ 소수 무리지어 발생한 자실체

◯ 표면은 성장 초기에는 암갈색을 띠나 성장하면 회갈색을 띤다.

◯ 건성인 갓 표면

◯ 송이형 또는 애기버섯형의 자실체

# 말뚝버섯

*Phallus impudicus* L.

**담자균문** Basidiomycota | **주름버섯강** Agaricomycetes | **말뚝버섯목** Phallales |
**말뚝버섯과** Phallaceae | **말뚝버섯속** Phallus

◯ 백색의 알

◯ 머리 부분의 흑갈색 점액질에 포자가 있다.

◯ 올리브색의 포자를 알 속에 가지고 있다.

**형태적 특징** 말뚝버섯의 자실체는 어릴 때 백색의 알 속에 싸여 있다. 어린 버섯의 크기는 4~5cm 정도이며, 알 모양이고, 반지중생이다. 어린 버섯을 위에서 아래로 잘라보면 머리의 둥근 부위와 대의 초기 형태가 있다. 머리 표면에는 흑갈색의 점액질인 기본체가 있으며 연한 황색의 젤라틴층이 두껍게 싸여 있어 기본체를 보호하고, 기본체는 성장할 때 영양원으로 이용된다. 외부는 백색의 외피막으로 둘러싸여 있고, 기부에는 뿌리 모양의 균사속이 1개 이상 있으며, 백색이다. 버섯은 성숙하면 외피막의 정단 부위가 갈라지면서 원통형의 대가 위로 성장한다. 대 속은 비어 있으며, 표면은 백색이고 잘 부서진다. 대의 정단 부위에는 연한 황색을 띠는 머리가 있는데 망목형이고, 그 속에 흑갈색의 점액인 기본체가 있고, 그 속에 포자를 형성한다. 점액인 기본체에서 심한 악취가 난다. 포자는 담황백색이며 긴 타원형이다.

**발생 시기 및 장소** 여름부터 가을까지 산림 내 부식질이 많은 땅 위에 홀로 나거나 무리지어 발생하며, 부생생활을 한다.

**식용 가능 여부** 식용, 약용버섯

**분포** 한국, 전 세계

○ 백색의 알 속에 있는 자실체

○ 두 달 정도 알의 형태가 지속된다.

○ 건조하면 외피막의 흔적을 머리에 가지고 있기도 한다.

○ 백색 부분은 대를 형성한다.

# 말불버섯

*Lycoperdon perlatum* Pers.

담자균문 Basidiomycota | 주름버섯강 Agaricomycetes | 주름버섯목 Agaricales |
주름버섯과 Agaricaceae | 말불버섯속 Lycoperdon

◐ 만지면 쉽게 탈락되는 돌기

◐ 쉽게 떨어지는 표면의 갈색 돌기

◐ 원추형의 자실체 안에 성숙한 포자가 있다.

**형태적 특징** 말불버섯의 자실체는 지름이 2~6㎝ 정도, 높이는 3~6㎝ 정도이며, 원추형이다. 표면은 백색이나 차차 황갈색으로 변하고, 윗부분에는 흑갈색의 작은 피라미드형의 돌기가 무수히 부착되어 있고, 만지면 쉽게 떨어진다. 자실체의 측면과 아래쪽에는 종으로 난 주름이 있으며, 흑갈색의 돌기가 있다. 버섯이 성장하면 정단 부위에 하나의 구멍이 생기는데 그곳으로 포자가 분출된다. 포자는 갈색이며 구형이다.

**발생 시기 및 장소** 여름부터 가을까지 산림 내 부식질이 많은 땅 위에 홀로 나거나 무리지어 발생하며, 부생생활을 한다.

**식용 가능 여부** 식용버섯

**분포** 한국, 전 세계

**참고** 좀말불버섯과 모양이 비슷하나, 좀말불버섯은 나무에서 발생하고 본 종은 낙엽부식층이나 유기물이 많은 토양에서 발생하는 것이 다르다.

○ 만지면 쉽게 탈락되는 돌기

○ 어린 버섯은 자르면 백색을 띤다.

102

○ 중앙 부위는 다소 돌출되어 있는 자실체

○ 낙엽 부식층이나 유기물이 많은 토양에서 발생

# 말징버섯

*Calvatia craniiformis* (Schwein.) Fr.

**담자균문** Basidiomycota | **주름버섯강** Agaricomycetes | **주름버섯목** Agaricales |
**주름버섯과** Agaricaceae | **말징버섯속** Calvatia

◐ 담황갈색을 띠는 자실체 표면

◐ 포자는 비나 바람에 의해 외피가 벗겨지면서 바람에 날린다.

**형태적 특징**　말징버섯의 자실체는 지름이 5~8㎝ 정도, 높이는 5~10㎝ 정도이고 구형이다. 외피막은 얇고 연한 황갈색 또는 황토색이며, 내피막은 얇고 황색 또는 연한 적색이다. 내부의 조직은 초기에는 백색이나 성장하면 황색의 카스테라와 같으며 포자가 형성되면 갈색으로 변하고 분질상이 된다. 표피는 낡은 스폰지 모양으로 된 조직을 노출시키고, 포자는 비나 바람에 의해 외피가 부서지면 밖으로 노출되어 바람에 날린다. 대는 3~5㎝ 정도이고, 기부 쪽이 가늘며 황갈색을 띤다. 포자는 연한 갈색이며, 포자 모양은 구형이다.

**발생 시기 및 장소**　여름부터 가을까지 낙엽 위나 부식질이 많은 땅 위에 홀로 나거나 무리지어 발생하며, 부생생활을 한다.

**식용 가능 여부**　어린 버섯은 식용하지만 성숙하면 조직이 모두 분질상의 포자로 변하므로 식용할 수 없게 된다.

**분포**　한국, 전 세계

**참고**　말불버섯류의 다른 종들보다 자실체가 크다.

◐ 얇은 황갈색의 외피막을 가진 자실체　　　　◐ 부식질이 많은 토양에 발생

# 망태말뚝버섯

*Phallus indusiatus* Vent.

담자균문 Basidiomycota | 주름버섯강 Agaricomycetes | 말뚝버섯목 Phallales | 말뚝버섯과 Phallaceae | 말뚝버섯속 Phallus

○ 대나무 숲에서 발생

○ 세로로 자른 어린 자실체

**형태적 특징**  망태말뚝버섯의 어린 알은 일반적으로 백색이지만 문지르면 옅은 적자색을 띠는 것도 있으며, 난형 또는 구형이고, 반지중생이다. 이것을 세로로 자르면 대와 갓 그리고 갓과 대 그 사이에 백색의 그물치마(indusium)의 초기 형태가 있다. 자실체의 갓 표면에는 짙은 녹갈색의 기본체가 있으며, 그 외부는 옅은 황색의 두꺼운 젤라틴층이 있고, 외부는 백색의 막질인 외피막으로 둘러싸여 있다. 기부에는 뿌리 모양의 균사속(rhizoid)이 있으며, 대나무의 잎, 뿌리 또는 넘어진 대나무에 뻗어 있다. 성숙하면 외피막의 정단 부위가 갈라지며, 원통상의 대가 위로 빠르게 신장된다. 대의 속은 비어 있으며, 표면은 백색으로 무수한 홈이 있고, 잘 부서진다. 대의 상단부에는 머리 모양의 갓이 있다. 갓은 원추상종형이며, 표면은 백색 또는 옅은 황색을 띠고, 망목상의 융기가 있으며, 짙은 녹갈색의 점액인 기본체가 덮여 있고 그 속에 포자를 형성하며, 악취가 심하다. 정단부는 백색의 돌기가 있으며, 속은 뚫려 대 기부까지 관통되어 있다. 갓과 대 사이에서 백색의 그물치마가 빠르게 아래쪽으로 자라며, 대부분 대 기부까지 자란다. 대 기부에는 백색의 두꺼운 대주머니가 있다.

**발생 시기 및 장소**  주로 여름 장마철과 가을에 죽림 내에 무리지어 발생한다.

**식용 가능 여부**  식용버섯

**분포**  한국(남부 주로 경남, 전남지역), 일본, 중국, 북아메리카, 오스트리아

**참고**  망태말뚝버섯은 그물치마가 대부분 대 기부까지 자라며, 백색이고, 대나무림에서 발생한다는 점이 특징적이다. 유럽에서는 queen mushroom(여왕버섯)이라 불리고 있으며, 매우 우아하고 아름다운 버섯으로 알려져 있다.

# 명아주개떡버섯

*Tyromyces sambuceus* (Lloyd) Imazeki

담자균문 Basidiomycota | 주름버섯강 Agaricomycetes | 구멍장이버섯목 Polyporales | 구멍장이버섯과 Polyporaceae | 개떡버섯속 Tyromyces

○ 갓의 표면은 딱딱하고 대가 없다.

○ 자실층은 관공형이고 관공구는 다각형이며 미세하다.

○ 대는 없고 기주에 붙어서 생활

**형태적 특징**   명아주개떡버섯의 갓은 지름이 10~30㎝, 두께는 1~5㎝ 정도이며, 반원형 또는 편평형이다. 표면은 백색 또는 암갈색이고, 조직은 백색이며 부드러운 가죽질이다. 대는 없고 기주에 붙어 생활한다. 관공은 0.2~1.5㎝ 정도이며, 갓과 같은 색이고, 관공구는 0.1㎝ 이하로 부정형 또는 다각형이며, 미세하다. 포자문은 백색이고, 포자 모양은 타원형이다.

**발생 시기 및 장소**   봄부터 여름까지 활엽수의 고목에 발생하며, 부생생활을 한다.

**식용 가능 여부**   어린 버섯은 식용 가능하다.

**분포**   한국, 일본

# 목이

*Auricularia auricula-judae* (Bull.) Quél.

담자균문 Basidiomycota | 주름버섯강 Agaricomycetes | 목이목 Auriculariales |
목이과 Auriculariaceae | 목이속 Auricularia

◆ 자실층에는 불규칙한 간맥이 있다.

◆ 젤라틴질의 귀 모양의 자실체

◆ 갓은 홍갈색 또는 황갈색을 띤다.

**형태적 특징** 목이의 크기는 2~10㎝ 정도이고, 주발 모양 또는 귀 모양 등 다양하며 젤라틴질이다. 갓 윗면(비자실층)은 약간 주름져 있거나 파상형이며, 미세한 털이 있다. 색상은 홍갈색 또는 황갈색을 띠며, 노후되면 거의 검은색으로 된다. 갓 아랫면(자실층)은 매끄럽거나 불규칙한 간맥이 있고, 황갈색 또는 갈색을 띤다. 조직은 습할 때 젤라틴질이며 유연하고 탄력성이 있으나, 건조하면 수축하여 굳어지며 각질화된다. 자실체는 건조된 상태로 물속에 담그면 원상태로 되살아난다. 포자문은 백색이고, 포자 모양은 콩팥형이다.

**발생 시기 및 장소** 봄부터 가을 사이에 활엽수의 고목, 죽은 가지에 무리지어 발생한다.

**식용 가능 여부** 식용버섯

**분포** 한국, 전 세계

**참고** 털목이와 유사하나 털목이는 갓 표면에 회백색의 거친 털이 있어 본 종과 구분된다. 목이는 '나무의 귀'라는 뜻이다.

# 밀꽃애기버섯

*Gymnopus confluens* (Pers.) Antonín, Halling & Noordel.

담자균문 Basidiomycota | 주름버섯강 Agaricomycetes | 주름버섯목 Agaricales |
화경버섯과 Omphalotaceae | 꽃애기버섯속 Gymnopus

◐ 대 기부는 흑갈색을 띠고 편압되어 있다.

◐ 위아래 굵기가 비슷한 대

**형태적 특징** 밀꽃애기버섯 갓의 지름은 0.8~3㎝ 정도이며, 초기에는 반반구형이나 성장하면서 편평형이 되고, 종종 끝이 위로 반전된다. 중앙 부위는 배꼽 모양으로 들어가거나 돌출되는 경우도 있다. 표면은 매끄러우며, 적갈색으로 다소 주름져 있고, 성장하면서 옅은 황갈색 또는 거의 백색으로 퇴색된다. 이때 중앙 부분은 암색으로 주변보다 짙다. 주름살은 대에 끝붙은주름살형이며, 좁고 빽빽하며, 분홍백색을 띤다. 대의 길이는 3~5㎝ 정도이고 원통형이며, 위아래 굵기가 비슷하고, 종종 편압되어 있다. 속은 차 있으나 점차 빈다. 포자문은 백색 또는 옅은 황색이며, 포자 모양은 긴 타원형이다.

**발생 시기 및 장소** 여름에서 가을까지 혼합림 내 낙엽 위에 무리지어 발생한다.

**식용 가능 여부** 식용 가능하며, 맛과 향이 부드럽다.

**분포** 한국, 북반구 일대, 아프리카, 유럽

**참고** 주름살이 좁고 빽빽하며, 대의 표면에 미세한 털이 밀포되어 있다.

◐ 낙엽에 무리지어 발생하는 자실체

⊕ 배꼽 모양으로 돌출된 갓

⊕ 옅은 황갈색으로 퇴색되는 갓 표면

⊕ 중앙 부분이 암색으로 주변보다 짙다.

⊕ 위로 반전된 갓

◐ 대 표면에 면모상 털이 밀포되어 있다.

◐ 무리지어 발생하는 자실체

밀꽃애기버섯 • 115

# 배젖버섯

*Lactarius volemus* (Fr.) Fr.

담자균문 Basidiomycota | 주름버섯강 Agaricomycetes | 무당버섯목 Russulales |
무당버섯과 Russulaceae | 젖버섯속 Lactarius

◯ 유액의 양은 많고 맛은 부드럽다.

◯ 우윳빛의 유액

◯ 백색의 주름살

**형태적 특징**  배젖버섯의 갓은 지름이 5~12㎝ 정도이며, 처음에는 반반구형이며 갓 끝이 안쪽으로 굽어 있으나 성장하면서 갓 끝이 펴지고 중앙이 들어간 깔때기 모양이 된다. 갓 표면은 매끄럽거나 가루 같은 것이 있으며, 황갈색을 띤다. 조직은 백색이며, 상처를 주면 백색의 유액이 나오고 후에 갈색으로 변한다. 주름살은 내린주름살형이며 다소 빽빽하고, 백색 또는 연한 황색이며, 상처를 주면 백색의 유액이 다량 분비되며, 후에 갈색으로 변한다. 대의 길이는 3~10㎝ 정도이고, 원통형으로 아래쪽이 가늘다. 유액의 맛은 자극적이지 않다. 대의 표면은 갓과 같은 색을 띤다. 포자문은 백색이고, 포자 모양은 구형이며 표면에 망목이 있다.

**발생 시기 및 장소**  여름부터 가을까지 활엽수림의 땅 위에 홀로 또는 무리지어 발생하며 나무 뿌리와 공생하는 균근성 버섯이다.

**식용 가능 여부**  식용버섯

**분포**  한국, 북반구 온대 이북

**참고**  북한명은 젖버섯이다.

# 버터철쭉버섯

*Rhodocollybia butyracea* (Bull.) Lennox

담자균문 Basidiomycota | 주름버섯강 Agaricomycetes | 주름버섯목 Agaricales
화경버섯과 Omphalotaceae | 철쭉버섯속 Rhodocollybia

🔴 반원형의 매끄러운 갓을 가진 자실체

🔴 중앙 부위가 약간 볼록한 갓

🔴 성장하면 갓 끝이 올라간다.

**형태적 특징**  버터철쭉버섯 갓의 지름은 3~6㎝ 정도이며, 초기에는 반반구형이고 끝은 안쪽으로 굽어 있으나 성장하면서 끝이 점차 편평하게 되고 중앙 부위는 약간 볼록하다. 표면은 매끄럽고 암적갈색 또는 연한 황토색을 띠며, 버터 표면과 같은 느낌을 준다. 조직은 얇고 유백색이나 갓 표피 하층은 연한 갈색을 띠며, 맛은 부드럽고 냄새는 불분명하다. 주름살은 대에 끝붙은 주름살형이며, 빽빽하고, 초기에는 백색이나 성장하면 적갈색의 얼룩이 생기며, 주름살 끝은 평활하다. 대의 길이는 2~7㎝, 굵기는 0.2~0.5㎝ 정도이며, 기부와 부착된 부분이 약간 굵고 백색의 털이 나 있다. 포자문은 연한 황색이며, 포자 모양은 타원형이다.

**발생 시기 및 장소**  여름에서 가을까지 침엽수림이 많은 숲 속 낙엽 위에 무리지어 발생하는 낙엽분해성 버섯이다.

**식용 가능 여부**  식용버섯

**분포**  한국, 북반구 일대

**참고**  갓과 대의 색이 갈황색이고, 갓 표면은 버터와 같은 느낌을 주어 버터철쭉버섯이라 한다.

○ 매끄러운 갓 표면

○ 백색 포자를 가진 주름살

○ 대는 아래쪽으로 갈수록 굵다.

◯ 반전되는 갓

◯ 갓이 버터 표면과 같은 느낌을 준다.

# 볏싸리버섯

*Clavulina coralloides* (L.) J. Schröt.

**담자균문** Basidiomycota | **주름버섯강** Agaricomycetes | **꾀꼬리버섯목** Cantharellales |
**창싸리버섯과** Clavulinaceae | **볏싸리버섯속** Clavulin

● 산호 모양의 자실체

● 가늘게 갈라진 분지 끝

**형태적 특징**  볏싸리버섯은 높이 2~8㎝, 너비 3~7㎝ 정도이며 전체가 산호 모양이며, 분지가 많고, 분지 끝은 가늘게 갈라졌다. 자실층은 평활하고, 처음에는 전체가 백색이나 성장하면서 연한 황색 또는 연한 회갈색으로 변한다. 조직은 탄력이 있고, 백색이다. 포자문은 백색이며, 포자 모양은 구형이다.

**발생 시기 및 장소**  여름부터 가을까지 혼합림 내 땅 위에 뭉쳐서 발생한다.

**식용 가능 여부**  식용버섯

**분포**  한국, 동남아시아, 온대지방

● 뭉쳐서 발생한 자실체

● 전체가 백색인 자실체

# 부채버섯

*Panellus stipticus* (Bull.) P. Karst.

담자균문 Basidiomycota | 주름버섯강 Agaricomycetes | 주름버섯목 Agaricales |
애주름버섯과 Mycenaceae | 부채버섯속 Panellus

◯ 부채살 모양의 주름살

◯ 편심형의 대

**형태적 특징**   부채버섯의 자실체는 둔한 부채형으로 갓은 직경이 1~2㎝로 소형이며, 모양은 초기에 반반구형 또는 편평상 반반구형이며, 노숙하면 종종 갓 끝 부위가 다소 물경형(crenulate)으로 된다. 표면은 건성이며, 면상 미모가 있고, 드물게는 2~4개의 동심원상의 띠가 보이며 황토색 또는 담황토색이나 건조하면 암갈색으로도 된다. 조직은 얇고 질기며, 담황토색이다. 맛은 약간 매운맛이 있고, 무취이다. 주름살은 부채살 모양으로 배열되어 있고, 좁으며 약간 빽빽하고 종종 포크형이며, 담황토 황색 또는 담분홍 황토색이다. 대는 크기가 0.6~1.2㎝로, 대부분 편심형이고 드물게는 측형이며 표면은 평활하나 기부에 백색의 미세한 섬유상 털이 있다. 포자문은 백색이며 포자 모양은 긴 타원형 또는 소시지형이며, 표면은 평활하고, 멜저용액에서 아밀로이드이다.

**발생 시기 및 장소**   늦은 여름에서 가을까지 활엽수의 죽은 고목 또는 가지 위에 다수 무리지어 발생한다.

**식용 가능 여부**   식용버섯

**분포**   한국, 북반구 온대, 이북

**참고**   Buller(1924)은 북미산 *P. stipticus*의 주름살이 발광성이라 하였으나 국내종에서는 주름살이 발광성이 아니다.

◯ 죽은 고목 또는 가지 위에 발생한 자실체

# 분홍느타리

*Pleurotus djamor* (Rumph. ex Fr.) Boedijn

담자균문 Basidiomycota | 주름버섯강 Agaricomycetes | 주름버섯목 Agaricales |
느타리과 Pleurotaceae | 느타리속 Pleurotus

◐ 파상의 굴곡이 있는 갓 끝

**형태적 특징**  분홍느타리의 갓은 크기가 0.3~1.4cm로 성장 초기에는 반반구형이고, 갓 끝 부위는 안쪽으로 말려 있으나 성장하면 점차 펼쳐져 부채형 또는 조개형이 되며, 끝 부위는 다소 파상의 굴곡이 있다. 표면은 평활하거나 다소 면모상이고, 어리고 신선할 때에는 아름다운 분홍색을 띠나 성장하면 퇴색한다. 조직은 옅은 분홍색을 띠며 탄력성이 있고, 특히 대 기부 쪽은 질기고 탄력성이 강하다. 다소 밀가루 냄새가 있다. 주름살은 대에 긴내린주름살이고, 다소 빽빽하며, 선명한 분홍색을 띤다. 주름살날은 평활하다. 대는 0.8~3cm로 주로 측생이고, 기부는 종종 백색 균사로 덮여 있으며, 대부분 대의 발육이 저조하여 버섯 전체의 모양이 주걱 또는 조개형이다. 포자문은 분홍색이며 포자 모양은 원통형이다. 포자벽은 얇고 무색이며 비아밀로이드이다.

**발생 시기 및 장소**  여름부터 가을 사이에 버드나무, 포플러 등 활엽수의 그루터기 또는 고사목에 다수 무리지어 발생한다.

**식용 가능 여부**  식용버섯

**분포**  한국, 일본, 러시아

**참고**  본 종은 아름다운 분홍색을 띤다는 점에서 느타리버섯류 종에서 다른 종과 구별이 쉽지만 싱가폴에서 보고된 *Pleurotus djarmor* (Fr.) Boedijn var. *roseus* Han & al.은 분홍색을 띤다는 점에서는 비슷하지만 포자문이 백색이란 점에서 다르다. 또한 일반적인 느타리버섯 재배방법에 의해서 인공재배가 가능하나, 성숙하면 균사가 섬유질화되어 질기다는 단점이 있으므로 앞으로 이 점을 개선하여 새로운 품종을 육성한다면 매우 훌륭한 식용버섯으로서 널리 보급될 것으로 본다.

○ 대에 내린 긴 주름살

○ 뭉쳐서 발생하는 자실체

○ 안쪽으로 말린 갓 끝

○ 부채형 또는 조개형의 자실체

분홍느타리 • 129

# 붉은창싸리버섯
*Clavulinopsis miyabeana* (S. Ito) S. Ito

담자균문 Basidiomycota | 주름버섯강 Agaricomycetes | 주름버섯목 Agaricales |
국수버섯과 Clavariaceae | 창싸리버섯속 Clavulinopsis

◉ 등적색의 어린 자실체

◉ 국수 모양의 자실체

**형태적 특징**  붉은창싸리버섯 자실체의 높이는 3.5~11㎝이고 굵기는 0.2~1㎝로 긴 방추형 또는 부추 모양이며 종종 한쪽 면이 종으로 편압되어 있으며, 끝 부위는 뾰족하고 굽어 있다. 표면은 평활하며, 적색 또는 등적색이고, 성장하면 점차 퇴색되어 옅은 황토자색 또는 옅은 황갈색을 띠며, 기부는 백색을 띠고, 균사모가 있다. 자실층은 거의 표면 전체에 분포되어 있으며, 평활하고, 기부 쪽의 대와 구별이 불분명하다. 조직은 표면과 거의 같은 등적색을 띠며, 속은 비어 있고 잘 부서진다. 맛과 향기는 불분명하다. 포자문은 백색이며, 포자는 크기가 6.5~7.8×6~7.2㎛로 모양은 유구형 또는 구형이며, 표면은 평활하고, 멜저용액에서 비아밀로이드이다.

**발생 시기 및 장소**  가을에 침엽수림(특히 적송) 내의 지상에 뭉쳐서 또는 무리지어 발생한다.

**식용 가능 여부**  식용버섯

**분포**  한국, 일본

**참고**  본 종은 침엽수 특히 적송림 내의 지상에 종종 수백 개의 개체가 함께 무리지어 발생하고, 아름다운 적등색 또는 등황적색을 띤 국수 모양이라는 점에서 특징적이다. 국내에서는 다소 드물게 발생한다.

# 빨간난버섯

*Pluteus aurantiorugosus* (Trog) Sacc.

담자균문 Basidiomycota | 주름버섯강 Agaricomycetes | 주름버섯목 Agaricales |
난버섯과 Pluteaceae | 난버섯속 Pluteus

🔆 참나무 부후목에 발생하는 자실체

🔆 황적색의 갓 표면

🔆 습하면 방사상의 홈선이 나타난다.

**형태적 특징**　빨간난버섯의 갓은 지름이 2~5㎝ 정도이며, 처음에는 종형이나 성장하면서 중앙볼록편평형이 된다. 갓 표면은 전체적으로 황적색을 띠며, 가운데 부분이 더 진한 색을 띠고 습할 때 가장자리 쪽으로 방사상의 선이 보인다. 주름살은 끝붙은주름살형이며, 처음에는 백색이나 성장하면서 연한 황색이 된다. 대의 길이는 3~4㎝ 정도이며, 백색이고, 위아래 굵기가 비슷하고, 위쪽으로 갈수록 연한 황색을 나타낸다. 속은 비어 있다. 포자문은 백색이며, 포자 모양은 구형이다.

**발생 시기 및 장소**　여름부터 가을까지 참나무류의 썩은 목재에 흩어져 발생하며, 부생생활을 한다.

**식용 가능 여부**　식용버섯

**분포**　한국, 일본, 유럽, 북반구 온대

**참고**　자실체의 색깔이 전체적으로 담홍색 또는 빨간색을 띠며, 참나무류에만 자생하는 특징이 있다.

# 뿔나팔버섯

*Craterellus cornucopioides* (L.) Pers.

담자균문 Basidiomycota | 주름버섯강 Agaricomycetes | 꾀꼬리버섯목 Cantharellales | 꾀꼬리버섯과 Cantharellaceae | 뿔나팔버섯속 Craterellus

◎ 중심부의 구멍은 기부까지 뚫려 있다.

◎ 나팔꽃형의 자실체

**형태적 특징**　뿔나팔버섯 갓의 지름은 1~5㎝ 정도이며, 전체 길이는 5~10㎝ 정도로 나팔꽃형이다. 갓 표면은 흑갈색 또는 흑색이고, 비듬상의 인피가 덮여 있다. 갓 끝은 파도형이고, 조직은 얇고 질기다. 자실층은 기복이 심한 주름상이며, 긴 내린형이고, 회색이다. 대의 길이는 3~4㎝ 정도이며, 중심부는 기부까지 뚫려 있다. 표면은 회백색이다. 포자문은 백색이며, 포자 모양은 타원형이다.

**발생 시기 및 장소**　여름부터 가을까지 혼합림 내 부식질이 많은 토양에서 무리지어 나거나 홀로 발생한다.

**식용 가능 여부**　식용버섯

**분포**　한국, 전 세계

◎ 혼합림 내 토양에서 홀로 발생한다.

○ 갓 표면의 흑갈색 인피   ○ 비듬상 인피가 덮여 있는 나팔꽃형의 자실체

○ 자실층은 얇은 주름상

◐ 해초 모양의 검은 자실체

◐ 시장에서 판매하는 뿔나팔버섯

# 새벽꽃버섯

*Hygrocybe calyptriformis* (Berk.) Fayod

담자균문 Basidiomycota | 주름버섯강 Agaricomycetes | 주름버섯목 Agaricales |
벚꽃버섯과 Hygrophoraceae | 꽃버섯속 Hygrocybe

○ 매우 희귀종인 자실체

**형태적 특징**  새벽꽃버섯의 갓은 2.5~10㎝로 초기에는 협원추상종형이나 후에 편평하게 펴지며 중앙에 원추상 돌기가 있다. 표면은 아름다운 장미색 또는 보랏빛이 도는 장미색을 띠며, 평활하거나 방사상으로 섬유질이 있고, 성숙하면 갈분홍색으로 퇴색되며, 갓 끝 부위는 깊게 갈라지고 파상형이다. 조직은 얇고 잘 부서지며, 백색이나 갓 표피는 분홍색을 띤다. 냄새는 불분명하고 맛은 부드럽다. 주름살은 끝붙은주름살로 폭은 넓고 유편복형이며, 성글고, 초기에는 붉은 장미색을 띠나 성장하면 퇴색되어 거의 백색을 띠며, 주름살날은 치상이다. 대는 5.5~12㎝로 원통형으로 위아래 굵기가 비슷하며, 종종 뒤틀려 있다. 표면은 평활하거나 종선이 있고, 담분홍색 또는 유백색이며, 종종 종으로 갈라지고 건성이며 속은 비어 있다. 포자문은 백색이다. 포자 모양은 광타원형이며, 표면은 평활하고 무색이며, 비아밀로이드이다.

**발생 시기 및 장소**  여름에서 가을 사이에 초지, 산림 내 지상에 홀로 나거나 흩어져 발생한다. 국내에서 뿐만 아니라 세계적으로 매우 희귀종이다.

**식용 가능 여부**  식용버섯

**분포**  한국, 일본, 중국, 유럽, 북아메리카

**참고**  본종은 갓이 원추상종형이고, 장미색 또는 보라빛이 도는 장미색이란 점에서 특징적이고 쉽게 구별된다. 본종의 종소명을 *H. calyptriformis* (Berk. & Br.) Fayod으로 하는 것이 명명법상으로 옳다고 주장(J.Breit & F.Kranzl., 1991)하고 있다. 따라서 이후 본종에 대한 명명법상 종소명에 대한 검토가 필요하다.

⊕ 어린 자실체

⊕ 성숙하면 길게 갈라지고 파상형인 갓 표면

◉ 위아래 굵기가 비슷한 대

◉ 보랏빛이 도는 장미색을 띤 갓 표면

◉ 치상인 주름살날

새벽꽃버섯 • **141**

# 색시졸각버섯
*Laccaria vinaceoavellanea* Hongo

담자균문 Basidiomycota | 주름버섯강 Agaricomycetes | 주름버섯목 Agaricales |
졸각버섯과 Hydnangiaceae | 졸각버섯속 Laccaria

❂ 대는 비틀려 있고 섬유상 선이 있다.

**형태적 특징**   색시졸각버섯의 갓은 지름이 3~8㎝ 정도로 처음에는 중앙오목반반구형이나 성장하면서 중앙오목편평형으로 된다. 갓 표면은 매끄럽거나 종종 중앙 부위에 비듬상 인편이 있으며, 습할 때 반투명선이 있고, 갓 주변에는 방사상의 주름선이 있으며, 옅은 황갈색이다. 조직은 얇고 탄력성이 있으며, 옅은 살색을 띤다. 주름살은 대에 짧은내린주름살형이며, 성글고, 갓과 같은 색을 띠며, 주름살 끝은 매끄럽다. 대의 길이는 4~9㎝ 정도이고 원통형이며, 위아래 굵기가 비슷하거나 아래쪽이 굵고, 종종 비틀려 있다. 대 표면은 건성이고, 세로로 섬유질의 선이 있고, 갓과 같은 살색을 띠며, 기부는 다소 유백색을 띠고, 탄력성이 있으며 속은 차 있다. 포자문은 백색이며, 포자 모양은 구형이다.

**발생 시기 및 장소**   여름부터 가을까지 혼합림 내 땅 위에 홀로 또는 무리지어 발생한다.

**식용 가능 여부**   식용버섯

**분포**   한국, 일본

**참고**   졸각버섯과 유사하나, 버섯 크기가 크고 포자가 구형이라는 점이 다르다.

✪ 혼합림 내 땅 위에 홀로 또는 무리지어 발생

✪ 성근 주름살

✪ 노화된 자실체

✪ 습할 때 반투명선이 있는 매끄러운 갓 표면

✪ 건변색 현상이 있는 갓

✪ 주름살이 드물게 있는 자실체

◐ 갓 표면의 두드러진 홈선

◐ 성숙하면 갓 끝이 올라가서 깔때기형을 이룬다.

◐ 건조하여 갓 끝이 변색

◐ 드물고 넓은 주름살

색시졸각버섯

# 세발버섯

*Pseudocolus fusiformis* (E. Fisch.) Lloyd

담자균문 Basidiomycota | 주름버섯강 Agaricomycetes | 말뚝버섯목 Phallales |
말뚝버섯과 Phallaceae | 세발버섯속 Pseudocolus

○ 세발버섯(황색종)

○ 세발버섯(백색종)

○ 초기 자실체는 백색의 알 모양

**형태적 특징**  세발버섯의 자실체는 어릴 때 백색의 알 모양의 유균에서 생성된다. 알 속에 1개의 자실체가 성장하면서 3~4개의 가닥으로 나누어지며 끝은 결합되어 있다. 성숙한 자실체의 갈라진 분지는 연한 황색 또는 주황색이고, 안쪽에는 갈색 또는 흑갈색의 점액질이 있다. 점액질에서는 심한 악취가 난다. 분지 아래쪽은 원통형으로 속이 비어 있으며, 백색이고, 상단의 분지보다 짧다. 대 기부에 백색의 대주머니가 있다. 포자는 현미경 하에서 무색이며, 긴 타원형이다.

**발생 시기 및 장소**  봄부터 가을까지 산림 내 부식질이 많은 땅 위에 홀로 나거나 무리지어 발생하며 부생생활을 한다.

**식용 가능 여부**  어린 알일 때 식용버섯

**분포**  한국, 전 세계

**참고**  유균은 난형이고, 기부에 대주머니가 있다.

# 송이

*Tricholoma matsutake* (S. Ito. & S. Imai) Singer

담자균문 Basidiomycota | 주름버섯강 Agaricomycetes | 주름버섯목 Agaricales | 송이과 Tricholomataceae | 송이속 Tricholoma

○ 어린 버섯은 주름살이 턱받이에 싸여 있다.

○ 백색 분질물이 있는 턱받이

**형태적 특징**　송이의 갓은 지름이 5~25㎝ 정도이고, 초기에는 구형이고, 가장자리 안쪽으로 말려 있다. 또한 갓은 섬유상 막질의 내피막으로 싸여 있으나, 성장하면 갓 끝이 펴지며, 편평한 모양으로 되고 위로 올라간다. 갓 표면은 옅은 황색 바탕에 황갈색, 적갈색의 섬유상 인피 또는 누운 섬유상 인피가 있다.

조직은 백색으로 육질형이고, 치밀하며, 특유한 향기가 나고, 맛이 좋다. 주름살은 대에 홈주름살이고, 약간 치밀하며, 백색이나 성장하면서 갈색의 얼룩이 진다. 주름살 끝은 매끄럽다. 대의 길이는 5~15㎝ 정도이며, 원통형으로 위아래 굵기가 비슷하다. 턱받이 위쪽은 백색이고, 분질물이 있으며, 아래쪽은 갓과 같은 갈색 섬유상의 인피가 있다. 포자문은 무색이며, 포자 모양은 타원형이다.

**발생 시기 및 장소**　가을(고도의 차이가 있으나 9~10월)에 토양 온도가 19~20℃ 이하로 내려가면 적송림 내 땅 위에 흩어져 나거나 무리지어 균환 형태를 띠며 소나무 뿌리에 외생균근균을 형성하여 공생한다.

**식용 가능 여부**　맛과 향이 뛰어난 고급 버섯으로 식용되며, 항암버섯으로 알려져 약용되기도 한다. 일본에 수출되는 고가의 버섯으로 농가 소득원이기도 하다.

**분포**　한국, 중국, 일본

**참고**　북한명도 송이이며, 백두산에서 태백준령이 이르는 지역에서 발생된다. 잡목이 조금 있는 적송림에서 발생되며, 소나무 수령이 30~60년인 경우에 많이 발생된다.

◐ 구형인 갓

◐ 가장자리 안쪽으로 말린 갓

◐ 백색의 거미줄상의 턱받이

◐ 적갈색의 섬유상 인피

◐ 어린 자실체　　　◐ 소나무 숲에 발생하는 어린 자실체

◐ 무리지어 발생한 자실체

# 싸리버섯

*Ramaria botrytis* (Pers.) Ricken

담자균문 Basidiomycota | 주름버섯강 Agaricomycetes | 나팔버섯목 Gomphales |
나팔버섯과 Gomphaceae | 싸리버섯속 Ramaria

◎ 산호형의 분지가 많은 자실체

**형태적 특징**　싸리버섯은 높이가 5~20㎝, 너비가 5~20㎝ 정도의 산호형이다. 대의 굵기는 5㎝ 정도이며, 위쪽으로 많은 분지가 되풀이된다. 대는 백색의 나무토막처럼 생겼으며, 분지 끝은 연한 홍색이나 연한 자색을 띤다. 대 부위의 색은 백색이나 성장하면서 황토색으로 변한다. 조직은 백색이며, 속이 차 있다. 포자문은 황토색이며, 포자 모양은 긴 타원형이다.

**발생 시기 및 장소**　여름부터 가을까지 활엽수림 내 땅 위에 뭉쳐서 발생한다.

**식용 가능 여부**　식용, 약용, 항암버섯으로 이용된다.

**분포**　한국, 일본, 유럽, 북아메리카

◎ 분지 끝은 2~3개로 갈라진다.

# 애기볏짚버섯

*Agrocybe arvalis* (Fr.) Singer

담자균문 Basidiomycota | 주름버섯강 Agaricomycetes | 주름버섯목 Agaricales |
포도버섯과 Strophariaceae | 볏짚버섯속 Agrocybe

○ 종종 기부 쪽이 굵은 대

**형태적 특징**  애기볏짚버섯의 갓은 크기가 1.1~3.2㎝이고, 초기 모양은 반구형이나 후에 반반구형 또는 편평상 반반구형으로 된다. 표면은 평활하며 습할 때 다소 미끄럽거나 점성이 있고, 황토색 또는 황토갈색을 띤다. 종종 중앙부에 방사상의 잔주름이 있으며 주변부에는 습할 때 가는 선이 나타나기도 한다. 조직은 다소 얇으며 쓴맛이 난다. 주름살은 대에 완전붙은주름살 또는 끝붙은주름살로 암갈색으로 변한다. 대는 크기가 0.3~1㎝로 원통형이고, 위아래 굵기가 비슷하나 종종 기부 쪽이 굵다. 대 상부의 표면은 유백색 또는 담황백색이고, 하부는 황토색이며 대 기부 쪽으로 긴 뿌리가 있고 땅속으로 들어가 있으며, 흑갈색의 연한 균핵이 매달려 있다. 균핵은 반으로 자르면 백색의 전분덩어리가 보인다. 포자문은 암갈색이며 포자 모양은 타원형이다.

**발생 시기 및 장소**  이른 봄에서 가을까지 유기물이 풍부한 토양이나 화전지, 초지, 도로변 등에 무리지어 발생한다.

**식용 가능 여부**  식용버섯

**분포**  한국, 유럽, 아시아, 아프리카

○ 암갈색으로 변하는 주름살

🔴 초기에 반구형인 어린 자실체

🔴 편평상 반반구형인 성장한 자실체

◐ 긴 뿌리가 있는 대 기부

◐ 흑갈색의 연한 균핵이 달려있는 대 기부

◐ 백색의 전분 덩어리가 보이는 균핵

# 양송이

*Agaricus bisporus* Hongo

담자균문 Basidiomycota | 주름버섯강 Agaricomycetes | 주름버섯목 Agaricales | 주름버섯과 Agaricaceae | 주름버섯속 Agaricus

○ 백색인 대 표면

○ 부식질이 많은 곳에서 무리지어 발생

**형태적 특징**  양송이의 갓은 크기가 3.5~12㎝이며 초기에는 반반구형 또는 구형이나 성장하면 반반구형, 중앙볼록편평형 또는 편평형이 되고, 표면은 백색 또는 담황갈색으로 초기에는 평활하나 점차 백색 또는 갈색의 섬유상 인편이 나타난다. 조직은 두껍고 육질형이며, 백색이나, 상처를 입으면 담홍색으로 변한다. 맛은 부드럽고, 일반적인 버섯 향기가 있다. 주름살은 떨어진주름살이며 빽빽하고, 초기에는 백색이나 점차 담홍색으로 되며, 완전 성숙하면 갈색 또는 암자갈색이 된다. 주름살날은 백색이고, 평활하다. 대의 크기는 3.5~7.5㎝로 위아래 굵기가 비슷하거나 기부 쪽이 다소 굵거나 팽대해 있다. 표면은 백색이고, 턱받이 상부는 섬세한 섬유질 또는 미세한 섬유상 인피가 있고, 초기에는 백색이지만 성장하면 회갈색의 섬유질 인피가 있다. 대 상부에 백색의 막질로 된 턱받이가 있으며, 상부는 방사상으로 홈선이 있다. 포자문은 암자갈색이며, 포자 모양은 광타원형이고, 표면은 평활하며, 포자벽은 두껍다.

**발생 시기 및 장소**  여름에서 가을 사이에 잔디밭 또는 퇴비 더미 주위 등 부식질이 많은 곳에 뭉쳐서 나거나 무리지어 발생한다.

**식용 가능 여부**  식용버섯

**분포**  한국, 동아시아, 유럽, 북아메리카, 오스트레일리아, 아프리카

**참고**  본 종은 담자기가 전형적으로 (1) 2-포자형이며, 갈색종과 백색종이 있다. *Agaricus bitorquis* (Quel.) Sacc.는 대량으로 인공재배하여 흔히 시장에서 볼 수 있고, 본 종의 백색종과 매우 비슷하다. 그러나 턱받이가 2중이고, 자실체가 보다 단단하며, 상처를 입어도 비교적 변색되지 않는다는 점에서 쉽게 구별된다.

# 잎새버섯

*Grifola frondosa* (Dicks.) Gray

담자균문 Basidiomycota | 주름버섯강 Agaricomycetes | 구멍장이버섯목 Polyporales |
왕잎새버섯과 Meripilaceae | 잎새버섯속 Grifola

◯ 뿌리 근처에 기생하는 자실체

**형태적 특징**  잎새버섯의 자실체는 뭉툭한 대에서 무수하게 분지가 갈라지며 그 위에 작은 갓이 형성되어 하나의 커다랗고 둥그스름한 다발을 이룬다. 갓은 다소 작고 두꺼우며 부채형, 조개형, 꽃잎형, 반원형 또는 구두칼형이다. 표면은 초기에 흑색 또는 흑갈색을 띠나 후에 점차 퇴색되어 황토색 또는 옅은 회흑갈색으로 된다. 그 위에 방사상의 섬유질이 있고, 선명하지 않은 둥근 무늬가 있다. 조직은 부드럽고, 유연하며, 씹을 때 감촉이 좋은 육질형이고, 백색이다. 맛은 부드럽다. 자실층은 관공형이고, 대에 내린관공형이며, 백색이다. 관공구는 원형 또는 다소 불완전한 타원형이며, 백색이다. 대는 뭉툭하고, 굵으며, 바로 윗부분에서 수많은 분지로 갈라져 산호 모양을 이루며, 유백색 또는 담황색을 띠고, 조직은 단단하며, 충실하나 잘 부서진다. 포자문은 백색이며, 포자 모양은 난형 또는 광타원형이며, 표면은 평활하다. 포자벽은 얇고, 멜저용액에서 비아밀로이드이다.

**발생 시기 및 장소**  가을에 졸참나무, 물푸레나무의 뿌리 근처에 사물기생하며, 다발로 발생하는 백색의 목재부후균이다.

**식용 가능 여부**  식용, 약용버섯

**분포**  한국, 동아시아, 유럽, 북아메리카

❂ 사물기생하는 흑갈색의 꽃잎형 자실체

❂ 다발을 이루며 자생하는 자실체

⭕ 원형 또는 다소 불완전한 타원형의 관공구

⭕ 수많은 분지로 갈라져 산호 모양을 이룬 자실체

잎새버섯 · **163**

# 자주방망이버섯아재비

*Lepista sordida* (Schumach.) Singer

담자균문 Basidiomycota | 주름버섯강 Agaricomycetes | 주름버섯목 Agaricales |
송이과 Tricholomataceae | 자주방망이버섯속 Lepista

○ 건변색 현상으로 건조하면 유백색이 된다.

○ 자실층은 연한 자색을 띤다.

**형태적 특징**  자주방망이버섯아재비의 갓은 지름이 3~10㎝ 정도로 처음에는 반반구형이고, 갓 끝이 안쪽으로 굽어 있으나 성장하면서 갓 끝이 펼쳐지면서 편평형 또는 가운데가 오목한 편평형이 된다. 갓 표면은 흡습성이고, 성장 초기에는 자색 또는 연한 자색을 띠나, 건조하면 변색이 되어 유백색으로 퇴색된다. 조직은 비교적 얇고, 잘 부서지며, 연한 자색을 띤다. 주름살은 완전붙은주름살형 또는 내린주름살형으로 성장하면서 다르게 나타나며, 성글고, 연한 자색을 띤다. 대의 길이는 3~7㎝ 정도이며, 위아래 굵기가 비슷하고, 표면은 섬유상이고, 자색을 띤다. 포자문은 연한 자색이며, 포자 모양은 타원형이다.

**발생 시기 및 장소**  여름부터 가을 사이에 유기물이 많은 밭, 길가, 풀밭 등에 홀로 또는 무리지어 발생한다.

**식용 가능 여부**  식용버섯이며, 재배가 가능하다.

**분포**  한국, 북반구 일대

**참고**  민자주방망이버섯과 비슷하나, 갓이 투명하고 주름살이 성글다는 점에서 차이가 난다.

○ 주름살은 성글다.

○ 대에 완전붙은주름살

◯ 건변색 현상의 갓

◯ 골프장 잔디밭에 균륜을 많이 형성하는 자실체

# 작은맛솔방울버섯
*Strobilurus stephanocystis* (Kühner & Romagn. ex Hora) Singer

담자균문 Basidiomycota | 주름버섯강 Agaricomycetes | 주름버섯목 Agaricales |
뽕나무버섯과 Physalacriaceae | 맛솔방울버섯속 Strobilurus

● 원통형의 대

● 약간 빽빽하거나 약간 성근 주름살

**형태적 특징**  작은맛솔방울버섯의 갓은 크기가 1.5~2.5㎝로 초기에는 반구형 또는 반반구형이나 성장하면 편평하게 되며, 종종 중앙부위가 약간 함몰되거나 돌출되어 있다. 표면은 평활하나 부분적으로 방사상 주름이 있으며, 황토갈색 또는 적갈색이다. 갓 끝은 평활하고 습할 때 다소 선이 나타나며, 주름살보다 신장되어 갓 깃을 형성한다. 조직은 얇고 백색이며, 맛과 향기는 부드럽다. 주름살은 대에 끝붙은주름살 또는 약간 떨어진주름살로 16~22개이며, 약간 빽빽하거나 약간 성글고, 폭은 넓으며, 백색 또는 회백색이나, 주름살날은 평활하다. 대는 지상부의 크기가 3.5~6㎝로 원통형이고, 굽어 있거나 탄력성이 있으며, 표면은 짧은 털로 덮여있고, 상부는 백색이나 하부는 등황갈색이며, 종으로 섬유질이 있고, 대 기부는 길게 신장되어 4~8㎝로 지중에 매몰된 솔방울에 부착되어 있다. 포자문은 백색이며 포자 모양은 타원형이고, 평활하다. 포자벽은 얇고 무색이며, 멜저용액에서 비아밀로이드이다.

**발생 시기 및 장소**  늦여름에서 초겨울 사이에 숲 속의 땅, 지중에 매몰된 솔방울에서 발생한다. 국내에서는 드물게 발생하는 종이다.

**식용 가능 여부**  식용버섯

**분포**  한국, 일본, 중국, 유럽

◯ 탄력성이 있고 굽어있는 대

◯ 지중에 매몰된 솔방울에서 발생한 자실체

**참고**　본 종은 고도가 높은 산에 발생하며, 주로 매몰된 솔방울 위에 발생하고, 날시스티디아와 측시스티디아가 짧은 곤봉형이란 점에서 특징적이다. 그러나 동속 내에 다른 종들과 외관상으로 구별하기 쉽지 않다. *Strobilurus tenacellus* (Pers.: Fr.) Sing.도 역시 솔방울에 발생하며, 맛은 약간 쓰다.

◯ 종으로 섬유질이 있는 대 표면

❂ 성장하면 편평하게 되는 갓

❂ 부분적으로 방사상 주름이 있는 갓 표면

❂ 대에 끝붙은주름살

작은맛솔방울버섯 · **171**

# 적색신그물버섯
*Aureoboletus thibetanus* (Pat.) Hongo & Nagas.

담자균문 Basidiomycota | 주름버섯강 Agaricomycetes | 그물버섯목 Boletales |
그물버섯과 Boletaceae | 신그물버섯속 Aureoboletus

◐ 대에 완전붙은관공형    ◐ 상부에 황색의 인편상 분질이 부착되어 있는 대 표면

**형태적 특징**  적색신그물버섯의 갓은 크기가 2.5~7.5㎝로 모양은 초기에 반구형 또는 반반구형이나 성장 후에 반반구형 또는 편평형으로 된다. 표면은 습할 때 점성이 있고, 다소 주름이 있으며, 적갈색 또는 갈색이나 성장 후에 갈색, 갈등색 또는 회홍색으로 변한다. 조직은 부드러우며 다소 젤라틴질이고 초기에 약간 적색을 띠다가 후에 유백색을 띤다. 상처를 입어도 변색하지 않으며, 신맛이 있다. 관공은 대에 완전붙은관공형 또는 홈관공형이다. 초기에는 밝은 황색이나 성숙 후에는 다소 녹색을 띠고, 상처를 입어도 변색하지 않는다. 관공구는 유원형이고, 중형이며, 밝은 황색을 띠나 성장 후에는 다소 어두운 녹색을 띤다. 대는 크기가 4~10㎝로 원통형이나 상부 쪽은 가늘다. 표면은 평활하나 상부에 황색의 인편상 분질이 부착되어 있고, 일반적으로 회홍색 또는 갓보다 옅은 색이고, 종종 짙은 색 반점이 있다. 기부에는 백색 균사가 있다. 대의 속은 차 있다. 포자문은 올리브색이며, 포자 모양은 유방추형이고, KOH(수산화칼륨) 용액에서 옅은 올리브색이다.

**발생 시기 및 장소**  여름에서 가을까지 참나무림 내 지상 또는 적송과 참나무 혼합림 내의 지상에 홀로 나거나 무리지어 발생하며, 균근형성균이다.

**식용 가능 여부**  식용버섯

**분포**  한국, 일본, 중국, 싱가폴, 말레이시아, 파푸아뉴기니아

# 접시그물버섯

*Rugiboletus extremiorientalis* (Lj.N. Vassiljeva) G. Wu & Zhu L.Yang

담자균문 Basidiomycota | 주름버섯강 Agaricomycetes | 그물버섯목 Boletales |
그물버섯과 Boletaceae | 접시그물버섯속 Rugiboletus

**형태적 특징** 접시그물버섯의 갓은 지름이 7~20㎝ 정도로 처음에는 반구형이나 성장하면서 편평형이 된다. 갓 표면은 황토색 또는 갈색이며, 융단형의 털이 있으며, 주름져 있고, 건조하거나 성숙하면 갈라져 연한 황색의 조직이 보이고, 습하면 약간 점성이 있다. 조직은 두껍고 치밀하며, 백색 또는 황색이다. 관공은 끝붙은관공형이며, 황색 또는 황록색이 되고, 관공구는 작은 원형이다. 대의 길이는 5~15㎝ 정도이며, 아래쪽 또는 가운데가 굵고, 황색 바탕에 황갈색의 미세한 반점이 있다. 포자문은 황록갈색이며, 포자 모양은 긴 방추형이다.

**발생 시기 및 장소** 여름부터 가을 사이에 혼합림 내 땅 위에 홀로 또는 흩어져 발생하며, 외생균근성 버섯이다.

**식용 가능 여부** 식용버섯

**분포** 한국, 일본, 북아메리카

**참고** 대형의 버섯으로, 갓 표면이 갈라져 있어서 쉽게 확인할 수 있다.

○ 관공은 황색을 띤다.

○ 건조하거나 성숙하면 연황색의 조직이 보인다.

○ 반구형의 갓을 가진 어린 자실체

◉ 대의 표면은 황색의 반점이 보인다.

◉ 갓 깃을 형성하는 자실체

접시그물버섯 · 177

# 족제비눈물버섯

*Psathyrella candolleana* (Fr.) Maire

담자균문 Basidiomycota | 주름버섯강 Agaricomycetes | 주름버섯목 Agaricales |
눈물버섯과 Psathyrellaceae | 눈물버섯속 Psathyrella

◯ 내피막 잔유물이 갓 끝에 붙어 있다.

◯ 주름살은 자흑색을 띤다.

**형태적 특징**  족제비눈물버섯 갓의 지름은 2~8㎝ 정도이며, 초기에는 유구형이고 갓 끝은 안쪽으로 굽어 있으나 성장하면 편평하게 펴지며, 갓 끝에 내피막 잔유물이 부착되어 있으나 곧 소실된다. 표면은 담황색이고, 어릴 때는 백색의 미세한 섬유질 인피가 있으나 성장하면서 소실된다. 조직은 얇고 잘 부서지며, 갓과 같은 색을 띠고 맛과 향기는 부드럽다. 주름살은 대에 완전붙은주름살형이고, 빽빽하며, 초기에는 백색이나 성장하면서 점차 회색을 띠다가 자흑색이 된다. 대의 길이는 2~7㎝ 정도이며, 기부 쪽이 약간 굵다. 대의 속은 비어 있어 약간의 힘을 주면 딱 소리가 나면서 부러진다. 포자문은 흑색이고, 포자 모양은 타원형이다.

**발생 시기 및 장소**  봄부터 가을까지 숲, 정원, 공원, 활엽수 그루터기등에 홀로 또는 무리지어 발생한다.

**식용 가능 여부**  식용버섯

**분포**  한국, 전 세계

◯ 어린 시기의 주름살은 회색을 띤다.

◯ 갓은 쉽게 부서진다.

◉ 유구형의 갓

◉ 기부 쪽이 약간 굵은 대

◉ 대에 완전붙은주름살

◉ 자흑색의 주름살

⊙ 쉽게 부서지는 갓

⊙ 미세한 섬유상 인피

⊙ 무리지어 발생한 자실체

# 졸각버섯
*Laccaria laccata* (Scop.) Cooke

담자균문 Basidiomycota | 주름버섯강 Agaricomycetes | 주름버섯목 Agaricales |
졸각버섯과 Hydnangiaceae | 졸각버섯속 Laccaria

◐ 갓 끝이 물결 모양인 자실체

**형태적 특징** 졸각버섯의 갓은 지름이 1~3㎝ 정도로 처음에는 반반구형이나 성장하면서 가운데 오목편평형이 된다. 갓 표면은 선홍색 또는 연한 붉은 갈색을 띠고, 가운데는 미세한 인편이 빽빽하게 분포되어 있으며 가장자리는 물결 모양이고, 주름이 있어서 부채 모양이 된다. 조직은 얇고, 갓과 같은 색이다. 주름살은 끝붙은주름살형이고, 성글며, 연한 적갈색을 띤다. 주름살 끝은 매끄럽다. 대의 길이는 2~5㎝ 정도이며, 섬유상이며, 질기고, 갓과 같은 색이다. 포자문은 백색이며, 포자 모양은 구형이다.

**발생 시기 및 장소** 여름부터 가을 사이에 숲 속, 길가 땅 위에 무리지어 발생하고 외생균근성 버섯이다.

**식용 가능 여부** 식용버섯

**분포** 한국, 북반구 온대 이북

**참고** 색깔이 선명하고 주황색이어서 자주졸각버섯과 구별된다.

◐ 담적갈색을 띠는 주름살

✚ 풀밭에 무리지어 발생하는 자실체

✚ 오목편평형의 성장한 갓

✚ 주름살은 성글며 끝붙은주름살형이다.

✚ 노숙한 자실체는 갓 끝이 올라간다.

○ 무리지어 발생하는 자실체

# 주름버섯

*Agaricus campestris* L.

담자균문 Basidiomycota | 주름버섯강 Agaricomycetes | 주름버섯목 Agaricales |
주름버섯과 Agaricaceae | 주름버섯속 Agaricus

○ 잔디밭 등의 부식질이 많은 곳에서 무리지어 발생

**형태적 특징**  주름버섯의 갓은 크기가 3.5~10.5㎝이며, 초기에는 구형 또는 반구형이고, 갓 끝은 백색의 얇은 막질 또는 섬유상 면모의 내피막으로 싸여 있으며, 점차 편평하게 펴지거나 다소 중앙볼록편평형으로 된다. 표면은 백색이지만 후에 담황색을 띠고, 평활하거나 섬유상 인편이 있다. 건조 시에는 견사와 같은 광택이 나며, 조직은 두껍고 육질형이며 백색으로, 상처를 입으면 적변한다. 맛과 향기는 부드럽다. 주름살은 대에 떨어진주름살이며, 빽빽하다. 초기에는 백색 또는 옅은 분홍색이나 후에 홍색으로 변하고 완전히 성숙하면 차차 자갈색 또는 암자갈색을 띠게 된다. 주름살날은 분질상이다. 대의 크기는 3.5~8.6㎝이고, 위아래 굵기가 비슷하거나 상부쪽이 가늘고 기부가 좁아진다. 표면은 어릴 때 종으로 백색의 섬세한 섬유질이나 면상섬유질 인피가 있으며, 성장하면 옅은 갈색을 띤다. 대 표면이 신선할 때 문지르면 옅은 홍색을 띤다. 대의 상부에는 백색의 막질 또는 섬유상 면모의 턱받이가 있으나 턱받이 모양이 양호하지 못하며 쉽게 없어진다. 포자문은 자갈색이며, 포자 모양은 타원형 또는 난형이며, 표면은 평활하고 세포벽은 두껍다.

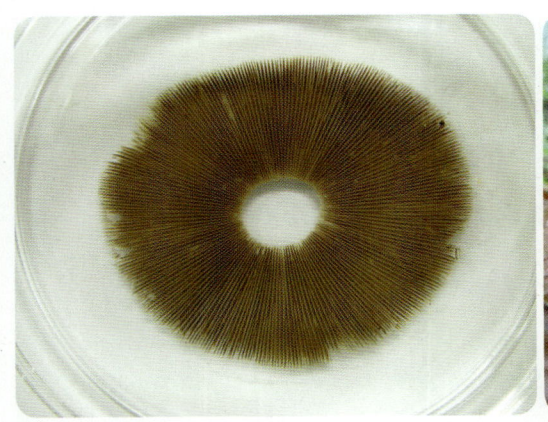
◎ 포자문

◎ 성장하면 편평하게 펴지는 갓

**발생 시기 및 장소**　주로 여름부터 가을 사이에 잔디밭과 목장 골프장, 나지 등의 부식질이 많은 곳에 무리지어 발생한다.

**식용 가능 여부**　식용버섯

**분포**　한국, 동남아시아, 유럽, 북아메리카, 중국, 오스트레일리아, 아프리카

**참고**　식용 및 약용 모두 가능하다. 소화 촉진, 피로 해소, 빈혈에 효과가 있다.

◎ 섬유상 인편이 있는 갓

○ 자갈색의 성숙한 주름살

○ 대에 떨어진주름살

# 주름볏싸리버섯
*Clavulina rugosa* (Bull.) J. Schröt.

담자균문 Basidiomycota | 주름버섯강 Agaricomycetes | 꾀꼬리버섯목 Cantharellales |
창싸리버섯과 Clavulinaceae | 볏싸리버섯속 Clavulina

**형태적 특징** 주름볏싸리버섯의 길이는 3~5㎝, 굵기는 0.2~0.3㎝ 정도이다. 볏싸리버섯과 유사해 보이나 본 종은 덩어리지지 않고, 곤봉상이며, 종종 버섯 끝 부분이 분지되기도 한다. 버섯 전체가 백색 또는 유백색이거나 다소 자색이 돌며, 건조하면 버섯의 끝 부분이 황색으로 된다. 버섯의 표면은 다소 뒤틀리기도 하고, 얕은 세로 주름이 있다. 포자문은 백색이며, 포자 모양은 타원형이다.

◐ 표면은 다소 뒤틀리기도 한다.

**발생 시기 및 장소** 여름부터 가을까지 활엽수림, 혼합수림 내 땅 위에 무리지어 발생한다.

**식용 가능 여부** 식용버섯

**분포** 한국, 전 세계

◐ 혼합림 내 지상에 무리지어 발생

주름볏싸리버섯

# 참낭피버섯

*Cystoderma amianthinum* (Scop.) Fayod

담자균문 Basidiomycota | 주름버섯강 Agaricomycetes | 주름버섯목 Agaricales |
주름버섯과 Agaricaceae | 낭피버섯속 Cystoderma

○ 옅은 황색의 내피막 잔유물이 산재한 갓 주변부

○ 위쪽으로 반전된 갓 끝

**형태적 특징** 참낭피버섯의 갓은 크기가 1.4~4.5㎝이며, 모양은 초기에 원추상반구형 또는 반구형이나, 성장하면 중앙볼록편평형으로 편평하게 펴지며, 종종 갓 끝은 위쪽으로 반전된다. 표면은 황등황색 또는 황토색을 띠며, 같은 색의 분질물로 덮혀 있고, 방사상으로 주름이 현저하다. 주변부에는 백색 또는 옅은 황색의 내피막 잔유물이 산재해 있다. 조직은 얇고, 오렌지황색이다. 맛과 향기는 부드럽다. 주름살은 끝붙은주름살 또는 완전붙은주름살이고, 빽빽하며, 백색 또는 담황색이다. 주름살날은 평활하다. 대의 크기는 2.5~5.6㎝이며, 위아래의 굵기가 같거나, 기부 쪽이 다소 굵다. 턱받이 상부는 백색 또는 담황색이고, 종으로 면모상 섬유질이 있다. 하부는 갓과 같은 담황토색의 입상분질물과 주름이 있다. 속은 비어 있다. 턱받이는 백색이며 면모상이고 대의 상부에 위치하며, 형태가 불완전하고 조기탈락성이다. 포자문은 옅은 황색 또는 백색이며, 포자 모양은 긴 타원형 또는 긴 난형이며, 평활하고, 아밀로이드이다.

**발생 시기 및 장소** 여름에서 가을 사이에 침엽수림 내 이끼 위에 홀로 나거나 소수 무리지어 발생한다.

**식용 가능 여부** 식용버섯

**분포** 한국, 동아시아, 유럽, 북아메리카, 오스트레일리아, 아프리카

🔴 대의 상부에 위치한 턱받이

**참고** 본 종은 외관상 *C. jasonis*는 면모상 턱받이가 있다는 점에서 유사하나 후자는 갓 표피상층에 분절포자(arthrospores)가 있다는 점에서 다르고, *C. fallax* Sm. & Sing.는 확실한 막질의 턱받이가 있다는 점에서 구별되며, *C. granulosum* (Batsch.: Fr.)Fay은 갓의 색이 적갈색을 띠고, 포자는 멜저용액에서 비아밀로이드란 점에서 다르다. 또한 *C. terrei* (Berk. & Br.) Harm.은 갓 표면이 적갈색을 띠며, 날시스티디아는 끝이 창처럼 뾰죽하고 미세한 결정체가 있으며, 포자가 비아밀로이드란 점에서 구별된다.

◐ 대에 끝붙은주름살

◐ 반구형의 초기 자실체의 갓 모양

# 참부채버섯

*Panellus serotinus* (Schrad.) Kühner

담자균문 Basidiomycota | 주름버섯강 Agaricomycetes | 주름버섯목 Agaricales
애주름버섯과 Mycenaceae | 부채버섯속 Panellus

**형태적 특징** 참부채버섯의 갓은 지름이 5~10㎝ 정도이며, 처음에는 조개 모양 또는 부채형이며 반반구형이고, 가장자리는 안쪽으로 말려 있으나 성장하면서 차차 펴지고, 반원형으로 된다. 갓 표면은 점성이 있고 연한 갈색 또는 황갈색이며, 가는 털이 있고, 표피는 잘 벗겨진다. 조직은 백색이며 질기고 단단하다. 주름살은 내린주름살형이고, 빽빽하며 황백색이다. 대의 길이는 0.5~1㎝ 정도로 짧고 편심형이며, 표면에는 갈색의 짧은 털이 있다. 포자문은 백색이며, 포자 모양은 원통형이다.

**발생 시기 및 장소** 여름부터 가을까지 활엽수의 고사목이나 그루터기에 무리지어 발생하며 부생생활을 한다.

**식용 가능 여부** 식용버섯

**분포** 한국, 북반구 온대 이북

**참고** 독버섯인 달화경버섯과 형태가 유사하다. 그러나 달화경버섯은 잘랐을 때 조직에 검은 반점이 있으며 발생시기가 주로 여름이며, 본 종은 잘랐을 때 조직은 백색이며 발생시기가 늦가을이라는 점에서 차이가 난다.

○ 황갈색 조개 모양의 갓

⭕ 활엽수 고사목에 다발로 발생

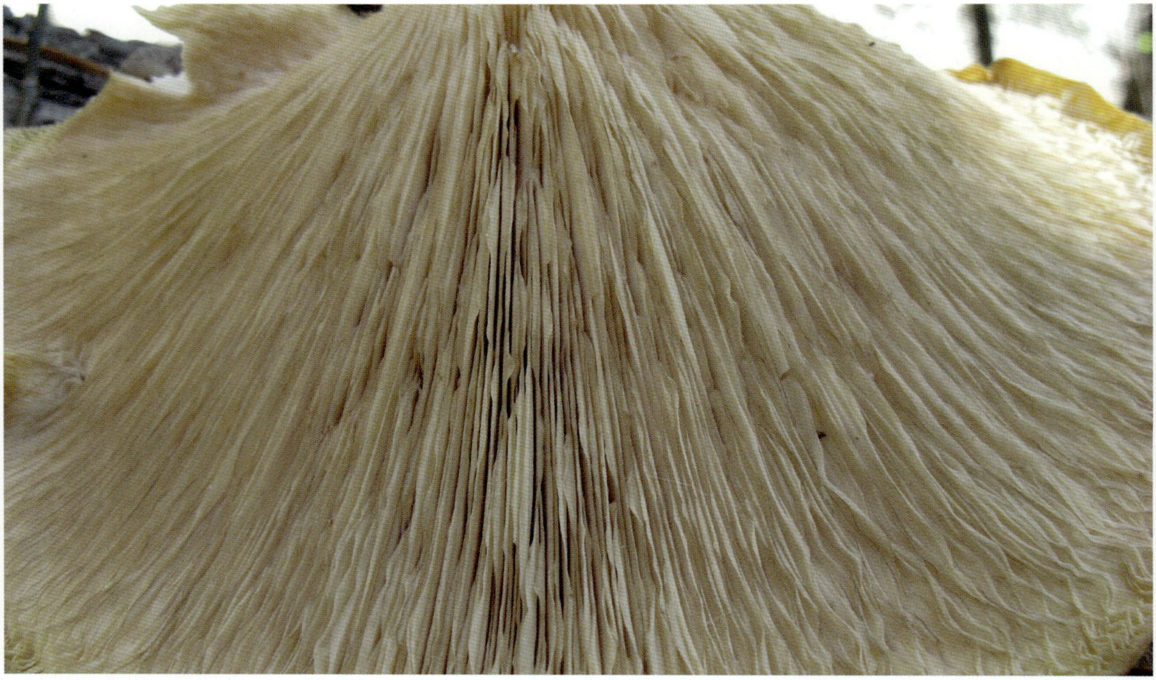

⭕ 주름살은 황백색이며 포자는 백색이다.

○ 내린주름살을 가진 자실체

○ 짧은 대에는 황갈색의 털이 있다.

참부채버섯 • 199

# 찹쌀떡버섯

*Bovista plumbea* Pers.

담자균문 Basidiomycota | 주름버섯강 Agaricomycetes | 주름버섯목 Agaricales |
주름버섯과 Agaricaceae | 찹쌀떡버섯속 Bovista

● 상단 부위에 생기는 소공

● 조직은 어릴 때 백색을 띤다.

**형태적 특징** 찹쌀떡버섯의 지름은 1~4㎝로 구형이며, 표면은 백색이고, 백색의 소돌기가 부착되어 있다. 성숙하면 연약한 외피가 벗겨지고, 견고한 내피가 나타나며, 표면이 황토색으로 변하고, 상단 부위에 하나의 소공이 생긴다. 하부 쪽은 뿌리 형태의 균사가 토양과 연결되어 있으며, 어떤 것은 종으로 주름살이 있는 것도 있다. 포자 모양은 꼬리가 있는 난형이며, 연한 갈색이다.

**발생 시기 및 장소** 여름부터 가을까지 초원이나 공터 등에 무리지어 발생한다.

**식용 가능 여부** 어린 버섯은 식용 가능하다.

**분포** 한국, 유럽, 북아프리카

● 노숙하면 연황색으로 변한다.

● 성숙한 포자는 올리브갈색을 띤다.

○ 백색의 소돌기가 부착된 자실체

○ 자실체 하부에는 뿌리 모양의 균사가 있다.

○ 성숙하면 외피가 벗겨진다.

○ 포자는 상단부의 소공으로 비산한다.

# 큰갓버섯

*Macrolepiota procera* (Scop.) Singer

담자균문 Basidiomycota | 주름버섯강 Agaricomycetes | 주름버섯목 Agaricales |
주름버섯과 Agaricaceae | 큰갓버섯속 Macrolepiota

○ 유기질이 풍부한 곳에 홀로 발생하는 자실체

○ 어린 버섯의 갓은 원추형을 이룬다.

**형태적 특징**　큰갓버섯의 갓은 지름이 5~30㎝ 정도이며, 처음에는 구형이나 성장하면서 편평해진다. 갓 표면은 건성이고 연한 회갈색 또는 회갈색이며 표피가 갈라지면서 생긴 적갈색의 거친 섬유상의 인편이 동심원상으로 덮여 있다. 조직은 두껍고 만지면 스펀지처럼 들어가는 느낌이 있으며, 백색이다. 주름살은 떨어진주름살형이며, 빽빽하고, 백색이나 성장하면서 연한 황색의 흔적이 나타난다. 대는 15~30㎝ 정도로 길며, 원통형이고, 속은 비어 있다. 표면은 갈색 또는 회갈색이며, 성장하면서 표피가 갈라져 뱀 껍질 모양을 이룬다. 대를 찢으면 세로로 길게 섬유질처럼 찢어지며, 기부는 구근상이다. 턱받이는 반지형으로 위아래로 움직일 수 있다. 포자문은 백색이며, 포자 모양은 타원형이다.

**발생 시기 및 장소**　여름부터 가을까지 풀밭, 목장, 숲 속에 나며, 초식동물의 배설물이나 유기질이 많은 땅 위에 홀로 또는 흩어져 발생한다.

**식용 가능 여부**　식용버섯

**분포**　한국, 전 세계

**참고**　대의 상단부에 반지 모양의 턱받이가 있으며, 위아래로 움직일 수 있다. 제주도에서는 마분이나 우분 위에서 발생하기도 하여 '말똥버섯'이라 한다.

○ 백색의 주름살이며 포자도 백색이다.    ○ 반지형으로 상하로 움직이는 턱받이

○ 적갈색의 거친 섬유상의 인편

# 큰낙엽버섯

*Marasmius maximus* Hongo

담자균문 Basidiomycota | 주름버섯강 Agaricomycetes | 주름버섯목 Agaricales |
낙엽버섯과 Marasmiaceae | 낙엽버섯속 Marasmius

◐ 방사상의 줄무늬 홈선이 있는 자실체

◐ 끝붙은주름살을 가지고 있으며 백색이다.

◐ 대는 섬유상이고 반점이 부착되어 있다.

**형태적 특징** 큰낙엽버섯 갓의 지름은 3~10㎝ 정도이고, 종 모양 또는 둥근 산 모양에서 가운데가 볼록한 편평한 모양으로 된다. 표면에는 방사상의 줄무늬 홈선이 있고, 가운데 부분은 갈색이며, 마르면 백색으로 된다. 주름살은 올린주름살형 또는 끝붙은주름살형이고, 갓보다 연한 색이며, 성기다. 대의 길이는 5~10㎝, 굵기는 0.2㎝ 내외이고, 위아래의 굵기가 같다. 대 표면은 섬유상이고, 위쪽에는 가루 같은 것이 부착되어 있다. 포자 모양은 타원형 또는 아몬드형이다.

**발생 시기 및 장소** 봄부터 가을에 숲 속 등 낙엽이 있는 곳에 무리지어 발생하며, 낙엽부후성 버섯이다.

**식용 가능 여부** 식용버섯

**분포** 한국, 일본

**참고** 북한명은 큰가랑잎버섯이다.

# 큰눈물버섯

*Lacrymaria lacrymabunda* (Bull.) Pat.

담자균문 Basidiomycota | 주름버섯강 Agaricomycetes | 주름버섯목 Agaricales | 눈물버섯과 Psathyrellaceae | 큰눈물버섯속 Lacrymaria

◐ 갓 끝에 내피막 흔적이 남아 있다.

◐ 주름살은 연한 황색을 띠고 포자가 성숙하면 검은색이 된다.

**형태적 특징**  큰눈물버섯 갓의 지름은 2~10㎝ 정도이며, 초기에는 반구형이고, 섬유상 막질의 내피막으로 싸여 있다. 성장하면 편평하게 펴지며, 내피막 잔유물이 갓 끝에 있으나 곧 소실된다. 갓 표면은 황토색 또는 갈색이며, 섬유상의 인편이 빽빽이 퍼져 있다. 조직은 중앙 부분이 다소 두껍고, 갓 가장자리는 얇다. 주름살은 완전붙은주름살형이며, 다소 빽빽하고, 초기에는 연한 황색을 띠나 성장하면서 회갈색에서 흑색을 띤다. 대의 길이는 3~10㎝ 정도이며, 토양 표면과 붙어 있는 부분이 조금 굵으며 속은 비어 있다. 대의 위쪽에 거미줄형의 턱받이 흔적이 있으며 검은색의 포자가 낙하하면 갈흑색을 띤다. 포자문은 흑갈색 또는 흑색이고, 포자 모양은 타원형이다.

**발생 시기 및 장소**  여름부터 가을까지 혼합림 내 땅 위, 풀밭, 도로변에 무리지어 발생하거나 홀로 발생하기도 한다.

**식용 가능 여부**  식용버섯

**분포**  한국, 북반구

**참고**  눈물버섯에 속한 버섯류 중에서 포자의 표면에 돌기가 있는 유일한 종으로서 분류학자들로부터 많은 의견이 있으나 Singer의 제안을 많이 따르고 있다.

◐ 편평하게 퍼진 성장한 갓

◐ 황토색의 갓 표면

◐ 턱받이는 거미줄상 흔적만 남기고 그 위에 검은색의 포자가 붙어 있다.

◐ 대에 완전붙은주름살

○ 섬세한 유단상모가 있는 갓

○ 섬유상 인편으로 빽빽하게 밀포된 갓

# 털목이

*Auricularia nigricans* (Sw.) Birkebak, Looney & Sánchez-García

담자균문 Basidiomycota | 주름버섯강 Agaricomycetes | 목이목 Auriculariales |
목이과 Auriculariaceae | 목이속 Auricularia

○ 주발 모양, 귀 모양의 젤라틴의 자실체

**형태적 특징**   털목이의 크기는 2~8㎝ 정도이고, 주발 모양 또는 귀 모양 등 다양하며, 젤라틴질이다. 갓 윗면(비자실층)은 가운데 또는 일부가 기주에 부착되어 있고, 약간 주름져 있거나 파상형이다. 표면은 회갈색의 거친 털로 덮여 있으며, 갈색 또는 회갈색을 띠며, 노후되면 거의 흑색으로 된다. 아랫면(자실층)은 매끄럽거나 불규칙한 간맥이 있고, 갈색 또는 흑갈색을 띤다. 조직은 습할 때 젤라틴질이며, 유연하고, 탄력성이 있으나, 건조하면 수축하여 굳어지며, 각질화된다. 건조된 상태로 물속에 담그면 원상태로 되살아난다. 포자문은 백색이고, 포자 모양은 콩팥형이다.

**발생 시기 및 장소**   봄부터 가을 사이에 활엽수의 고목, 그루터기, 죽은 가지에 무리지어 발생한다.

**식용 가능 여부**   식용버섯

**분포**   한국, 전 세계

**참고**   목이와는 표면에 있는 털의 유무로 구분된다.

# 팽나무버섯(팽이)

*Flammulina velutipes* (Curtis) Singer

담자균문 Basidiomycota | 주름버섯강 Agaricomycetes | 주름버섯목 Agaricales |
뽕나무버섯과 Physalacriaceae | 팽나무버섯속 Flammulina

◆ 종상 반구형인 초기 갓 모양

◆ 짙은 버섯 향기가 나는 자실체

◆ 겨울 버섯으로 눈 속에서 발생한다.

**형태적 특징** 팽나무버섯의 갓은 크기가 1.5~6.5cm로 초기에는 모양이 반구형 또는 종상 반구형이나 후에는 반반구형 또는 편평하며, 점성이 현저하고, 황갈색 또는 등황갈색이나 끝 부위는 옅은 색을 띤다. 갓 표피는 잘 벗겨진다. 조직은 두껍고, 백색 또는 담황색이며 부드러운 육질형이다. 맛은 부드럽고 짙은 버섯 향기가 난다. 주름살은 대에 완전붙은주름살 또는 홈주름살이고, 다소 빽빽하며, 초기에는 백색을 띠지만 성장하면서 점차 옅은 황색 또는 옅은 등황색을 띤다. 주름살 사이에 간맥이 있고 주름살날은 평활하다. 대의 크기는 2~7.8cm로 원통형이며, 위아래의 굵기가 비슷하거나 기부 쪽이 굵고, 드물게는 상부가 넓으며, 종종 편압되어 있다. 표면은 융단상의 모가 있고, 기부 쪽은 섬유상 모가 있으며, 흑갈색 또는 갈흑색을 띠고, 상부쪽은 황색을 띤다. 속은 차 있으나 성장하면 점차 빈다. 포자문은 백색이며, 포자 모양은 원통상 타원형이고 표면은 평활하며, 무색이고, 멜저용액에서 비아밀로이드이다.

**발생 시기 및 장소** 늦가을과 이른 봄에 뽕나무, 감나무, 아까시나무, 포플러 등 활엽수림에서 뭉쳐서 나거나 소수 무리지어 발생한다.

**식용 가능 여부** 식용버섯

**분포** 한국, 동아시아, 중국, 유럽, 아프리카, 북아메리카, 오스트레일리아

● 인공재배하는 백색종

● 갈색종의 팽나무버섯

● 옅은 색을 띠는 갓 끝

● 성장한 자실체

⊙ 주름살 사이에 간맥이 있는 자실체

⊙ 소수 무리지어 발생한 자실체

⊙ 융단상의 모가 있는 대의 표면

⊙ 뭉쳐서 발생한 자실체

# 표고

*Lentinula edodes* (Berk.) Pegler

담자균문 Basidiomycota | 주름버섯강 Agaricomycetes | 주름버섯목 Agaricales |
화경버섯과 Omphalotaceae | 표고속 Lentinula

🔴 갓 표면에 갈색의 솜털 인편이 밀포

**형태적 특징**    표고의 갓은 지름이 4~10㎝ 정도로 처음에는 반구형이나 성장하면서 편평해지고 가장자리는 안쪽으로 말린다. 갓 표면은 다갈색 또는 흑갈색이며 습기가 있고 갈라진다. 갓 가장자리에는 내피막 잔유물이 붙어 있거나 소실된다. 갓 표면에는 백색 또는 연한 갈색의 솜털 인편이 붙어 있다. 조직은 백색이며, 강한 향기가 있다. 주름살은 끝붙은주름살형이며, 대의 위아래 굵기가 비슷하고, 백색이다. 조직은 질기고 단단하다. 대의 위쪽에 턱받이가 있으나 갓이 성장하면 쉽게 소실되며, 대 표면의 턱받이 위쪽은 평활하고 백색이며, 아래쪽은 인피가 있고, 백색 또는 연한 갈색이다. 포자문은 백색이며, 포자 모양은 타원형이다.

**발생 시기 및 장소**    봄부터 가을까지 참나무, 졸참나무 등 활엽수의 죽은 나무에 홀로 또는 무리지어 발생하며 나무를 분해하는 부후성 버섯이다.

**식용 가능 여부**    식용, 약용버섯

**분포**    한국, 일본, 중국, 동남아시아, 뉴질랜드

**참고**    북한명은 참나무버섯이다. 현재 농가에서 재배하고 있으며 원목재배나 블록재배를 많이 하고 있다.

✪ 대에는 갈색 인피가 있다.

✪ 내피막은 쉽게 탈락한다.

✪ 질기고 단단한 조직을 가진 자실체

✪ 성장하면서 편평해지고 가장자리는 안쪽으로 말리는 갓

○ 어린 버섯은 갓 가장자리에 솜털 인편이 많다.

○ 주름살은 황백색이며 가장자리는 톱니형이다.

# 풀버섯

*Volvariella volvacea* (Bull.) Singer, in Wasser

담자균문 Basidiomycota | 주름버섯강 Agaricomycetes | 주름버섯목 Agaricales |
난버섯과 Pluteaceae | 비단털버섯속 Volvariella

◐ 성장 초기의 자실체

◐ 어린 알을 반으로 자르면 버섯이 보인다.

**형태적 특징**  풀버섯의 자실체는 성장 초기에는 작고 검은 달걀 모양이나, 점차 윗부분이 파열되며 갓과 대가 나타난다. 갓은 크기가 3.5~15㎝로, 어릴 때는 난형 또는 종형이나 성숙하면 반반구형으로 된다. 표면은 회갈색 또는 흑갈색의 바탕에 흑색의 섬유상 털이 밀포되어 있다. 조직은 유연하고, 백색 또는 회백색이며 빠르게 액화 현상이 일어난다. 맛과 향기는 부드럽다. 주름살은 폭이 넓고 편복형이며, 떨어진주름살로 빽빽하며, 백색이었다가 후에 육색을 띤다. 주름살날은 다소 분질상이다. 대는 크기가 4.4~14㎝로 원통형이며, 상부 쪽이 가늘고 기부 쪽이 굵다. 표면은 백색 또는 담갈색을 띠며 평활하고, 기부는 구근상이며, 흑갈색의 두꺼운 막질로 된 대주머니로 둘러싸여 있고 대주머니는 꽃잎형이다. 초기에는 속이 차 있으나 성장하면 속이 빈다. 포자문은 육색이며, 포자 모양은 장타원형 또는 타원형이고, 평활하며, 비아밀로이드이다.

**발생 시기 및 장소**  주로 여름철의 고온다습한 시기에 퇴비 더미 또는 톱밥 주변에 다수 무리지어 발생한다.

**식용 가능 여부**  식용버섯

**분포**  한국, 동아시아, 유럽, 북아메리카

**참고**  본 종은 갓과 대주머니의 색이 흑갈색이고, 비단털버섯 중에서 가장 대형이란 점에서 쉽게 구별된다.

# 황그물버섯

*Crocinoboletus laetissimus* (Hongo) N.K. Zeng, Zhu L. Yang & G. Wu

담자균문 Basidiomycota | 주름버섯강 Agaricomycetes | 그물버섯목 Boletales |
그물버섯과 Boletaceae | 황그물버섯속 Crocinoboletus

**형태적 특징** 황그물버섯은 자실체 전체가 등황색이며, 갓은 4~14㎝로 초기에는 반구형이나 성장하면 점차 반반구형이 되거나 편평하게 펴진다. 표면은 평활하거나 다소 면모상이며 습할 때 약간 점성이 있고, 선명한 등색 또는 등황색을 띠며 상처를 입으면 청변한다. 조직은 두껍고 등색을 띠며, 상처를 입으면 청변한다. 다소 독특한 냄새가 나며, 맛은 부드럽다. 관공은 대에 끝붙은관공형 또는 홈관공형이고, 관공의 길이는 0.3~0.7㎝로 등색이다. 관공구는 원형이며, 2~3개/㎜로 작고, 선명한 등황색이며, 상처를 입으면 청변한다. 대의 크기는 4.5~10㎝로 원통형이며, 상하 굵기가 비슷하고, 기부 쪽이 다소 굵으며, 종종 굽어 있다. 포자문은 황갈색이며, 포자는 크기가 9.2~11.2×4.1~5㎛로 모양은 유방추형이며 비아밀로이드이고, KOH(수산화칼륨) 용액에서 갈황색을 띤다.

**발생 시기 및 장소** 여름에서 가을 사이에 활엽수림 내의 지상에 흩어져 또는 소수 무리지어 발생한다.

**식용 가능 여부** 식용버섯

**분포** 한국, 일본

**참고** 본 종은 자실체 전체가 아름다운 등색 또는 등황색을 띠고, 상처를 입으면 청변하며, 대 표면이 평활하다는 점에서 다른 그물버섯류와 쉽게 구별할 수 있다.

◆ 반구형인 초기의 갓

◯ 인피가 있는 대 표면

◯ 주황색인 관공

◯ 대 표면의 인피

◯ 기부 쪽이 다소 굵은 대

황그물버섯 • 227

# 황소비단그물버섯

*Suillus bovinus* (Pers.) Roussel

담자균문 Basidiomycota | 주름버섯강 Agaricomycetes | 그물버섯목 Boletales |
비단그물버섯과 Suillaceae | 비단그물버섯속 Suillus

◐ 습할 때 점성이 있는 자실체

◐ 방사상으로 펼쳐진 관공

**형태적 특징**  황소비단그물버섯의 갓은 지름이 3~11㎝ 정도로 처음에는 반반구형이며, 갓 끝은 안쪽으로 굽어 있으나 성장하면서 편평하게 펴지며, 성숙한 후에는 갓 끝이 위를 향해 반전되기도 한다. 표면은 황갈색 또는 황토색을 띠며, 습할 때는 점성이 있다. 조직은 두껍고 부드러우며 백색 또는 황백색을 띠고, 상처를 입어도 변색되지 않으나, 건조하면 보라색을 띤다. 관공은 완전붙은관공형 또는 내린관공형이고, 황색을 띤다. 관공구는 크며 다각형이다. 대의 길이는 3~7㎝ 정도이며, 위아래 굵기가 비슷하거나 위쪽이 다소 가늘다. 대의 표면은 매끄럽고 황갈색이며, 턱받이는 없다. 포자문은 황갈색이며, 포자 모양은 방추형이다.

**발생 시기 및 장소**  여름부터 가을에 소나무 숲 내 땅 위에 홀로 나거나 무리지어 흩어져 발생한다.

**식용 가능 여부**  식용버섯

**분포**  한국, 아시아, 유럽, 북아메리카, 아프리카

**참고**  갓 표면이 황갈색 또는 황토색이며 습할 때 점성이 있다. 송이처럼 소나무 뿌리와 균근을 형성한다. 큰마개버섯(*Gomphidius roseus*)과 함께 발생한다.

◯ 소나무 숲에서 발생한 자실체

◯ 내린관공형의 자실체

◯ 완전붙은관공

◯ 편평하게 펴진 갓

○ 관공구는 다각형이다.

○ 황색을 띠는 관공구

○ 무리지어 발생한 자실체

# 흰둘레그물버섯

*Gyroporus castaneus* (Bull.) Quél.

담자균문 Basidiomycota | 주름버섯강 Agaricomycetes | 그물버섯목 Boletales | 둘레그물버섯과 Gyroporaceae | 둘레그물버섯속 Gyroporus

**형태적 특징** 흰둘레그물버섯 갓의 지름은 3~10㎝ 정도이고, 초기에는 반구형이나 성장하면 편평한 모양으로 되고, 가운데는 오목하게 된다. 표면은 비로드 모양으로 밋밋하고, 밤색 또는 계피색이다. 가장자리는 주름의 줄무늬가 있다. 조직은 백색이며 단단하다. 관공은 길이가 0.4~0.8㎝ 정도로 초기에는 홈관공형이나, 성장하면 대부분 떨어진관공형으로 된다. 관공구는 초기에 미세하고 백색이지만, 성숙하면 원형 또는 유원형으로 되며, 담황색을 띠고, 상처를 입어도 변색되지 않는다. 대의 길이는 5~7㎝ 정도이며, 갓과 같은 색이고, 위아래의 굵기가 비슷하고, 약간 울퉁불퉁하다. 맛은 부드럽거나 신맛이 나며, 향기는 불분명하다. 포자문은 노란색이며, 포자 모양은 타원형이다.

**발생 시기 및 장소** 여름부터 가을 사이에 활엽수림의 지상에 홀로 발생하며, 외생균근성 버섯이다.

**식용 가능 여부** 식용버섯

**분포** 한국, 동아시아, 유럽, 북아메리카, 오스트레일리아

○ 갈색을 띤 융단상의 갓을 가진 자실체

◐ 다른 그물버섯에 비해 작은 자실체

◐ 담황색의 자실층

○ 가운데가 오목한 갓

○ 관공은 포자가 성장하면 연한 황색으로 변한다.

흰둘레그물버섯 · **235**

# 한국의 버섯도감

## Part 2 약용버섯

간버섯
간송편버섯
구름송편버섯(구름버섯)
꽃송이버섯
나방꽃동충하초
노린재포식동충하초
단색털구름버섯
동충하초
말굽버섯
먼지버섯
목도리방귀버섯
목질열대구멍버섯

벌포식동충하초
불로초(영지)
산호침버섯
손등버섯
아까시흰구멍버섯
옷솔버섯
자작나무시루뻔버섯
잔나비버섯
잔나비불로초
좀주름찻잔버섯
한입버섯

# 간버섯

*Pycnoporus cinnabarinus* (Jacq.) Fr.

담자균문 Basidiomycota | 주름버섯강 Agaricomycetes | 구멍장이버섯목 Polyporales | 구멍장이버섯과 Polyporaceae | 간버섯속 Pycnoporus

**형태적 특징**   간버섯 갓의 지름은 5~10㎝ 정도이고, 반원형 또는 부채형이며, 표면은 편평하고, 주홍색을 띤다. 갓 끝은 얇고 예리하며, 조직은 코르크질 또는 가죽처럼 질기다. 관공은 0.5~0.8㎝ 정도이며 선홍색이고, 관공구는 원형 또는 다각형이고, 0.1㎝ 사이에 2~4개가 있다. 대는 없고 기주에 부착되어 있다. 포자문은 백색이고, 포자 모양은 원통형이다.

**발생 시기 및 장소**   봄부터 가을까지 활엽수, 침엽수의 고목, 그루터기, 마른 가지 위에 홀로 또는 무리지어 발생하며, 부생생활을 하여 목재를 썩힌다.

**식용 가능 여부**   약용버섯

**분포**   한국, 전 세계

**참고**   항종양성이 있어 기관지염, 풍습성 관절염이 있을 때 물에 달여 먹을 수 있는 약용버섯이다.

○ 주황색 부채형의 자실체

✪ 관공은 선홍색이며 관공구는 간송편버섯보다 크다.

✪ 대가 없고 기주에 바로 부착한다.

○ 반원형 또는 부채형인 갓

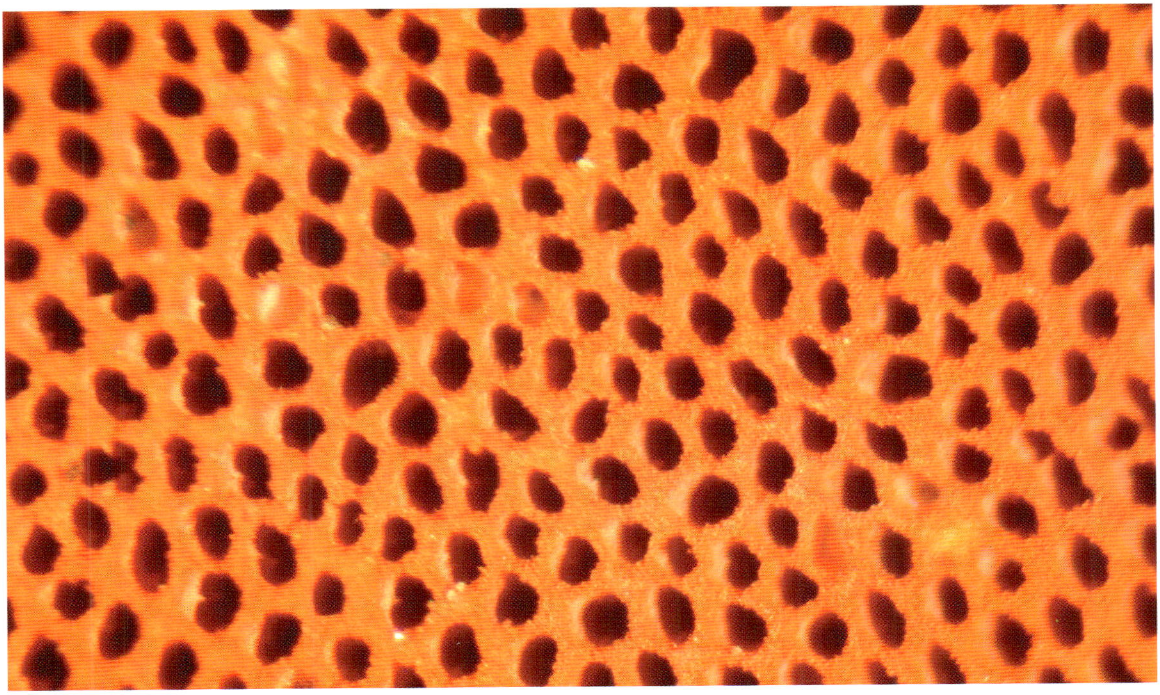

○ 관공구는 크고 0.1cm에 2~4개씩이다.

# 간송편버섯

*Trametes coccinea* (Fr.) Hai J. Li & S.H. He

담자균문 Basidiomycota | 주름버섯강 Agaricomycetes | 구멍장이버섯목 Polyporales |
구멍장이버섯과 Polyporaceae | 송편버섯속 Trametes

○ 건조하면 갈홍색을 띤다.

**형태적 특징**  간송편버섯의 갓은 지름이 2~15㎝, 두께는 0.2~0.5㎝ 정도이고, 반원형의 부채 모양으로 편평하다. 갓 표면은 매끄럽고, 희미한 환문이 있으며, 선홍색 또는 주홍색을 띤다. 조직은 코르크질 또는 가죽처럼 질기다. 관공은 0.1~0.2㎝ 정도이며, 붉은색이고, 관공구는 원형이며, 0.1㎝ 사이에 6~8개가 있다. 대는 없고 기주에 부착되어 있다. 포자문은 백색이고, 포자 모양은 긴 타원형이다.

**발생 시기 및 장소**  1년 내내 침엽수와 활엽수의 죽은 줄기나 가지에 무리지어 발생하며, 부생생활을 하여 목재를 썩힌다.

**식용 가능 여부**  약용버섯

**분포**  한국, 전 세계

**참고**  항균성분이 있어 화상 염증에 유용하며, 항종양성이 있는 약용버섯으로 이용된다.

○ 반원형의 부채 모양

○ 선홍색의 포자 형성층

○ 겹쳐서 발생하는 자실체 　　　　　　　○ 갓 윗면의 희미한 환문

○ 가죽처럼 질긴 조직 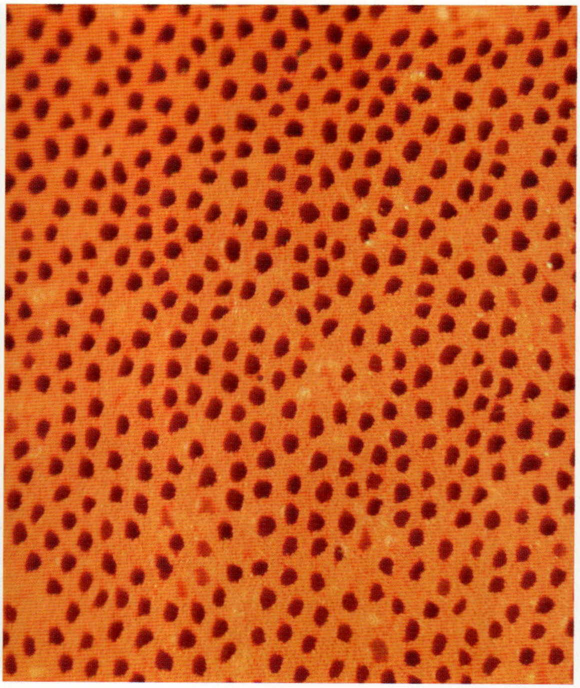　　　　　　　　　○ 원형의 관공구

○ 대는 없고 기주에 부착해서 발생

○ 코르크질의 질긴 조직

# 구름송편버섯(구름버섯)
## *Trametes versicolor* (L.) Lloyd

담자균문 Basidiomycota | 주름버섯강 Agaricomycetes | 구멍장이버섯목 Polyporales | 구멍장이버섯과 Polyporaceae | 송편버섯속 Trametes

◐ 단단한 가죽처럼 질긴 자실체

◐ 노숙하면 회남색을 띤다.

◐ 가죽질의 노숙한 자실체

**형태적 특징** 구름송편버섯의 갓은 지름이 1~5㎝, 두께는 0.1~0.3㎝ 정도이며, 반원형으로 얇고, 단단한 가죽처럼 질기다. 표면은 흑색 또는 회색, 황갈색 등의 고리 무늬가 있고, 짧은 털로 덮여 있다. 조직은 백색이며 질기다. 관공은 0.1㎝ 정도이며, 백색 또는 회백색이고, 관공구는 원형이고, 0.1㎝ 사이에 3~5개가 있다. 대는 없고 기주에 부착되어 있다. 포자문은 백색이고, 포자 모양은 원통형이다.

**발생 시기 및 장소** 1년 내내 침엽수, 활엽수의 고목 또는 그루터기에 기왓장처럼 겹쳐서 무리지어 발생하며, 부생생활을 한다.

**식용 가능 여부** 식용, 약용버섯

**분포** 한국, 전 세계

**참고** 버섯 중에서 처음 항암물질인 폴리사카라이드 K(polysaccharide-K)가 발견된 버섯이며, 간염, 기관지염 등에 효능이 있다. 중국에서는 '운지버섯'이라고 부른다.

◉ 겹쳐서 발생한 구름 모양의 자실체

◉ 흑색의 갓 표면

◉ 어린 버섯의 표면에는 털이 있다.

◐ 대는 없고 기주에 부착

◐ 그루터기에 겹쳐서 무리지어 발생하는 자실체

# 꽃송이버섯

*Sparassis crispa* (Wulfen) Fr.

담자균문 Basidiomycota | 주름버섯강 Agaricomycetes | 구멍장이버섯목 Polyporales | 꽃송이버섯과 Sparassidaceae | 꽃송이속 Sparassis

🔴 갈색으로 변색된 갓 끝

🔴 다발로 발생하는 자실체

🔴 물결 모양의 자실체

<mark>형태적 특징</mark> 꽃송이버섯은 자실체가 성숙하면 전체는 9.5~22.5cm로 크고, 다소 둥글며, 작은 꽃잎 모양의 갓이 모여 꽃양배추 또는 해초 모양을 이룬다. 대는 2.5~5.5cm로 짧고 뭉툭하며 단단하고, 위쪽으로 반복하여 갈라져 짧은 분지를 수없이 형성한다. 분지는 편평하게 되며, 얇고 파상형의 꽃잎형 또는 갓이 된다. 갓의 윗면은 평활하고, 백색 또는 담황색이나 성장 후에는 황토색을 띤다. 자실층은 각각의 작은 갓의 하면 또는 바깥쪽에 있고, 평활하며, 초기에는 담황색이나 성장하면 황토색이 되고 노숙하면 갈색이 된다. 조직은 얇고, 탄력성이 있으며 유연하고, 육질형이고, 백색이다. 맛은 부드럽고, 냄새는 특별하지 않다. 포자문은 백색이며, 포자 모양은 난형 또는 타원형이며, 표면은 평활하고, 멜저용액에서 비아밀로이드이다.

<mark>발생 시기 및 장소</mark> 여름부터 가을 사이에 침엽수(전나무)의 그루터기 또는 주변에 다발로 발생한다.

<mark>식용 가능 여부</mark> 약용버섯

<mark>분포</mark> 한국, 중국, 유럽, 북아메리카

<mark>참고</mark> 식용 및 약용으로 이용하며 항종양, 면역 증강, 항진균, 혈당저하 작용이 있다.

# 나방꽃동충하초

*Isaria japonica* Yasuda

자낭균문 Ascomycota | 동충하초강 Sordariomycetes | 동충하초목 Hypocreales |
동충하초과 Cordycipitaceae | 나방꽃동충하초속 Isaria

**형태적 특징**　나방꽃동충하초의 충체는 주로 나방류의 유충 또는 번데기, 드물게는 성충에 침입하여 2~10여 개체가 다발로 발생하며, 불완전세대형(분생자)인 속으로서 대표적인 종이다. 자실체는 높이가 1.5~4cm로 수지상이며, 대는 직경이 0.1~0.3cm로 약간 편압된 불규칙한 원통형이며, 옅은 황색이다. 분생자병은 상부에 형성한다. 분생포자는 크기가 3.2~4.8×1.5~2㎛로 중앙 부위가 약간 잘록한 긴 원통형이며, 백색이고 분질상이다. 분생포자는 바람이 불면 바람에 의해 연기처럼 날리며, 멀리 비산한다.

**발생 시기 및 장소**　5~10월에 일반적으로 저지대에 발생한다. 국내에서는 가장 흔한 동충하초로서 발생빈도가 높다.

**식용 가능 여부**　약용버섯

**분포**　한국, 일본, 대만, 중국, 보르네오

**참고**　본 종은 주로 나방류의 유충 또는 번데기에 다발로 발생하며 무성세대인 분생자만 형성한다. 자실체는 수지상이며 옅은 황색을 띠고, 분생포자는 중앙 부위가 잘록한 긴 원통형이며, 분질상이란 점이 특징적이다.

○ 저지대에 흔하게 발생

○ 백색의 분생포자

○ 다발로 발생하는 백색의 자실체

○ 긴 대를 가진 자실체

○ 주로 나방류의 유충 또는 번데기에 침입하여 발생

# 노린재포식동충하초

*Ophiocordyceps nutans* (Pat.) G. H. Sung, J. M. Sung, Hywel-Jones & Spatafora

자낭균문 Ascomycota | 동충하초강 Sordariomycetes | 동충하초목 Hypocreales |
잠자리동충하초과 Ophiocordycipitaceae | 포식동충하초속 Ophiocordyceps

◎ 검은색의 광택이 나는 대

**형태적 특징**   노린재포식동충하초의 자실체는 노린재의 성충의 머리, 흉부에 일반적으로 발생하며, 대부분 1개가 발생하나 드물게는 2개 이상 발생한다. 자실체는 두부와 대로 나누어지며, 자실층인 두부의 길이는 3~6cm 정도로 긴 타원형이며, 등황색을 띤다. 대는 3~10cm 정도이고, 가늘고 길며, 불규칙하게 굽어 있다. 위쪽은 등황색을 띠나 기부 쪽은 검은색이고, 약간 광택이 난다. 조직은 단단하고 질기며, 가죽질이다. 포자 모양은 원주형이다.

◎ 자실층인 머리 부분은 어릴 때 붉은색을 띤다.

**발생 시기 및 장소**   여름에서 가을 사이에 나며 죽은 노린재의 머리, 흉부에 기생생활한다.

**식용 가능 여부**   약용버섯

**분포**   한국, 일본, 대만, 중국

**참고**   피자기는 사면으로 완전매몰형이다.

◎ 노린재에 발생한 자실체

# 단색털구름버섯

*Cerrena unicolor* (Bull.) Murrill

담자균문 Basidiomycota | 주름버섯강 Agaricomycetes | 구멍장이버섯목 Polyporales | 구멍장이버섯과 Polyporaceae | 털구름버섯속 Cerrena

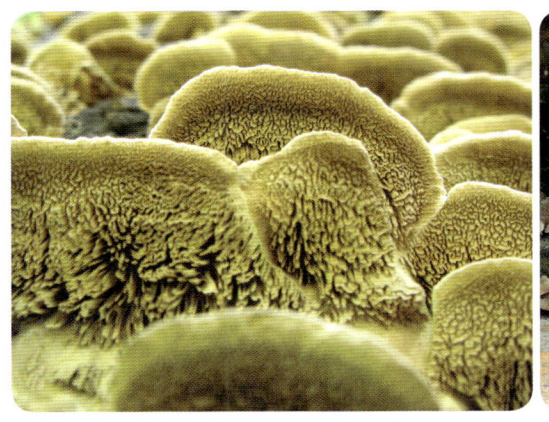
◐ 미로상의 자실층을 가진다.

◐ 단단한 가죽질의 자실체

**형태적 특징**   단색털구름버섯의 갓은 지름이 1~5㎝, 두께는 0.1~0.5㎝ 정도이며, 반원형으로 얇고 단단한 가죽처럼 질기다. 표면은 회백색 또는 회갈색으로 녹조류가 착생하여 녹색을 띠며, 고리 무늬가 있고, 짧은 털로 덮여 있다. 조직은 백색이며, 질긴 가죽질이다. 대는 없고 기주에 부착되어 생활한다. 관공은 0.1㎝ 정도이며, 초기에는 백색이나 차차 회색 또는 회갈색이 되고, 관공구는 미로로 된 치아상이다. 포자문은 백색이고, 포자 모양은 타원형이다.

**발생 시기 및 장소**   1년 내내 침엽수, 활엽수의 고목 또는 그루터기에 기왓장처럼 겹쳐서 무리지어 발생하며, 부생생활을 한다.

**식용 가능 여부**   약용버섯

**분포**   한국, 일본, 중국 등 북반구 일대

**참고**   항종양제의 효능이 있다.

# 동충하초

*Cordyceps militaris* (Vuill.) Fr.

자낭균문 Ascomycota | 동충하초강 Sordariomycetes | 동충하초목 Hypocreales |
동충하초과 Cordycipitaceae | 동충하초속 Cordyceps

○ 자좌는 원통형이다.

○ 나방류 번데기에 발생하는 자실체

**형태적 특징**  동충하초는 나방류 번데기 속에 기생하여 내생균핵을 형성하고, 성장하면 번데기 밖으로 자라서 곤봉형 또는 여러 가지 모양의 자좌(stroma)를 형성하는 버섯이다. 자좌의 길이는 3~10㎝ 정도로 원통형 또는 긴 곤봉형이다. 대는 1개 또는 여러 개의 분지가 있으며, 크기는 1~6㎝ 정도이고, 원통형이며 등황색을 띠고, 기부로 갈수록 옅어진다. 자실층은 자실체 상부에 있으며, 하부의 대와 경계가 불분명하다. 포자 모양은 원주상 방추형이다.

**발생 시기 및 장소**  봄에서 가을까지 죽은 나방류 등의 번데기 머리 또는 복부에 기생 생활을 한다.

**식용 가능 여부**  식용, 약용버섯으로 이용한다. 재배도 하고 있다.

**분포**  한국, 전 세계

**참고**  곤충의 애벌레 상태에서 숙주에 침입한 후 균사가 성장하면서 곤충을 죽이고 버섯(자실체)을 낸다. 따라서 겨울에는 벌레이던 것이 여름에는 버섯으로 변한다는 뜻에서 동충하초란 이름이 붙여졌다.

# 말굽버섯
*Fomes fomentarius* (L.) Gillet

담자균문 Basidiomycota | 주름버섯강 Agaricomycetes | 구멍장이버섯목 Polyporales | 구멍장이버섯과 Polyporaceae | 말굽버섯속 Fomes

◆ 말굽 형태를 띠고 있는 자실체

◆ 다년생의 버섯으로 겨울에 쉽게 눈에 띈다.

**형태적 특징**   말굽버섯은 다년생이며 갓의 지름이 5~50㎝ 정도의 대형버섯으로 두께 3~20㎝ 정도까지 자란다. 버섯 전체가 딱딱한 말굽형이거나 반구형이고, 두꺼운 각피로 덮여 있다. 표면은 회백색 또는 회갈색이고, 동심원상의 파상형 선이 있다. 조직은 황갈색이고 가죽질이다. 관공은 여러 개의 층으로 형성되며, 회백색을 띤다. 포자문은 백색이며, 포자 모양은 긴 타원형이다.

**발생 시기 및 장소**   고목 또는 살아 있는 나무의 껍질에 홀로 발생하며, 목재를 썩히는 부생생활을 한다.

**식용 가능 여부**   약용과 항암버섯으로 이용된다.

**분포**   한국, 북반구 온대 이북

**참고**   말발굽 형태이며, 갓 표면에는 회갈색의 파상형 선이 나타나는 특성이 있다.

◆ 관공은 여러 층으로 형성되며 회백색을 띤다.

# 먼지버섯

*Astraeus hygrometricus* (Pers.) Morgan

담자균문 Basidiomycota | **주름버섯강** Agaricomycetes | **그물버섯목** Boletales |
**먼지버섯과** Diplocystidiaceae | **먼지버섯속** Astraeus

◐ 외피가 별 모양을 이루는 자실체

◐ 늦가을에 볼 수 있는 버섯이다.

**형태적 특징**   먼지버섯의 자실체는 알 상태일 때 지름이 2~3㎝ 정도이며, 편평한 구형이고, 회갈색 또는 흑갈색이며, 절반은 땅속에 묻혀 있다. 성숙하면 두껍고 단단한 가죽질인 외피가 7~10개의 조각으로 쪼개져 별 모양으로 바깥쪽으로 뒤집어지고, 내부의 얇은 껍질로 덮인 공 모양의 주머니를 노출시킨다. 성숙하면 위쪽의 구멍으로 포자들을 비산시킨다. 별 모양의 외피는 건조하면 안쪽으로 다시 감기고, 외피가 찌그러지면서 포자의 방출을 돕는다. 포자는 구형이며, 갈색이다.

**발생 시기 및 장소**   봄부터 가을까지 숲 속이나 공터 등에 흩어져 발생한다.

**식용 가능 여부**   이용 가치가 적으나 약용으로 이용되기도 한다.

**분포**   한국, 전 세계

◐ 외피는 습하면 펼쳐지고 건조하면 안쪽으로 다시 감긴다.

◐ 숲 속의 낙엽 주변에 흩어져 발생하는 자실체

# 목도리방귀버섯

*Geastrum triplex* Jungh.

담자균문 Basidiomycota | 주름버섯강 Agaricomycetes | 방귀버섯목 Geastrales |
방귀버섯과 Geastraceae | 방귀버섯속 Geastrum

○ 기본체 위쪽의 구멍을 통해 포자를 날린다.

○ 기본체 위쪽의 포자 비산 구멍

**형태적 특징**   목도리방귀버섯의 지름은 3~4㎝ 정도이며, 구형이다. 외피는 황록색이며, 5~7조각의 별 모양으로 갈라진다. 갈라진 외피는 2개의 층으로 나뉘는데, 바깥층은 얇은 피질, 안층은 두꺼운 육질로 이루어져 있으며, 회백색의 내피가 뒤집어지면 포자가 포함된 기본체가 노출된다. 도토리 같은 기본체의 위쪽에는 구멍이 있는데 여기를 통해서 포자를 비산시킨다. 포자는 구형이며, 표면에 침상 돌기가 있다.

**발생 시기 및 장소**   여름부터 가을까지 혼합림 내 낙엽, 부식질의 땅 위에 흩어져 발생한다.

**식용 가능 여부**   약용버섯

**분포**   한국, 전 세계

○ 도토리 모양의 자실체

○ 낙엽, 부식질의 땅 위에 흩어져 발생

# 목질열대구멍버섯

*Tropicoporus linteus* (Berk. & M.A. Curtis) L.W. Zhou & Y.C. Dai

담자균문 Basidiomycota | 주름버섯강 Agaricomycetes | 소나무비늘버섯목 Hymenochaetales |
소나무비늘버섯과 Hymenochaetaceae | 열대구멍버섯속 Tropicoporus

● 자실층은 황갈색이며 다층이다.  ● 말굽형의 대가 없는 자실체

**형태적 특징**   목질열대구멍버섯의 갓은 목질로 너비 5~20㎝, 두께는 2~10㎝ 정도로 반원형, 편평형, 말굽형 등 다양한 모양이다. 표면은 검은 갈색의 짧은 털이 있으나 점차 없어지고, 딱딱한 각피질로 되며, 흑갈색 고리 홈선과 가로와 세로로 등이 갈라진다. 갓 둘레는 생육 때는 선명한 황색이다. 대는 없고, 자실층 하면의 관공은 황갈색이며, 다층이다. 각층의 두께는 0.2~0.4㎝ 정도이다. 관공구는 미세하고, 원형이며, 황색이다. 포자문은 연한 황갈색이며, 포자 모양은 유구형이다.

**발생 시기 및 장소**   고목에 홀로 발생하며, 부생생활을 하는 다년생 버섯이다.

**식용 가능 여부**   약용을 하는데 항암 효과가 96.7%나 되는 귀중한 약재로 국내에서 재배도 한다.

**분포**   한국, 아시아, 오스트레일리아, 필리핀, 북아메리카

**참고**   뽕나무에서 난다고 하여 흔히 상황버섯이라고 부르지만 목질열대구멍버섯은 뽕나무 외에도 자작나무, 산벚나무 등 대부분 활엽수의 입목이나 고목 위에 홀로 발생하는 목재부후성 버섯이다.

# 벌포식동충하초

*Ophiocordyceps sphecocephala* (Klotzsch ex Berk.) G. H. Sung, J. M. Sung, Hywel-Jones & Spatafora

자낭균문 Ascomycot | 동충하초강 Sordariomycetes | 동충하초목 Hypocreales |
잠자리동충하초과 Ophiocordycipitaceae | 포식동충하초속 Ophiocordyceps

◐ 원통형인 대

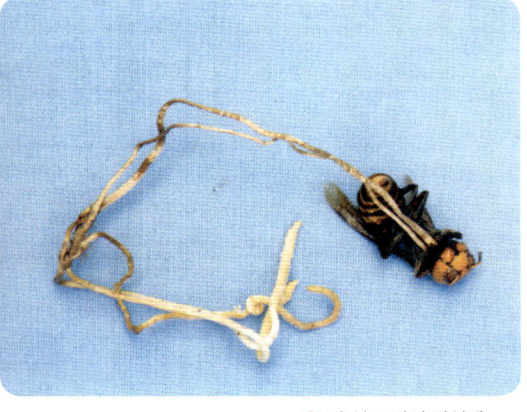
◐ 긴 실 모양의 자실체

**형태적 특징**  벌포식동충하초의 자실체는 기주인 벌 종류의 성충 머리 부위에 일반적으로 1개 발생한다. 두부는 길이가 0.5㎝ 정도로 원통형이며, 정단부는 둥근 모양이고, 연한 등황색을 띤다. 대의 길이는 3~8㎝ 정도로 긴 실 모양이고 굽어 있으며, 연한 황토색을 띠고 매끄럽다. 두부와 대는 확실한 경계가 없다. 포자 모양은 긴 타원형이다.

**발생 시기 및 장소**  봄에서 가을 사이에 벌의 머리에 기생생활한다.

**식용 가능 여부**  약용버섯

**분포**  한국, 일본, 대만, 중국, 유럽

**참고**  종종 땅속에서 발견되는데, 땅속에서 발견되는 것이 땅 위에 나온 것보다 대의 길이가 길다.

◐ 벌에 기생하여 발생하는 자실체

# 불로초(영지)

*Ganoderma lucidum* (Curtis) P. Karst.

담자균문 Basidiomycota | 주름버섯강 Agaricomycetes | 구멍장이버섯목 Polyporales |
불로초과 Ganodermataceae | 불로초속 Ganoderma

◐ 갓은 옻칠을 한 것과 같은 광택이 있다.

◐ 동심원상의 고리 홈선이 있다.

◐ 갓이 형성되지 않은 어린 자실체

**형태적 특징** 불로초 갓의 지름은 5~20㎝이고, 두께는 1~3㎝ 정도이며, 원형 또는 콩팥형이다. 버섯 전체가 옻칠을 한 것처럼 광택이 난다. 표면은 적갈색이고, 갓 둘레는 생장하는 동안은 광택이 나는 황색이며, 동심원상의 얕은 고리 홈선이 있다. 조직은 단단한 목질로 2층으로 되어 있으며, 상층은 백색이고 아래층은 갈황색이다. 관공은 1층이며, 길이는 0.5~1㎝ 정도이며, 관공구는 원형이다. 대의 길이는 2~10㎝ 정도이며, 검은 적갈색으로 휘어져 있으며, 측생이다. 포자문은 갈색이고, 포자 모양은 난형이다.

**발생 시기 및 장소** 여름부터 가을까지 활엽수의 생목 밑동이나 그루터기 위에 무리지어 나거나 홀로 발생하며, 부생생활을 한다.

**식용 가능 여부** 약용과 항암작용이 있고, 농가에서 재배되고 있다.

**분포** 한국, 일본, 중국 등 북반구 온대 이북

✪ 상단부가 노란색을 띠는 어린 자실체

✪ 대는 갓에 편심생이다.

◯ 적갈색인 갓 표면

◯ 불로초(재배)

불로초(영지)

# 산호침버섯

*Hericium coralloides* (Scop.) Pers.

담자균문 Basidiomycota | 주름버섯강 Agaricomycetes | 무당버섯목 Russulales |
노루궁뎅이과 Hericiaceae | 산호침버섯속 Hericium

◐ 지면을 향해 산호 모양으로 발생하는 자실체

◐ 백색의 수염상 돌기

**형태적 특징**　산호침버섯의 자실체는 1~3㎝로 전체적으로 백색이며 노숙하면 담황갈색을 띤다. 대 기부가 짧고 뭉툭하며 기질에 부착되어 있고, 몇 개의 분지가 형성되며 그 분지의 측면 또는 아랫면에서 향지성인 수염 모양의 긴 돌기가 늘어져 있다. 이 수염상 돌기는 백색이고, 0.5~2.5㎝의 다발로 지면을 향해 늘어져 있으며, 백색 또는 담황백색을 띤다. 조직은 백색이며 쓴맛이 강하며 부드럽고 잘 부서진다. 포자문은 백색이고, 포자의 크기는 3~5×3~4㎛로 구형에 가까우며, 평활하다. 이명은 수실노루궁뎅이버섯이다.

**발생 시기 및 장소**　여름에서 가을까지 침엽수 고사목에 발생한다.

**식용 가능 여부**　약용버섯

**분포**　한국, 동아시아, 유럽, 북아메리카

# 손등버섯

*Postia tephroleuca* (Fr.) Jülich

담자균문 Basidiomycota | 주름버섯강 Agaricomycetes | 구멍장이버섯목 Polyporales |
잔나비버섯과 Fomitopsidaceae | 손등버섯속 Postia

🔴 반원형의 갓 표면은 백색의 털이 밀포

🔴 관공은 원형 또는 부정형이다.

🔴 반원형으로 백색 또는 담황색인 갓 표면

**형태적 특징** 손등버섯 갓의 지름은 2~10㎝ 정도이고, 두께는 0.5~2㎝ 정도이며, 반원형이다. 표면은 백색 또는 담황색이다. 조직은 질기고, 백색이다. 관공은 어린 버섯에서는 잘 보이지 않으나 성장하면 0.5~1㎝ 정도이며, 연한 황색이다. 관공구는 원형 또는 부정형이다. 대는 없고 기주에 부착되어 생활한다. 포자문은 백색이고, 포자 모양은 원통형이다.

**발생 시기 및 장소** 봄부터 가을까지 활엽수의 고목, 그루터기, 부러진 가지 위에 무리지어 나거나 홀로 발생하며, 부생생활을 한다.

**식용 가능 여부** 식용은 불분명하나, 약용으로 사용되기도 한다.

**분포** 한국, 일본, 중국 등 북반구 온대와 남반구 온대

**참고** 항종양, 항암 등 널리 약용버섯으로 이용된다.

# 아까시흰구멍버섯
*Perenniporia fraxinea* (Bull.) Ryvarden

담자균문 Basidiomycota | 주름버섯강 Agaricomycetes | 구멍장이버섯목 Polyporales |
구멍장이버섯과 Polyporaceae | 흰구멍버섯속 Perenniporia

○ 자실층은 미색을 띤다.

○ 반원형의 갓에 환문이 있다.

**형태적 특징**  아까시흰구멍버섯은 1년생으로 갓은 지름이 5~20㎝, 두께가 1~2㎝ 정도이고, 처음에는 반구형이며 연한 황색 또는 난황색의 혹처럼 덩어리진 모양으로 발생하였다가 성장하면서 반원형으로 편평해진다. 갓 표면은 적갈색이나 차차 흑갈색이 되며, 각피화된다. 갓 가장자리는 성장하는 동안 연한 황색이고, 환문이 있다. 조직은 코르크질이고 연한 황갈색이다. 자실층은 황색에서 회백색으로 되며, 상처를 입으면 검은 갈색의 얼룩이 생긴다. 관공은 1개의 층으로 형성되며, 길이는 0.3~1㎝ 정도이고, 관공구는 원형으로 조밀하다. 포자문은 백색이며, 포자 모양은 난형이고 두꺼운 벽을 가지고 있다.

**발생 시기 및 장소**  봄부터 가을까지 벚나무, 아까시나무 등 활엽수의 살아 있는 나무 밑동에 무리지어 발생하며, 목재를 썩히는 부생생활을 한다.

**식용 가능 여부**  약용버섯

**분포**  한국, 일본 등 북반구 온대 이북

**참고**  1년생 버섯으로 주로 아까시나무에 피해를 준다.

❂ 아까시나무 그루터기에 발생한 자실체

❂ 살아있는 나무 밑동에 무리지어 발생

❂ 코르크질의 조직

❂ 회화나무에 겹쳐서 발생한 자실체

○ 어린 자실체는 갓 끝이 황색을 띤다.

○ 겹쳐서 발생한 자실체

# 옷솔버섯

*Trichaptum abietinum* (Dicks.) Ryvarden

담자균문 Basidiomycota | 주름버섯강 Agaricomycetes | 소나무비늘버섯목 Hymenochaetales | Incertae sedis | 옷솔버섯속 Trichaptum

○ 치아 모양의 자실층이 습해서 웃자란 모습

**형태적 특징**   옷솔버섯의 갓은 지름이 1~2㎝, 두께가 0.1~0.2㎝ 정도이며, 반원형이다. 여러 개가 겹쳐서 나며, 표면에는 희미한 고리 무늬가 있고, 짧은 털로 덮여 있으며, 백색 또는 회백색이다. 갓 끝은 톱니 모양이고, 조직은 아교질을 가진 가죽처럼 질기고, 백황색 또는 검은색이다. 관공은 짧고 작으며 치아 모양이고, 관공구는 원형이며, 연한 홍색에서 점차 퇴색된다. 대는 없고 갓이 기주에 붙어 있다. 포자문은 백색이고, 포자 모양은 타원형이다.

**발생 시기 및 장소**   1년 내내 소나무, 가문비나무 등 침엽수의 생목, 고목, 마른 가지 위에 겹쳐서 발생하며, 부생생활을 해서 목재를 썩힌다.

**식용 가능 여부**   약용버섯

**분포**   한국, 중국 등 북반구 온대 이북

**참고**   약용과 항암작용이 있다.

○ 갓 표면에 회백색의 짧은 털이 있는 자실체

○ 겹쳐서 발생한 자실체

○ 갓 끝은 싱싱할 때 연보라색을 띤다.

# 자작나무시루뻔버섯

*Inonotus obliquus* (Ach. ex Pers.) Pilát

담자균문 Basidiomycota | 주름버섯강 Agaricomycetes | 소나무비늘버섯목 Hymenochaetales |
소나무비늘버섯과 Hymenochaetaceae | 시루뻔버섯속 Inonotus

◉ 표면은 거북등과 같이 갈라져 있다.

◉ 자실체는 자작나무 수피 아랫부분에 발생

◉ 조직은 딱딱하고 쉽게 부서진다.

**형태적 특징**    자작나무시루뻔버섯의 일반적으로 관찰되는 덩어리 부분은 불완전세대로 불규칙한 균핵형이다. 크기는 9~25㎝이고, 표면은 암갈색 또는 검은색으로 거북등과 같이 갈라져 있으며, 조직은 쉽게 부서지고, 자르면 검은색으로 변색된다. 자실층은 배착형이며, 표면은 관공형이고, 종종 수피 아랫부분에 군데군데 발생되며, 크기는 1~10㎝ 정도의 불규칙한 조각형태이고, 두께는 0.5~1㎝이다. 자실층의 색은 어릴 때는 백색을 띠나 갈색으로 변하며, 오래되면 암갈색을 띤다. 관공구는 각진형이거나 타원형이고, 길이는 약 1㎝이며, 관공수는 0.1㎝당 3~5개이다. 자실층 형성 균사층은 드물게 발달되기도 한다. 조직은 싱싱할 때 부드럽거나 코르크질이고, 건조하면 딱딱해지고, 쉽게 부서진다. 포자는 2가지 형태이다. 후막포자는 난형이며, 올리브갈색을 띠며, 담자포자는 광학현미경 하에서 무색이며, 타원형이다.

**발생 시기 및 장소**    자작나무 등 활엽수의 생목이나 고사목에 발생하며, 목재를 백색으로 썩히는 부생생활을 한다.

**식용 가능 여부**    약용버섯

**분포**    한국, 시베리아, 북아메리카, 북유럽 등 자작나무가 자생할 수 있는 지역에 분포한다.

# 잔나비버섯

*Fomitopsis pinicola* (Sw.) P. Karst.

담자균문 Basidiomycota | 주름버섯강 Agaricomycetes | 구멍장이버섯목 Polyporales |
잔나비버섯과 Fomitopsidaceae | 잔나비버섯속 Fomitopsis

**형태적 특징**  잔나비버섯은 다년생이며, 갓의 지름이 5~50㎝ 정도의 대형 버섯으로 두께 3~30㎝ 정도까지 자란다. 처음에는 반구형이나 성장하면서 편평한 말굽형이 되고, 표면에 각피가 있다. 갓의 색깔은 백색이나 점차 적갈색 또는 회갈색이 되고, 생장 과정을 나타내는 환문이 있다. 조직은 백색이고 목질이다. 자실층은 황백색이고, 관공은 여러 개의 층으로 형성되며, 관공구는 원형이다. 포자문은 백색이며, 포자 모양은 타원형이다.

**발생 시기 및 장소**  주로 침엽수의 고목 또는 살아 있는 나무 위에 발생하는 다년생 버섯이다.

**식용 가능 여부**  약용과 항암버섯으로 이용된다.

**분포**  한국, 일본, 중국 등 북반구 온대 이북

**참고**  다년생 버섯으로 생장은 주로 여름부터 가을까지 한다.

○ 주로 침엽수에 자생하며 관공은 황백색을 띤다.

# 잔나비불로초

*Ganoderma applanatum* (Pers.) Pat.

담자균문 Basidiomycota | 주름버섯강 Agaricomycetes | 구멍장이버섯목 Polyporales |
불로초과 Ganodermataceae | 불로초속 Ganoderma

○ 관공은 성장 초기에 백색을 띤다.

**형태적 특징**  잔나비불로초의 갓은 지름이 5~50㎝ 정도이고, 두께가 2~5㎝로 매년 성장하여 60㎝가 넘는 것도 있으며, 편평한 반원형 또는 말굽형이다. 갓 표면은 울퉁불퉁한 각피로 덮여 있고 동심원상 줄무늬가 있으며, 색깔은 황갈색 또는 회갈색을 띤다. 종종 적갈색의 포자가 덮여 있다. 갓 하면인 자실층은 성장 초기에는 백색이나 성숙하면서 회갈색으로 변하나, 만지거나 문지르면 갈색으로 변한다. 조직은 단단한 목질이며, 관공구는 원형으로 여러 층에 있으며, 지름이 1㎝ 정도이다. 대는 없고, 기주 옆에 붙어 생활한다. 포자문은 갈색이고, 포자 모양은 난형이다.

**발생 시기 및 장소**  봄부터 가을 사이에 활엽수의 고사목이나 썩어가는 부위에 발생하며, 다년생으로 1년 내내 목재를 썩히며 성장한다.

**식용 가능 여부**  약용버섯

**분포**  한국, 전 세계

**참고**  북한명은 넓적떡다리버섯이며, 외국에서는 갓의 폭이 60㎝ 이상 되는 것도 있어 원숭이들이 버섯 위에서 놀기도 한다고 한다.

○ 말굽형의 갓

○ 단단한 목질의 조직

○ 다년생의 버섯으로 자랄 때마다 동심원상의 줄무늬가 생긴다.

◉ 갓 표면에 갈색인 포자가 싸여 있다.

◉ 참나무 등 활엽수 그루터기에 자생한다.

# 좀주름찻잔버섯

*Cyathus stercoreus* (Schwein.) De Toni

담자균문 Basidiomycota | 주름버섯강 Agaricomycetes | 주름버섯목 Agaricales |
주름버섯과 Agaricaceae | 주름찻잔버섯속 Cyathus

◐ 상단부가 컵 모양이며 성숙하면 막이 벗겨진다.

◐ 두꺼운 털에 싸인 외피

**형태적 특징**  좀주름찻잔버섯의 자실체는 찻잔 모양 또는 컵 모양이며 폭은 0.5~1㎝, 길이는 1㎝ 정도이고 황갈색 또는 회갈색을 띤다. 각피는 3개의 층을 이루는데 외피는 갈색의 두꺼운 털이 빽빽하고 성숙하면 벗겨진다. 안쪽 면은 매끄러우며 남색을 띤다. 포자가 성숙하면 상단부가 열리면서 컵 모양으로 벌어진다. 컵 내부는 윤기가 나고, 반질반질하며, 바둑돌 모양의 소피자가 가득 들어 있다. 소피자 안에 포자들이 들어 있다. 비가 오면 빗물에 의해 튕겨져 나가 주변으로 번지며 그 속의 포자들이 밖으로 나오면서 번식하게 된다. 포자 모양은 난형이며, 백색이다.

**발생 시기 및 장소**  이른 봄부터 늦가을까지 퇴비, 볏짚, 목재, 죽은 나뭇가지, 그루터기, 모래 등의 위에 무리지어 발생한다.

**식용 가능 여부**  약용버섯

**분포**  한국, 전 세계

**참고**  자실체의 컵 안쪽 면에 주름이 없어 주름찻잔버섯과 구별이 된다.

◐ 미성숙된 어린 자실체

◐ 볏짚 등 유기물에 무리지어 발생

# 한입버섯

*Cryptoporus volvatus* (Peck) Shear

담자균문 Basidiomycota | 주름버섯강 Agaricomycetes | 구멍장이버섯목 Polyporales |
구멍장이버섯과 Polyporaceae | 한입버섯속 Cryptoporus

🔴 포자가 형성되면 1개의 구멍이 뚫려 외부와 통하게 된다.

🔴 광택이 나는 자실체

🔴 대는 없고 기주에 붙어서 생활

**형태적 특징** 한입버섯 갓의 크기는 2~10㎝, 높이는 5~10㎝ 정도이며, 표면은 황갈색 또는 갈색이며, 광택이 있고, 매끄럽다. 대는 없고 기주에 붙어 생활한다. 갓의 밑부분은 백색 또는 담황색의 피막으로 덮여 관공면이 노출되지 않으나, 나중에는 지름 0.5~1㎝ 정도의 타원형 구멍이 뚫려 외기와 통하게 된다. 포자문은 백색이고, 포자 모양은 원통형이다.

**발생 시기 및 장소** 여름부터 가을까지 침엽수의 고목, 소나무의 고목 또는 생목의 껍질에 무리지어 나며, 부생생활로 목재를 썩힌다.

**식용 가능 여부** 약용버섯

**분포** 한국, 일본, 중국, 동남아시아, 북아메리카, 유럽

**참고** 순환기장애에 좋은 약용버섯이다. 북한명은 밤알버섯이다.

# 한국의 버섯도감

## Part 3 독버섯

갈색고리갓버섯
갈황색미치광이버섯
갓그물버섯
개나리광대버섯
검은띠말똥버섯
검은망그물버섯
고동색광대버섯
금관버섯
긴골광대버섯아재비
깔때기버섯
노란개암버섯
노란젖버섯
노랑싸리버섯
달화경버섯
독우산광대버섯
독흰갈대버섯
땅비늘버섯
마귀곰보버섯
마귀광대버섯
맑은애주름버섯
무당버섯
미치광이버섯
뱀껍질광대버섯

붉은사슴뿔버섯
붉은싸리버섯
비탈광대버섯
삿갓외대버섯
소나무능이
암회색광대버섯아재비
애기무당버섯
어리알버섯
오징어새주둥이버섯
원반버섯
자주색싸리버섯
절구무당버섯아재비
점박이어리알버섯
젖버섯
진갈색주름버섯
큰우산광대버섯
턱받이광대버섯
파리버섯
푸른끈적버섯
황금싸리버섯
회색두엄먹물버섯
흙무당버섯
흰가시광대버섯

흰갈대버섯
흰꼭지외대버섯
흰오뚜기광대버섯

# 갈색고리갓버섯

*Lepiota cristata* (Bolton) P. Kumm.

담자균문 Basidiomycota | 주름버섯강 Agaricomycetes | 주름버섯목 Agaricales |
주름버섯과 Agaricaceae | 갓버섯속 Lepiota

○ 포자는 백색으로 주름살 색과 같다.

**형태적 특징** 갈색고리갓버섯의 갓은 지름이 2~7㎝ 정도로 초기에는 종형이나 성장하면서 볼록편평하게 펴진다. 표면은 연한 갈색 또는 적갈색이며, 성장하면 중앙부 이외의 표피가 갈라져 작은 인피를 형성하여 백색 섬유상 바탕 위에 산재하게 된다. 조직은 백색 또는 적갈색이다. 주름살은 끝붙은주름살형이며, 빽빽하고, 백색 또는 연한 황색이다. 대의 길이는 3~5㎝ 정도이며, 위아래 굵기가 비슷하고, 표면은 처음에는 백색이나 점차 연한 홍색으로 변한다. 턱받이는 막질이며, 쉽게 탈락된다. 대의 속은 비어 있다. 포자문은 백색이며, 포자 모양은 마름모꼴의 총알형이다.

**발생 시기 및 장소** 여름과 가을에 정원, 잔디밭이나 혼합림 내 습한 땅 위에 홀로 또는 흩어져 발생하며, 부생생활을 한다.

**식용 가능 여부** 독버섯

**분포** 한국, 전 세계

◐ 갓이 성장하면 갈색의 인편이 작은 조각으로 펼쳐진다.

◐ 백색의 주름살

# 갈황색미치광이버섯

*Gymnopilus spectabilis* (Fr.) Singer

담자균문 Basidiomycota | 주름버섯강 Agaricomycetes | 주름버섯목 Agaricales |
턱받이버섯과 Hymenogastraceae | 미치광이버섯속 Gymnopilus

**형태적 특징**   갈황색미치광이버섯의 갓은 지름이 3.8～13.7㎝로 원추형 또는 종형이나 성장하면 반반구형 또는 편평형으로 된다. 건성이고 등황황색이나 등황갈색을 띠며, 초기에는 미세한 벨벳상이거나 평활하지만 성장하면 표면이 갈라져 가느다란 섬유질 인피를 형성한다. 갓 끝은 상당 기간 안쪽으로 말려 있으며, 종종 갓의 끝에 내피막의 잔유물인 담황색 또는 담황토색을 띤 섬유상 막질이 부착되어 있다. 조직은 유황색 또는 등황색이며 맛은 쓰다. 주름살은 홈주름살 또는 짧은내린주름살이며, 빽빽하고 황색을 띠나 성장하면 황갈색이나 밝은 적갈색을 띤다. 대의 길이는 5.5～14.5㎝로 하부 쪽은 굵으며 기부는 다시 가늘어져 방추형이다. 턱받이 상부는 옅은 황금색을 띠며 백색의 분질이 있고, 턱받이 아래쪽은 황토황색 또는 적갈색을 띠며 백색의 섬유질 인피가 있다. 턱받이는 막질이고 영존성이며 담황색을 띠다가 포자가 떨어지면 황갈색 또는 갈색을 띤다. 조직은 단단하고 섬유상 육질이며, 옅은 황색을 띤다. 포자문은 담적갈황색이며, 포자는 타원형이고, 표면에 작은 돌기와 포자반이 있다.

**발생 시기 및 장소**   주로 경기도 광릉, 지리산 등지에서 여름과 가을에 활엽수 고사목의 그루터기 주위 또는 살아 있는 나무 뿌리의 주위에서 발견된다.

**식용 가능 여부**   독버섯

**분포**   한국, 일본, 유럽 등 북반구 온대

● 활엽수 부후목에 다발로 발생한 자실체

◐ 갓의 인피

◐ 인피가 있는 대 표피

◐ 갈색의 포자가 낙하되면서 황갈색을 띠는 턱받이

# 갓그물버섯

*Pulveroboletus ravenelii* (Berk. & M. A. Curtis) Murrill

담자균문 Basidiomycota | 주름버섯강 Agaricomycetes | 그물버섯목 Boletales |
그물버섯과 Boletaceae | 갓그물버섯속 Pulveroboletus

○ 거미집 형태의 내피막

○ 대 상부에 턱받이 흔적이 있다.

**형태적 특징**　갓그물버섯의 갓은 지름이 3~10㎝ 정도로 둥근 산 모양에서 성장하면서 편평한 모양으로 된다. 갓 표면은 조금 끈적거리며 노란색의 분말 가루로 덮여 있고 가운데는 약간 갈색을 띤다. 조직은 백색 또는 황색이나 상처를 입으면 청색으로 변한다. 관공은 끝붙은관공형으로 황색에서 검은 갈색으로 변한다. 대의 길이는 3~10㎝ 정도이며, 속은 조직으로 차 있으며, 표면은 노란색의 가루로 덮여 있다. 노란색의 거미집 막으로 덮였다가 대 위쪽에 턱받이만 남고 나중에 없어진다. 포자문은 황록색이며, 포자 모양은 긴 방추형이다.

**발생 시기 및 장소**　여름부터 가을 사이에 활엽수림, 침엽수림의 땅에 홀로 또는 흩어져 발생하며, 외생균근성 버섯이다.

**식용 가능 여부**　독버섯

**분포**　한국, 일본, 중국, 홍콩, 싱가포르, 북아메리카

**참고**　노란색의 막은 갓에서 대까지 덮여 있다가 갓에서 떨어진다.

◎ 노란색의 분말 가루로 덮인 자실체

◎ 갈색 인편이 있는 갓 표면

◎ 레몬색 거미집 모양의 내피막

310

○ 어린 자실체

○ 관공은 황색을 띠나 포자를 형성하면 흑갈색으로 변한다.

# 개나리광대버섯

*Amanita subjunquillea* S. Imai

담자균문 Basidiomycota | 주름버섯강 Agaricomycetes | 주름버섯목 Agaricales | 광대버섯과 Amanitaceae | 광대버섯속 Amanita

◐ 성장하면서 갈라진 갓 끝

◐ 구근상의 기부가 있다.

**형태적 특징**　개나리광대버섯의 자실체는 초기에는 백색의 작은 난형(달걀 모양)이나 점차 윗부분이 갈라져 갓과 대가 나타난다. 갓은 3.4~7.8㎝로 원추상 난형 또는 원추상 반구형이나 성장하면 반반구형 또는 중고편평형으로 된다. 표면은 습할 때 다소 점성이 있고, 밝은 등황색, 황토색 또는 녹토황색을 띤다. 조직은 육질형이며 백색이다. 주름살은 떨어진주름살이고 약간 빽빽하며, 백색이나 주름살날은 다소 분질상이다. 대는 5.4~11.5㎝로 원통형이며, 기부는 구근상이다. 표면은 건성이고, 백색 또는 옅은 황색 바탕에 담갈황색의 섬유상 인피가 있다. 턱받이는 막질형으로 백색 또는 옅은 황색이다. 대주머니는 백색이나 옅은 갈색을 띠며 막질형이다. 포자문은 백색이고, 포자는 유구형 또는 구형이며 아밀로이드이다.

**발생 시기 및 장소**　여름과 가을에 침엽수림 또는 활엽수림 내 지상에 흩어져서 혹은 홀로 발생하는 외생균근균이며, 전국적으로 발생한다.

**감별해야 할 식용버섯**　식용버섯인 노란달걀버섯과 구별해야 한다. 간혹 이 버섯과 형태적으로 매우 유사한 개나리광대버섯을 잘못 알고 먹어 중독사고가 발생하고 있으며, 생명을 잃기도 한다. 이 버섯에 의한 중독증상은 독우산광대버섯에 의한 중독증상과 매우 유사하다.

**식용 가능 여부**　독버섯(맹독성). 버섯 1~3개(약 50g)가 치명적인 용량의 아마톡신을 함유하고 있다.

**분포**　한국, 일본, 중국 동북부, 러시아 연해주

◐ 낙엽 속의 어린 자실체

◐ 옅은 등황색을 띠는 대의 표면

◐ 백색 막질의 턱받이

○ 백색의 주름살과 턱받이

○ 대 기부에 있는 대주머니

# 검은띠말똥버섯

*Panaeolus subbalteatus* (Berk. & Broome) Sacc.

담자균문 Basidiomycota | 주름버섯강 Agaricomycetes | 주름버섯목 Agaricales | Incertae sedis | 말똥버섯속 Panaeolus

◯ 퇴비를 이고 올라오는 버섯

◯ 주름살에 생긴 곤충집

**형태적 특징** 검은띠말똥버섯의 갓은 1.5~4.5㎝로 유구형이나 성장하면 반구형, 반반구형 또는 중고편평형으로 된다. 표면은 습할 때 암적갈색을 띠나 건조하면 담황토색 또는 담황토갈색을 띠고, 평활하나 드물게는 갈라져 미세한 인피를 형성한다. 갓 끝은 주름살보다 신장된 갓 깃을 형성하지 않는다. 조직은 얇고 담황색을 띤다. 주름살은 완전붙은주름살이며 약간 빽빽하고, 회색 또는 회백색이나 점차 적갈색 또는 암갈흑색의 반점이 나타나고 전체가 흑색으로 변한다. 주름살날은 백색이고 분질상이다. 대는 4.5~8.5㎝로 원통형이며 가늘고 길다. 표면은 유백색 또는 옅은 적갈색을 띠며 백색의 분질물이 덮여 있다. 대 속은 비어 있고 연골질이다. 포자문은 갈흑색 또는 흑색이고, 포자 모양은 레몬형 또는 타원형이며, 분명한 발아공이 있고 포자벽은 두껍다.

**발생 시기 및 장소** 여름과 가을에 목초지의 소나 말의 배변물에서 발생한다. 버섯의 포자가 풀잎에 붙어 있다가 초식동물(말이나 소 등)이 풀을 먹으면 초식동물의 장기를 통과하여 나오면서 포자 발아가 시작되기 때문이다. 발생장소는 말똥버섯과 거의 동일하나 발생 시기는 다소 늦다.

**식용 가능 여부** 독버섯

**분포** 한국, 전 세계

◉ 목초지에 발생한 자실체

◉ 퇴비에 발생한 자실체

◉ 나팔형의 자실체

◉ 원통형의 가늘고 긴 대

● 검은색 띠가 있는 갓

● 담황토색의 갓 표면

● 검은색 포자가 있는 주름살

검은띠말똥버섯 • **319**

# 검은망그물버섯

*Retiboletus nigerrimus* (R. Heim) Manfr. Binder & Bresinsky

담자균문 Basidiomycota | 주름버섯강 Agaricomycetes | 그물버섯목 Boletales |
그물버섯과 Boletaceae | 망그물버섯속 Retiboletus

○ 뚜렷한 망목이 있는 대

**형태적 특징**  검은망그물버섯의 갓은 5.5~13.5㎝로 반구형 또는 반반구형이고, 성장하면 편평하게 펴진다. 표면은 건성이고 올리브회색이나 성장하면 흑색 또는 자흑색으로 되며 평활하거나 미세한 털이 있다. 조직은 두껍고 육질형이며 담회백색 또는 담녹황색이나 상처를 입으면 흑색으로 변한다. 약간 쓴맛 또는 신맛이 난다. 관공은 대에 끝붙은관공형으로 점차 대 주위가 함입되어 떨어진관공형이 되고, 초기에는 담회황색 또는 녹회색을 띠다가 후에 등회색 또는 자회색으로 변하고 상처를 입으면 서서히 흑색으로 된다. 관공구는 유각형이고 관공과 같은 색을 띠며, 상처를 입으면 흑변한다. 대의 길이는 4.5~12㎝로 원통형이다. 전면에 현저한 돌기상 망목이 있으며 황록색 또는 회황색이고, 성장하면 기부에 올리브황색 또는 갈황색의 인피가 나타나며 상처를 입으면 흑색으로 된다. 포자문은 상아색 또는 베이지색이며, 포자는 유방추형이다.

**발생 시기 및 장소**  여름과 가을에 적송림과 참나무가 많은 지상에 자생한다.

**감별해야 할 식용버섯**  흰굴뚝버섯과 구별해야 한다. 식용버섯인 흰굴뚝버섯은 송이가 발생되고 난 후 늦가을에 솔밭에서 발생되는 버섯이다. 검은망그물버섯보다 조직이 훨씬 촘촘하며 대가 짧다.

**식용 가능 여부**  독버섯이다. 갓은 아리고 쓴맛이 강하며, 대는 쓴맛이 있고 치즈향이 난다.

**분포**  한국, 일본, 뉴기니아, 싱가포르, 보르네오

◆ 만지거나 건조하면 검게 변한다.

◆ 건조하면 검게 변한다.

◆ 분홍갈색을 띤 관공

◐ 어린 자실체

◐ 성숙하면 연분홍을 띠는 관공

검은망그물버섯 · **323**

# 고동색광대버섯

*Amanita fulva* Fr.

담자균문 Basidiomycota | 주름버섯강 Agaricomycetes | 주름버섯목 Agaricales |
광대버섯과 Amanitaceae | 광대버섯속 Amanita

◐ 가장자리에 홈선이 있는 갓

◐ 윤기가 있는 갓

◐ 갓 끝 부위에 방사상의 주름이 있다.

**형태적 특징** 고동색광대버섯의 갓은 지름이 4~10㎝ 정도로 종 모양에서 차차 볼록편평형이 된다. 표면은 적갈색이며 가운데는 짙은 색을 띠고, 습기가 있을 때는 끈적거리며, 외피막의 파편이 붙어 있다. 갓 둘레는 뚜렷한 방사상 홈선이 있고, 조직은 백색이다. 주름살은 백색의 끝붙은주름살형으로 빽빽하다. 대의 길이는 5~15㎝ 정도이며, 위쪽이 약간 가늘고, 속이 비어 있다. 표면에는 때때로 연한 황갈색의 비단 모양 또는 솜털 모양의 인편이 있고, 기부에는 백색의 대주머니가 있다. 포자문은 백색이며, 포자 모양은 구형이다.

**발생 시기 및 장소** 여름부터 가을 사이에 숲 속의 땅에 홀로 나거나 흩어져 발생하며, 외생균근성 버섯이다.

**식용 가능 여부** 독버섯

**분포** 한국, 동아시아, 유럽, 북아메리카, 북아프리카

# 금관버섯

*Baorangia pseudocalopus* (Hongo) G. Wu & Zhu L. Yang

담자균문 Basidiomycota | 주름버섯강 Agaricomycetes | 그물버섯목 Boletales |
그물버섯과 Boletaceae | 금관버섯속 Baorangia

◐ 갓 표면이 건성인 자실체

◐ 대에 내린 관공

**형태적 특징**   금관버섯의 갓은 4.5~16.5㎝로 반구형 또는 반반구형이고, 갓 끝은 안쪽으로 말려 있으나 성장하면 반반구형이거나 편평하게 펴진다. 표면은 건성이고 평활하거나 약간 면모상이며, 성장하면 종종 귀열상으로 갈라진다. 적갈색, 황갈색 또는 담적갈색, 담황적색을 띤다. 조직은 두껍고 육질이며 담황색이나 상처를 입으면 청색으로 변한 다음 시간이 경과하면 퇴색하여 회색으로 된다. 미성숙한 것은 거의 청변하지 않거나 담청색을 띤다. 성숙한 자실체는 치즈 냄새가 나며 약간 신맛이 난다. 관공은 대에 완전붙은관공형 또는 짧은내린관공형이며 황색, 호박색에서 점차 갈색으로 변하고, 상처를 입으면 녹청색으로 변한다. 관공구는 원형 또는 각형이고 관공과 같은 색이며, 색 변화도 같은 양상이다. 대의 길이는 4.5~12.3㎝로 원통형이나 하부 쪽이 굵고 곤봉형(기부 7.5㎝)이며, 표면은 상부에서 중반부까지 가느다란 망목이 있으며 황색을 띠고, 하부는 옅은 적색, 암적색 또는 암적갈색을 띠고, 상처를 입으면 청변한다. 포자문은 올리브갈색이며, 포자는 유방추형이다.

**발생 시기 및 장소**   주로 여름과 가을에 적송림과 참나무 혼합림 내 지상에서 비교적 드물게 발견된다.

**감별해야 할 식용버섯**   자실층이 관공으로 이루어진 식용버섯류인 비단그물버섯속과 그물버섯속의 버섯류

**식용 가능 여부**   독버섯

**분포**   한국, 일본

# 긴골광대버섯아재비

*Amanita longistriata* S. Imai

담자균문 Basidiomycota | 주름버섯강 Agaricomycetes | 주름버섯목 Agaricales |
광대버섯과 Amanitaceae | 광대버섯속 Amanita

◐ 작은 달걀형의 어린 자실체

◐ 갓 끝에 방사상의 선을 형성

◐ 혼합림 내 자생하는 자실체

**형태적 특징**   긴골광대버섯아재비의 자실체는 백색의 작은 달걀 모양이나 점차 상단 부위가 갈라져 갓과 대가 나타난다. 갓은 2.5~6.5㎝로 난형 또는 종형이나 성장하면 반반구형이 되거나 편평하게 펴진다. 표면은 평활하고, 습할 때 다소 점성이 있으며 회갈색 또는 회색을 띠고 갓 주변부는 방사상으로 홈선이 있다. 조직은 비교적 얇고 백색이나 갓의 표피 하층은 회색을 띤다. 주름살은 떨어진주름살로 약간 성글며 백색이나 점차 분홍색을 띤다. 주름살날은 분질상이다. 대는 4.5~11㎝로 원통형이고 상부 쪽이 다소 가늘다. 표면은 평활하거나 종으로 섬유상 선이 있고 백색이다. 턱받이는 백색의 막질이다. 대주머니는 백색이고 얇은 막질이다. 포자문은 백색이고, 포자는 광타원형이며 비아밀로이드이다.

**발생 시기 및 장소**   여름과 가을에 활엽수림, 침엽수림 또는 혼합림의 지상에서 발견된다.

**감별해야 할 식용버섯**   긴골광대버섯아재비는 우산버섯과 매우 유사하지만 주름살이 분홍색을 띠고, 대의 상부에 턱받이가 있다는 점이 다르다. 턱받이가 있다는 점에서 긴골광대버섯아재비는 턱받이광대버섯[A. spreta (Peck) Sacc.]과 매우 비슷하지만, 후자는 주름살이 백색이란 점에서 쉽게 구별된다.

**식용 가능 여부**   독버섯

**분포**   한국, 일본 등

◯ 외피막을 뚫고 나온 어린 자실체

◯ 분홍색을 띠는 주름살

◯ 대의 표면은 섬유상 선이 있다.

◯ 균륜을 이루기도 한다.

# 깔때기버섯

*Clitocybe nebularis* (Batsch) P. Kumm.

담자균문 Basidiomycota | 주름버섯강 Agaricomycetes | 주름버섯목 Agaricales |
송이과 Tricholomataceae | 깔때기버섯속 Clitocybe

**형태적 특징** 깔때기버섯은 갓의 크기가 5.5~14cm로 깔때기버섯류 중에서 매우 크며, 모양은 초기에 반반구형이고 갓 끝은 안쪽으로 말려 있으며, 성장하면 점차 편평하게 펴진다. 중앙 부위는 다소 함몰되거나 약간 돌출되어 있으며, 갓 끝은 위로 반전되기도 한다. 표면은 회색, 옅은 갈회색 또는 옅은 갈색을 띠며, 습할 때는 약간 점성이 있고 갓 끝 부위에 방사상의 섬유질이 드물게 나타난다. 조직은 비교적 두꺼우며 치밀하고 백색이다. 맛과 향기는 다소 불분명하다. 주름살은 대에 짧은내린주름살이고 빽빽하며 옅은 황백색 또는 백황색을 띤다. 주름살날은 평활하다. 주름살은 갓 조직으로부터 분리가 잘 된다. 대의 길이는 4.2~8.3cm로 대 하부쪽이 굵어져 곤봉형이 되거나 기부가 팽대해져 괴근형을 이룬다. 표면은 백색 또는 옅은 회색 바탕에 종으로 옅은 회갈색의 섬유질이 있으며, 대 기부에 백색 균사모가 있다. 속은 차 있거나 다소 비어있다. 포자문은 옅은 황색이며, 포자는 타원형이고 표면은 평활하며, 비아밀로이드이다.

🔴 편평한 갓 윗면

◐ 균륜을 이루면서 발생하는 형태

**발생 시기 및 장소**  여름에서 늦가을에 주로 침엽수림 내 지상 또는 부식질이 많은 곳에 무리지어 나거나 드물게는 흩어져서 발생한다.

**식용 가능 여부**  준 독버섯이다. 식용으로 알려져 있지만 사람에 따라서는 소화불량을 일으키기도 하므로 주의가 필요한 버섯이다.

**분포**  북반구 일대

○ 뒷면의 대에 짧게 내린주름살의 모양

○ 균륜 형성

깔때기버섯 · **335**

# 노란개암버섯

*Hypholoma fasciculare* (Huds.) P. Kumm.

담자균문 Basidiomycota | 주름버섯강 Agaricomycetes | 주름버섯목 Agaricales |
포도버섯과 Strophariaceae | 개암버섯속 Hypholoma

**형태적 특징**   노란개암버섯의 갓은 2~4(8)㎝로, 초기에는 원추형이나 점차 반반구형 또는 중고편평형으로 되며, 전체가 유황색 또는 황록색을 띤다. 주변부는 견사상 인편이 덮여 있으며, 초기에는 갓 끝이 안으로 말려 있고 종종 내피막의 일부가 갓 끝에 붙어 있다. 주름살은 완전붙은주름살이고 빽빽하며, 폭이 좁고 유황색 또는 녹황색이다. 대는 5~12㎝로 상하 굵기가 같으며, 유황색이나 점차 황갈색 또는 갈색으로 되며, 내피막은 백색 또는 담황색의 섬유상이나 쉽게 소실되며, 포자가 낙하되면 암갈색의 내피막 흔적이 있다. 조직은 쓴맛이 난다. 포자문은 자갈색이며, 포자는 타원형이고, 발아공이 있다.

**발생 시기 및 장소**   봄에서 가을 사이에 발생하며, 보통 침엽수의 고사목이나 활엽수 고사목에서 발견된다.

**감별해야 할 식용버섯**   식용버섯인 개암버섯과 매우 유사하다. 개암버섯은 가을에 밤이 떨어질 때 밤나무 그루터기에 소수 무리지어 발생하며, 갓의 색은 적갈색을 띠고 백색의 얇은 섬유상 인피가 피복되어 있으며, 맛은 쓰지 않다는 점이 다르다. 다발버섯은 봄부터 가을까지 발생하며, 성장 초기에는 자실체 전체가 유황색이란 점과 조직을 씹으면 매우 쓰다는 점이 특징적이다.

**식용 가능 여부**   독버섯

**분포**   한국, 전 세계

ⓞ 전체가 유황색을 띤 자실체

ⓞ 쉽게 떨어지는 섬유상의 내피막

◐ 건조할 때는 갓 표면이 갈라지기도 한다.

◐ 위아래 굵기가 같은 대

◐ 반반구형의 갓

◐ 다발로 발생하는 자실체

○ 유황색의 갓

○ 황록색을 띤 성장한 자실체. 거미줄상의 턱받이 부분에 자갈색의 포자가 붙어 있다.

노란개암버섯 · 339

# 노란젖버섯

*Lactarius chrysorrheus* Fr.

담자균문 Basidiomycota | 주름버섯강 Agaricomycetes | 무당버섯목 Russulales |
무당버섯과 Russulaceae | 젖버섯속 Lactarius

○ 갓에 황토색톤의 동심원상 환문이 나타남

**형태적 특징** 노란젖버섯의 갓은 3.2~8.5㎝로 반반구형 또는 중앙오목반구형이고, 갓 끝은 대에 부착되어 있으나 성장하면 갓 끝이 펴지며 편평형, 중앙오목편평형 또는 유깔때기형으로 된다. 표면은 평활하고 습할 때 약간 점성이 있으며, 황토황색이나 연한 살색을 띠고 짙은 색의 동심원상 환문이 있다. 갓 표피층은 잘 벗겨지며, 표피 하층은 붉은색을 띠고 조직은 거의 백색이나 자르면 황변하며, 유액은 백색이나 상처를 입어 공기와 접하면 황변하며 매운맛이 난다. 주름살은 떨어진주름살 또는 끝붙은주름살이며 약간 빽빽하고 백색이나 점차 담황색으로 되며, 주름살날은 평활하다. 대의 길이는 2.4~9.5㎝로 원통형으로 상하 굵기가 비슷하다. 표면은 평활하거나 다소 주름 모양의 종선이 있으며, 갓보다 옅은 색이나 후에 짙은 색으로 된다. 성장하면 대 속의 조직은 해면질화되거나 비어 있다. 포자문은 백색이며, 포자는 유구형 또는 난상 유구형이고, 표면에는 크고 작은 돌기와 미세한 망목이 있으며 아밀로이드이다.

**발생 시기 및 장소** 주로 가을에 참나무나 소나무(적송)가 혼재한 산림의 지상에 소수 무리지어 발생한다.

**감별해야 할 식용버섯** 배젖버섯

**식용 가능 여부** 독버섯

**분포** 한국 등 북반구 온대

○ 갓 표면에 점성이 있는 자실체

◐ 황변하는 유액과 평활한 주름살날

# 노랑싸리버섯

*Ramaria flava* (Schaeff.) Quél.

담자균문 Basidiomycota | 주름버섯강 Agaricomycetes | 나팔버섯목 Gomphales | 나팔버섯과 Gomphaceae | 싸리버섯속 Ramaria

**형태적 특징**　노랑싸리버섯의 자실체는 중형 또는 대형이고 8.5~18.5㎝로 산호형이며, 자실체의 기부는 뭉툭하고 백색을 띠며 폭은 1~5.5㎝이다. 그 위에 다수의 분지가 형성되며 위쪽으로 반복하여 분지가 나타난다. 상부로 갈수록 분지는 가늘어지며, 분지 끝은 보통 2개의 분지로 갈라지고, 갈라진 형태는 U자형 또는 V자형이다. 대의 기부를 제외하고는 유황색 또는 레몬색이며, 분지 끝은 황색을 띠고 성숙 후에는 다소 퇴색하여 황토색을 띤다. 조직은 백색이며 육질형이고, 상처를 입거나 시간이 지나면 다소 적색을 띤다. 맛은 기부 쪽은 부드러우나 분지 끝은 약간 쓴맛이 있다. 포자문은 황색이며, 포자는 원통상 타원형 또는 긴 타원형이고, 사마귀상 돌기가 있고 종종 인접한 돌기가 결합되어 있다.

**발생 시기 및 장소**　늦여름과 가을에 활엽수림 또는 침엽수림의 지상에 무리지어 발생한다.

**감별해야 할 식용버섯**　싸리버섯

**식용 가능 여부**　준독성이다.

**분포**　한국, 일본, 중국, 유럽

○ U자 또는 V자로 갈라지는 분지

# 달화경버섯

*Omphalotus japonicus* (Kawam.) Kirchm. & O.K. Mill.

담자균문 Basidiomycota | 주름버섯강 Agaricomycetes | 주름버섯목 Agaricales |
화경버섯과 Omphalotaceae | 화경버섯속 Omphalotus

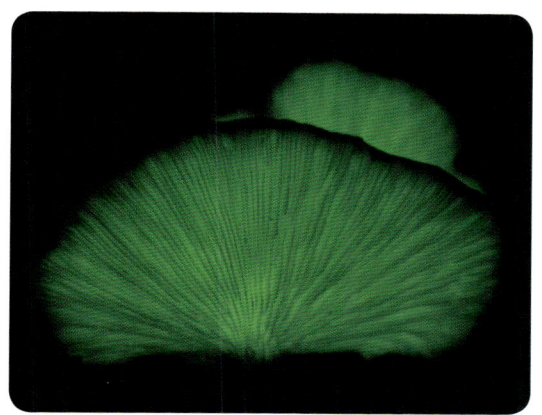

◐ 밤에 나타나는 인광

◐ 대 기부에 있는 검은색 반점(느타리와 차이점)

◐ 죽은 나무에 무리지어 발생하는 자실체

**형태적 특징**   달화경버섯의 갓은 6.7~22.5㎝로 어른 손바닥만 하며 조개형 또는 신장형이다. 표면은 황등갈색·자갈색 또는 암자갈색을 띠고 짙은 색의 인피가 있다. 주름살은 내린주름살이고 폭은 넓으며 약간 빽빽하고 옅은 황색 또는 백색이다. 빛이 없는 밤에는 청백색의 인광이 난다. 대의 길이는 1.2~2.7㎝로 짧고 뭉툭하며 편심생이고, 돌출된 불완전한 턱받이가 있다. 조직은 두껍고 육질형이며, 백색이나 기부를 종으로 절단하면 암자색의 반점이 있다. 맛과 향기는 부드럽다. 포자문은 백색이고, 포자는 구형이다.

**발생 시기 및 장소**   여름과 가을에 서어나무·너도밤나무류, 특히 서어나무의 고목에 무리지어 발생한다.

**감별해야 할 식용버섯**   달화경버섯은 외관상 느타리, 표고, 참부채버섯과 비슷하나, 밤이나 빛이 없는 어두운 곳에서 청백색의 인광이 나고, 대의 기부를 자르면 자흑색의 반점이 있다는 점이 특징이다.

**식용 가능 여부**   독버섯

**분포**   한국, 일본, 러시아 극동지방, 중국

# 독우산광대버섯

*Amanita virosa* (Fr.) Bertill.

담자균문 Basidiomycota | 주름버섯강 Agaricomycetes | 주름버섯목 Agaricales |
광대버섯과 Amanitaceae | 광대버섯속 Amanita

🔴 어린 자실체

🔴 백색의 주름살과 턱받이

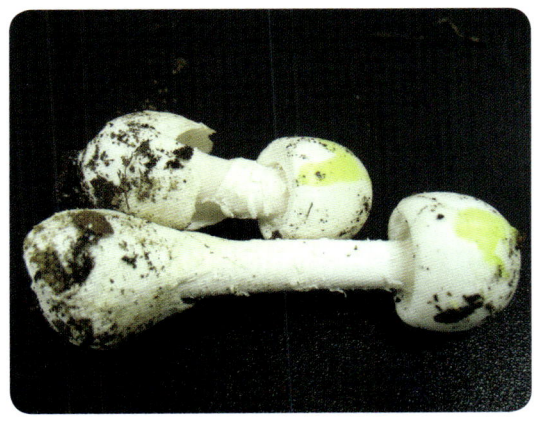
🔴 KOH 용액에 갓 표면이 노랗게 변색

**형태적 특징** 독우산광대버섯의 자실체는 초기에 백색의 작은 달걀 모양이나 정단 부위가 갈라져 갓과 대가 나타나고 전체가 백색이다. 갓은 5.6~14.5㎝로 초기에는 원추형 또는 종형이나 성장하면 반반구형, 편평형 또는 중앙볼록편평형으로 된다. 표면은 평활하고, 습할 때는 약간 점성이 있으며, 백색이나 중앙 부위는 종종 분홍색을 띤다. 조직은 얇고 육질형이며 백색이다. 생조직은 KOH(수산화칼륨) 용액에서 황색으로 변한다. 주름살은 떨어진주름살이며, 빽빽하고 백색이며, 주름살날은 분질상이다. 대는 8.5~21㎝로 원통형이고, 기부는 구근상이다. 표면은 백색이고, 턱받이 아래쪽은 손거스러미 모양의 섬유상 인피가 있다. 턱받이와 대주머니는 백색이고 막질이다. 포자문은 백색이고, 포자는 구형 또는 유구형이며 아밀로이드이다.

**발생 시기 및 장소** 전국적으로 분포하며 여름과 가을에 잡목림 내 지상(특히 떡갈나무, 벚나무 부근)에서 홀로 혹은 무리지어 발생한다.

**감별해야 할 식용버섯** 큰갓버섯, 유균 상태의 말불버섯, 흰달걀버섯 등 다른 식용버섯과의 감별이 매우 중요하다.

◐ 전체 모양

◐ 소수 무리지어 발생한 자실체

성장한 자실체는 외부 형태가 주름버섯속의 식용버섯과 비슷하고 어린 달걀 모양 시기 (egg stage)에는 식용버섯인 말불버섯류와 유사하므로 특히 주의해야 한다. 큰갓버섯은 대 위에 위아래로 움직일 수 있는 턱받이(일명, 띠)가 있고, 대의 기부에 막질의 대주머니가 없다는 점이 다르다. 독우산광대버섯은 대 표면에 손거스러미 모양의 인편이 있으며, KOH 용액을 떨어뜨리면 노란색으로 변한다는 점이 특징이다.

**식용 가능 여부**  독버섯(맹독성)이다. 독우산광대버섯은 '죽음의 천사(destroying angel)'라고도 부르며, 우리나라에서 발생하는 광대버섯 중에서 독성이 가장 강한 맹독성 버섯이다. 버섯 1~3개(50g)가 치명적인 용량의 아마톡신을 함유하고 있다.

**분포**  북반구 일대, 오스트리아

◐ 성숙한 자실체

◐ 노화된 버섯

○ 독우산광대버섯(좌)과 개나리광대버섯(우)의 주름살 및 갓 크기 비교

○ 왼쪽부터 1. 비탈광대버섯(독)  2·3. 독우산광대버섯(맹독)  4·5. 주름버섯(식용)

# 독흰갈대버섯

*Chlorophyllum neomastoideum* (Hongo) Vellinga

담자균문 Basidiomycota | 주름버섯강 Agaricomycetes | 주름버섯목 Agaricales |
주름버섯과 Agaricaceae | 갈대버섯속 Chlorophyllum

◐ 요술지팡이처럼 보이는 어린 버섯

**형태적 특징**   독흰갈대버섯의 갓은 크기가 7.2~21㎝이고, 구형 또는 반구형이나 성장하면 반반구형 또는 중앙볼록편평형으로 된다. 표면은 건성이고 백색이며 섬유질상이다. 중앙 부위에 담황갈색의 대형의 막질이 꽃잎 모양으로 갈라져 있고, 작은 인편이 소수 산재해 있다. 조직의 중앙 부위는 약간 두꺼우며 육질형이고, 백색이나 상처를 입으면 적색으로 변한다. 대 육질과 갓의 육질 사이에 분명한 경계가 없다. 주름살은 떨어진주름살이고 빽빽하며 백색이다. 주름살날은 분질상이다. 대의 길이는 11~16㎝로 원통형이고, 기부는 팽대하여 구근상(3㎝)이다. 표면은 건성이고, 초기에는 유백색이나 점차 갈색으로 변한다. 평활하거나 다소 종으로 섬유질이 있다. 대의 속은 비어 있다. 턱받이는 반지형이며 가동성이다. 포자문은 백색이고, 포자는 난형 또는 타원형이며 아주 작은 발아공이 있다.

**발생 시기 및 장소**   가을에 밤나무 조림지나 목장 혹은 혼합림의 지상에서 발견된다.

**감별해야 할 식용버섯**   큰갓버섯과 구별이 필요하다. 식용버섯으로 유명한 큰갓버섯(*M. procera*)과 유사하지만, 큰갓버섯은 갓의 중앙 부위에 코스모스 형태의 담황갈색 대형 막질의 인피가 없다. 또한 큰갓버섯의 조직은 상처를 입어도 색이 변하지 않는다는 점에서 쉽게 구별된다.

**식용 가능 여부**   독버섯

**분포**   한국, 일본

● 갓이 갈라지기 전의 자실체

● 코스모스처럼 갈라진 모양

● 중앙 부위에 꽃잎 모양의 막질인피와 털 모양의 인편으로
  형성된 갓(촬영 : 푸른별영상)

● 원통형이고 상하 굵기가 비슷한 대

○ 백색 갓 위에 펼쳐진 작은 인편

○ 팽대한 구근상의 기부

# 땅비늘버섯
*Pholiota terrestris* Overh.

담자균문 Basidiomycota | 주름버섯강 Agaricomycetes | 주름버섯목 Agaricales |
포도버섯과 Strophariaceae | 비늘버섯속 Pholiota

◯ 성장하여 갓이 편평하게 펼쳐진 모양

◯ 황갈색의 포자문

◯ 갓 표면에 있는 잘 발달된 인피

**형태적 특징** 땅비늘버섯의 갓은 지름이 3~6cm 정도로 원추형에서 가운데가 볼록한 둥근 산 모양을 띠고 성장하면서 편평한 모양으로 된다. 갓 표면은 연한 황색 또는 연한 갈색이고, 섬유상 진한 갈색의 인편이 많이 있으며, 갓 끝에는 내피막 일부가 붙어 있다. 조직은 연한 황색이고, 주름살은 완전붙은주름살형이며, 포자가 형성되면 갈색으로 변한다. 주름살에는 미세구조인 노란 시스티디아가 있다. 대의 길이는 3~7cm 정도이며, 위쪽은 백색이고, 아래쪽은 연한 황색 또는 연한 갈색이며, 섬유상 인편과 솜털 모양의 내피막 흔적이 있다. 포자문은 진한 갈색이며, 포자 모양은 타원형이다.

**발생 시기 및 장소** 봄부터 가을까지 산길, 잔디밭 등에 뭉쳐서 발생하며, 유기물이나 산림부산물을 분해하는 부후성 버섯이다.

**식용 가능 여부** 독버섯

**분포** 한국, 일본, 북아메리카

**참고** 설사, 구토 등의 증상으로 중독된 예가 있으므로 주의해야 된다.

◐ 턱받이 흔적이 있는 대 상부

◐ 건조한 자실체

◐ 인편의 끝이 검정색으로 변한 성장한 갓과 대

◐ 중앙 부위가 볼록한 자실체의 갓

◐ 갓 하면의 주름살 모양

# 마귀곰보버섯

*Gyromitra esculenta* (Pers.) Fr.

자낭균문 Ascomycota | 주발버섯강 Pezizomycetes | 주발버섯목 Pezizales |
원반버섯과 Discinaceae | 마귀곰보버섯속 Gyromitra

◐ 뇌상으로 된 갓

**형태적 특징**  마귀곰보버섯의 자실체는 4.5~12cm로, 갓은 불규칙한 뇌상 유구형이다. 표면은 평활하고 황갈색, 적갈색 또는 흑갈색이다. 대는 길이가 1.1~4cm로 짧고 뭉툭하며 현저한 홈선 또는 챔버형이다. 표면은 백색이고 미세한 비듬상이며, 속은 비어 있다. 갓과 대는 불규칙하게 부착되어 있다. 조직은 잘 부서지며 맛과 향은 특별하지 않다. 포자는 타원형이고 평활하며, 포자 내부에 2개의 기름방울이 있다.

**발생 시기 및 장소**  4월과 5월 초에 침엽수 그루터기 주위, 톱밥 또는 나무 부스러기 주위에서 흩어져서 또는 무리지어 발생한다. 국내에서는 매우 희귀한 종으로서 강원도에서 처음 발견되었다.

**감별해야 할 식용버섯**  곰보버섯과 유사하므로 감별이 필요하다.

**식용 가능 여부**  독버섯

**분포**  한국, 유럽, 북아메리카

◐ 불규칙한 뇌상 유구형인 갓    ◐ 불규칙하게 부착되어 있는 갓과 대

◐ 현저한 홈선을 보이는 대

○ 싱싱한 버섯(좌)과 오래되어 검게 변한 버섯(우)

○ 대를 절단한 모양

# 마귀광대버섯

*Amanita pantherina* (DC.) Krombh.

담자균문 Basidiomycota | 주름버섯강 Agaricomycetes | 주름버섯목 Agaricales |
광대버섯과 Amanitaceae | 광대버섯속 Amanita

○ 대주머니는 구근상이다.

○ 갓에는 방사상 홈선이 나타난다.

○ 갓 표면에 백색 외피막의 흔적이 있는 자실체

**형태적 특징** 　마귀광대버섯의 갓은 지름이 3~25㎝ 정도이며, 초기에는 구형이나 성장하면서 편평형이 되고, 후에 오목편평형이 된다. 갓 표면은 회갈색 또는 갈색이며, 사마귀 모양의 백색 외피막 파편이 산재하고, 습하면 점성이 있으며, 갓 둘레에는 종종 방사상의 홈선이 있다. 주름살은 떨어진주름살형이며, 다소 빽빽하고 백색이며, 주름살 끝은 약간 톱날형이다. 대의 길이는 5~20㎝ 정도이며, 백색이며, 위쪽에 턱받이가 있고, 턱받이 밑에는 섬유상의 인편이 있다. 기부는 팽대하여 구근상을 이루고 바로 위에는 외피막의 일부가 2~4개의 불안전한 띠를 이룬다. 포자문은 백색이며, 포자 모양은 긴타원형이다.

**발생 시기 및 장소** 　여름부터 가을까지 활엽수림, 침엽수림 내 지상에 홀로 나거나 또는 흩어져 발생하며, 외생균근성 버섯이다.

**식용 가능 여부** 　독버섯

**분포** 　한국, 북반구 온대 이북, 아프리카

**참고** 　이보테닉산-무시몰 독성이 있는 버섯으로, 식용버섯인 붉은점박이광대버섯과 유사하므로 주의해야 한다.

◯ 오목편평의 갓

◯ 촘촘한 백색의 주름살

◯ 성장하면서 외피막 흔적이 소실되고 편평형이 된 갓

◯ 상부로 갈수록 가늘어지는 대

◯ 외피막의 흔적이 백색 인편으로 펼쳐진 자실체

◯ 성장 후에는 턱받이가 대의 중심부에 위치하고 쉽게 떨어진다.

# 맑은애주름버섯

*Mycena pura* (Pers.) P. Kumm.

담자균문 Basidiomycota | 주름버섯강 Agaricomycetes | 주름버섯목 Agaricales |
애주름버섯과 Mycenaceae | 애주름버섯속 Mycena

◐ 갓 표면의 방사상 홈선

◐ 회백색 또는 연자색을 띠는 주름살

**형태적 특징**  맑은애주름버섯의 갓은 지름이 2~5㎝ 정도로 처음에는 종형에서 반구형이나 성장하면서 편평형으로 되며, 종종 중앙이 볼록하기도 하다. 갓 표면은 건성이나, 습하면 다소 점성이 있고, 반투명의 선이 방사상으로 나타나며, 홍자색, 분홍보라색, 연한 보라색, 백색 등 다양한 색의 변화가 있다. 주름살은 끝붙은주름살형이며, 약간 빽빽하고, 회백색 또는 연한 자색이다. 대의 길이는 3~8㎝ 정도이며, 속은 비어 있고, 표면은 평활하고 갓의 색과 같다. 대 기부에는 균사가 밀포되어 있다. 생감자 냄새가 난다. 포자문은 백색이며, 포자 모양은 긴 타원형이다.

**발생 시기 및 장소**  봄부터 가을까지 활엽수림 또는 침엽수림 내 낙엽 위에 홀로 또는 무리지어 발생한다.

**식용 가능 여부**  독버섯

**분포**  한국, 전 세계

**참고**  생감자 냄새가 나고, 독 성분인 무스카린을 함유하므로 주의해야 한다.

◐ 조직을 비벼서 냄새를 맡으면 생감자 냄새가 난다.

# 무당버섯

*Russula emetica* (Schaeff.) Pers.

담자균문 Basidiomycota | 주름버섯강 Agaricomycetes | 무당버섯목 Russulales |
무당버섯과 Russulaceae | 무당버섯속 Russula

○ 습할 때 갓 끝 부위에 반투명선이 보이는 자실체

○ 조직은 백색이고 쉽게 부서진다.

**형태적 특징**  무당버섯의 갓은 지름이 3~10㎝ 정도로 어릴 때는 반구형이나 성장하면서 편평해지며, 포자를 퍼뜨릴 시기가 되면 갓의 끝 부위가 위로 올라간다. 갓 표면은 매끄럽고 선홍색이며, 습하면 점성이 있다. 가장자리에 줄무늬 선이 나타나고, 붉은색의 표피는 조직과 쉽게 분리된다. 조직은 백색이고, 부서지기 쉬우며, 아주 매운맛이 있다. 주름살은 떨어진주름살형 또는 끝붙은주름살형이며, 약간 빽빽하고, 처음에는 백색이나 성장하면서 연한 황색이 된다. 대의 길이는 2~10㎝ 정도이며, 백색이고, 세로의 줄무늬 선이 있다. 대의 속은 푸석푸석하고 부서지기 쉽다. 포자문은 백색이며, 포자 모양은 유구형이다.

**발생 시기 및 장소**  여름에서 가을까지 혼합림 내 땅 위에 홀로 나거나 흩어져 발생하는 외생균근성 버섯이다.

**식용 가능 여부**  독버섯이다. 매운 맛이 있어 식용이 불가능한 버섯이다.

**분포**  한국, 유럽, 북아메리카, 북반구 온대 이북, 오스트레일리아

**참고**  북한명은 붉은갓버섯이다. 무당버섯 중에 가장 흔한 버섯이다.

◆ 붉은색의 표피

◆ 습하면 점성이 있다.

◆ 주름살은 백색을 띠다가 연한 황색으로 변한다.

◐ 갓이 선홍색을 띠고 습하면 점성이 있다.

◐ 매운맛이 있다.

# 미치광이버섯

*Gymnopilus liquiritiae* (Pers.) P. Karst.

담자균문 Basidiomycota | 주름버섯강 Agaricomycetes | 주름버섯목 Agaricales |
턱받이버섯과 Hymenogastraceae | 미치광이버섯속 Gymnopilus

◐ 어린 자실체

◐ 갓 끝은 건조하면 자색을 띤다.

**형태적 특징**  미치광이버섯의 갓은 지름이 1~4㎝ 정도이며, 처음에는 종형이나 성장하면서 반구형을 거쳐 편평형이 된다. 갓 표면은 매끄럽고 황갈색 또는 연한 갈색이며, 성숙하면 갓 가장자리에 선이 나타난다. 주름살은 완전붙은주름살형이며 빽빽하고, 처음에는 황색이나 성장하면서 황갈색이 된다. 대의 길이는 2~5㎝ 정도이며 위아래 굵기가 비슷하고, 표면은 섬유상이다. 대 위쪽은 황갈색이고, 아래쪽으로 갈수록 갈색이 된다. 대의 속은 비어 있다. 포자문은 황갈색이며, 포자 모양은 아몬드형이다.

**발생 시기 및 장소**  늦은 봄부터 가을까지 침엽수의 고사목이나 그루터기에 무리지어 발생하며 목재부후성 버섯이다.

**식용 가능 여부**  독버섯

**분포**  한국, 북반구 온대 이북

◐ 어린 자실체의 갓 모양은 종형이다.

◐ 건변색 현상이 있다.

✪ 종형을 보이는 어린 자실체의 갓

✪ 갓 표면이 매끄럽고 황갈색을 띠는 자실체

✪ 성숙하면 갓 가장자리에 나타나는 선

✪ 위아래 굵기가 비슷하고 표면은 섬유상인 대

◐ 무리지어 발생하는 자실체 
◐ 빽빽한 주름살을 가진 자실체

◐ 주름살은 노란색이다가 포자가 성숙하면 황갈색으로 변한다.

# 뱀껍질광대버섯
*Amanita spissacea* S. Imai

담자균문 Basidiomycota | 주름버섯강 Agaricomycetes | 주름버섯목 Agaricales |
광대버섯과 Amanitaceae | 광대버섯속 Amanita

◐ 갓 표면의 각추상 분질돌기

◐ 시들은 자실체로 검게 변색

**형태적 특징**   뱀껍질광대버섯의 갓은 4~12.5㎝로 초기에는 반구형 또는 반반구형이나 성장하면 편평형 또는 중앙오목편평형으로 된다. 표면은 건성이고 갈회색·암회갈색 또는 암갈색 바탕에 암갈색이나 흑갈색의 크고 작은 각추상 또는 사마귀상 분질돌기가 동심원상으로 산재되어 있다. 종종 갓 끝에 내피막 잔유물이 부착되어 있다. 조직은 두껍고 백색이며 육질형이다. 주름살은 떨어진주름살이며 약간 빽빽하고, 주름살날은 약간 분질상이다. 대의 길이는 5.5~16.5㎝로 원통형이고, 기부는 구근상(1.6~3.3㎝)이다. 표면은 백색이고, 턱받이 아래쪽은 회색 또는 회갈색의 섬유상의 인편이 있으며, 구근상 바로 위에 2~5개의 불완전한 흑갈색의 분질상 띠가 있다. 턱받이는 막질형이며 윗면에 방사상의 가는 홈선이 있고, 턱받이 가장자리는 흑갈색의 분질이 있다. 포자문은 백색이고, 포자 모양은 넓은 타원형 또는 유구형이며 아밀로이드이다.

**발생 시기 및 장소**   여름과 가을에 주로 침엽수림, 활엽수림 또는 혼합림의 지상에서 소수 무리지어 발생한다.

**식용 가능 여부**   독버섯

**분포**   한국, 일본, 중국

✪ 중앙오목편평형인 성장한 갓

✪ 백색의 다소 촘촘한 주름살

○ 성장한 자실체

○ 노화된 자실체

뱀껍질광대버섯 · 381

# 붉은사슴뿔버섯

*Podostroma cornu-damae* (Pat.) Boedijin

**자낭균문** Ascomycota | **동충하초강** Sordariomycetes | **동충하초목** Hypocreales |
**점버섯과** Hypocreaceae | **사슴뿔버섯속** Podostroma

🔸 붉은색의 자실체

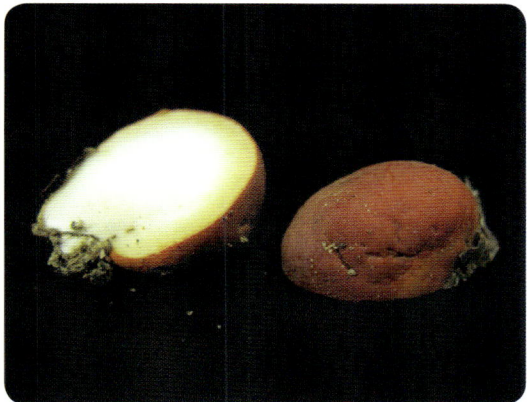
🔸 백색의 조직

🔸 자실체의 표면은 평활

**형태적 특징**  붉은사슴뿔버섯의 자실체는 원통형이며, 종종 손가락 또는 뿔 모양의 분지를 형성하며, 정단부는 둥글거나 뾰족하다. 높이는 3.4~8.5㎝, 폭은 0.5~1.5㎝이다. 표면은 평활하며 다소 분질상이고 적등황색 또는 등황적색을 띤다. 조직은 백색이며 냄새는 불분명하고, 맛은 부드럽다. 자낭각은 완전매몰형이고, 자낭포자는 구형이고 불완전한 망목(높이 1~1.5㎛)이 있으며 갈색이다.

**발생 시기 및 장소**  주로 여름과 가을에 활엽수 또는 침엽수의 그루터기 위 또는 그루터기 주위에 발생하며, 국내에서는 비교적 드물게 발생한다.

**감별해야 할 식용버섯**  불로초(영지)의 갓이 형성되기 전인 어린 버섯과 유사하여 조심해야 된다. 마르면 영지와 같은 갈색으로 변한다. 소량으로 사망에 이르게 하는 독 성분(트리코테센)을 함유하고 있어 주의를 요한다.

**식용 가능 여부**  독버섯

**분포**  한국, 일본

○ 어린 자실체

○ 적등황색 또는 적색을 띰

❂ 소나무 그루터기에 발생하는 뿔 모양의 자실체

❂ 사슴뿔 모양의 자실체

# 붉은싸리버섯
*Ramaria formosa* (Pers.) Quél.

담자균문 Basidiomycota | 주름버섯강 Agaricomycetes | 나팔버섯목 Gomphales | 나팔버섯과 Gomphaceae | 싸리버섯속 Ramaria

○ U자형 또는 포크형의 분지를 가진 자실체

○ 백색이고 상처를 입으면 적갈색을 보이는 조직

**형태적 특징**  붉은싸리버섯의 자실체는 중대형이며, 높이 7.5~15(20)cm, 폭은 5.5~14.5(20)cm로 산호형이다. 초기에는 짧고 뭉툭한 자루 모양이며, 상단부에서 2~6개의 분지가 나타나고 위쪽으로 4~6회 분지가 형성된다. 상부 쪽의 분지는 점점 가늘고 짧다. 분지는 2분지 또는 다분지형이며, 분지의 모양은 포크·U자형이고, 분지 끝은 뾰족하거나 뭉툭하다. 대의 지하부는 백색 또는 옅은 갈백색을 띠고, 지상부는 맑은 적색 또는 분홍색이고 분지 끝은 맑은 황색을 띠나, 성숙하면 다소 붉은색으로 퇴색되어 회등황색을 띤다. 조직은 백색이고 상처를 입으면 적갈색으로 변한다. 육질형 또는 육질상 섬유질형이며, 분필처럼 잘 부서진다. 신맛이 있다. 포자문은 암황색 또는 황색이며, 포자는 긴 타원형이고, 표면에 크고 불규칙한 돌기(사마귀상)가 있으며, cotton blue 용액에 염색된다.

**발생 시기 및 장소**  늦은 여름과 가을에 활엽수림의 지상에 무리지어 발생하며 흔히 발견된다.

**감별해야 할 식용버섯**  싸리버섯과 구별이 필요하다.

**식용 가능 여부**  준독성이다.

**분포**  전 세계

◉ 초기에는 짧고 뭉툭한 자루 모양을 보이는 자실체 　　◉ 산호 모양의 자실체

◉ 분지 끝은 성숙하면 붉은색을 띤다.

◯ 성숙하면 붉은색이 퇴색되어 회등황색을 띤다.

◯ 무리지어 발생하는 자실체

붉은싸리버섯 · **389**

# 비탈광대버섯

*Amanita abrupta* Peck

담자균문 Basidiomycota | 주름버섯강 Agaricomycetes | 주름버섯목 Agaricales |
광대버섯과 Amanitaceae | 광대버섯속 Amanita

◐ 원통형의 대

◐ 어린 턱받이

**형태적 특징**  비탈광대버섯의 갓은 3.5~7.5㎝로 반구형 또는 유구형이나 성장하면 반반구형, 편평상 반반구형 또는 편평형으로 된다. 초기에는 갓 끝에 백색의 내피막 잔유물이 부착되어 있다. 표면은 건성이고 백색 또는 유백색이나 종종 옅은 갈색으로 퇴색되며, 평활하고 방사상의 선은 없으며, 사마귀상이나 피라미드상의 돌기가 부착되어 있으나 쉽게 떨어져 나간다. 조직은 두껍고 육질형이며, 백색이다. 주름살은 떨어진주름살이고 빽빽하며, 주름살날은 분질상이다. 대의 길이는 7.2~13.6㎝로 원통상이고, 기부는 양파 모양의 구근상이다. 표면은 손거스러미상 인피가 있으며, 대 기부의 구근상 위에 일반적으로 갓과 같은 사마귀점 돌기가 산재해 있다. 턱받이는 백색이고 막질이며, 윗면에 방사상의 홈선이 있고, 영존성이다. 포자문은 백색이고, 포자는 구형 또는 유구형이고, 아밀로이드이다.

**발생 시기 및 장소**  여름과 가을에 참나무류, 침엽수림 또는 혼합림 내 지상에 홀로 또는 흩어져 발생하는 외생균근균이며, 발생 빈도가 낮다.

**식용 가능 여부**  독버섯(맹독성). 버섯 1~3개(50g)가 치명적인 용량의 아마톡신(amatoxin)을 함유한다. 열에도 매우 안정하여 끓여도 독 성분이 사라지지 않는다.

**분포**  한국, 일본, 북아메리카

◉ 전체 형태

◉ 갓 표면의 사마귀점

◉ 사마귀점이 떨어진 갓

◉ 양파 모양의 대주머니

◉ 주름살 및 떨어진 턱받이

◉ 노화된 상태

◯ 내피막 흔적이 남아 있는 자실층의 모습

◯ 대주머니를 포함한 자실체 전체의 모양

# 삿갓외대버섯

*Entoloma rhodopolium* (Fr.) P. Kumm.

담자균문 Basidiomycota | 주름버섯강 Agaricomycetes | 주름버섯목 Agaricales |
외대버섯과 Entolomataceae | 외대버섯속 Entoloma

**형태적 특징**   삿갓외대버섯의 갓은 지름이 3~8㎝ 정도로 처음에는 종형이나 성장하면서 볼록편평형이 된다. 갓 표면은 매끄럽고, 습하면 회색 또는 회황토색을 띠고 반투명선이 나타난다. 건조하면 연한 색으로 퇴색되고, 비단상의 광택이 난다. 조직은 백색이며 얇다. 주름살은 완전붙은주름살형이나 성장하면서 끝붙은주름살형이 되고, 약간 빽빽하며, 처음에는 백색이나 점차 연한 분홍색이 된다. 대의 길이는 5~10㎝ 정도이며, 원통형이고, 위아래 굵기가 비슷하거나 위쪽이 가늘다. 대의 속은 비어 있으며, 표면은 백색이다. 포자문은 연한 분홍색이며, 포자 모양은 다면체이다.

**발생 시기 및 장소**   여름부터 가을까지 활엽수림 내 땅 위에 홀로 또는 흩어져 발생한다.

**식용 가능 여부**   독버섯

**분포**   한국, 일본, 북아메리카, 북반구 일대

**참고**   식용버섯인 외대덧버섯, 느타리와 형태적으로 유사하므로 주의하여야 한다.

❖ 조직은 백색이고 주름살은 백색에서 포자가 형성되면 분홍색으로 변한다.

✪ 대는 비어 있고 구부러져 있다.

✪ 분홍색을 띤 주름살

○ 비단상 광택이 있는 갓

○ 분홍색을 띤 주름살

# 소나무능이

*Sarcodon scabrosus* (Fr.) P. Karst.

담자균문 Basidiomycota | 주름버섯강 Agaricomycetes | 사마귀버섯목 Thelephorales | 노루털버섯과 Bankeraceae | 능이속 Sarcodon

○ 자실층은 침형이며 쓴맛이 난다.

**형태적 특징**    소나무능이의 갓은 지름이 5~10㎝ 정도이며, 평반구형 또는 깔때기형이다. 갓 표면은 연한 갈색이고, 인편상 털이 빽빽이 퍼져 있다. 자실층은 길이가 0.7㎝ 가량의 침이 돋아나 있으며, 회갈색이다. 조직은 황색 또는 흑색이다. 대의 길이는 3~4㎝ 정도로 아래쪽으로 차츰 가늘어지고, 표면은 회색 또는 연한 갈색이다. 포자문은 연한 갈색이며, 포자 모양은 유구형이다.

**발생 시기 및 장소**    여름과 가을에 침엽수림 내 땅 위에 무리지어 나거나 홀로 발생한다.

**식용 가능 여부**    독버섯

**분포**    한국, 북반구 일대

# 암회색광대버섯아재비

*Amanita pseudoporphyria* Hongo

담자균문 Basidiomycota | 주름버섯강 Agaricomycetes | 주름버섯목 Agaricales |
광대버섯과 Amanitaceae | 광대버섯속 Amanita

🔴 대형의 대주머니를 가지고 있다.

🔴 갓에 방사상의 줄무늬가 있는 자실체

🔴 주름살이 백색이다.

**형태적 특징** 암회색광대버섯아재비의 갓은 지름이 3~11㎝ 정도로 처음에는 반구형이나 성장하면서 편평형이 된다. 갓 표면은 회색 또는 갈회색이며, 중앙부는 짙은 회색이고, 방사상의 섬유상 줄무늬가 있으며, 조직은 백색이다. 주름살은 떨어진주름살형이고, 빽빽하며, 백색이다. 대의 길이는 5~12㎝ 정도이며, 기부는 부풀어 뿌리 모양이며, 표면은 백색이고, 인편이 있다. 대 위쪽에는 백색 막질의 턱받이가 있으나 조기 탈락성이다. 대주머니는 회백색의 막질형이며 매우 크다. 포자문은 백색이고, 포자 모양은 타원형이다.

**발생 시기 및 장소** 여름부터 가을까지 활엽수림, 침엽수림 내 땅 위에 홀로 또는 무리지어 발생한다.

**식용 가능 여부** 독버섯

**분포** 한국, 일본, 중국, 북아메리카, 오스트레일리아

❂ 어린 자실체

❂ 주름살은 떨어진주름살형이다.

❂ 분질물로 된 내피막의 흔적이 있는 주름살

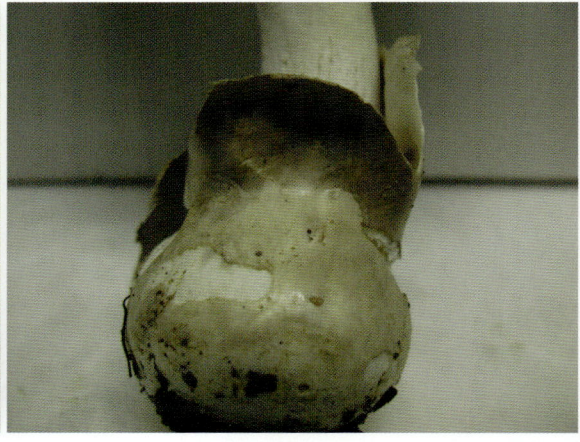
❂ 내피막

❂ 다른 종에 비해 유난히 큰 막질의 대주머니

❂ 대주머니

◐ 성숙하면 편평하게 펴지는 갓

◐ 줄지어 발생한 자실체

◐ 반구형인 어린 자실체

◐ 쉽게 소실되는 갓 표면에 존재하는 백색의 외피막

# 애기무당버섯
*Russula densifolia* Secr. ex Gillet

담자균문 Basidiomycota | 주름버섯강 Agaricomycetes | 무당버섯목 Russulales |
무당버섯과 Russulaceae | 무당버섯속 Russula

◐ 안쪽으로 굽은 갓

◐ 짧은 대

◐ 깔때기형의 갓

**형태적 특징** 애기무당버섯의 갓은 4.7~11.5cm이며 반구형이고 끝은 안쪽으로 굽어 있으며, 성숙하면 끝 부위가 위로 펴지며 중앙오목편평형 또는 깔때기형으로 된다. 표면은 건성이고 초기에 유백색이나 성장하면 회갈색 또는 흑갈색을 띠고, 습할 때 점성이 있으며 평활하다. 조직은 약간 두껍고 백색이나 상처를 입으면 적색으로 변하며, 시간이 경과하면 서서히 회색 또는 흑색으로 된다. 주름살은 얇고 붙은주름살 또는 내린주름살이고 빽빽하며 상처를 입으면 붉은색으로 변하고 서서히 회색이나 흑색으로 변한다(급격히 검은색으로 변하지 않는다). 대의 길이는 3.2~6.4cm로 원통형이고, 상하 굵기가 비슷하다. 포자문은 백색이고, 포자는 유구형 또는 구상 난형이며, 표면에는 미세한 가시돌기와 가는 망목이 있다.

**발생 시기 및 장소** 여름과 가을에 침엽수림과 활엽수림의 지상에서 소수 무리지어 발생한다.

**식용 가능 여부** 독버섯(맹독성)

**분포** 북반구 일대

● 약간 두껍고 평활한 갓 표면

● 성숙하면 끝부위가 갈라지는 자실체

● 주름살은 내린주름살이다.

● 성숙한 자실체

● 주름살이 빽빽하다.

● 대부분 짧은 대를 가짐

◐ 갓은 상처를 입으면 적색으로 다시 변하고 다시 검은색으로 변한다.

◐ 소수 무리지어 발생하는 자실체

애기무당버섯 · 407

# 어리알버섯

*Scleroderma verrucosum* (Bull.) Pers.

담자균문 Basidiomycota | 주름버섯강 Agaricomycetes | 그물버섯목 Boletales |
어리알버섯과 Sclerodermataceae | 어리알버섯속 Scleroderma

◐ 어릴 때 자실체를 자르면 남색을 띤다.

◐ 표면은 불규칙하게 갈라진다.

**형태적 특징**  어리알버섯의 자실체는 지름이 2~8㎝ 정도, 높이는 2~7㎝ 정도로 높이보다 너비가 큰 것이 많으며, 유구형이다. 표면은 황갈색이고, 진한 색의 작은 인편이 점을 이루고 있다. 표면은 성숙하면 불규칙하게 갈라지고 흑갈색으로 된다. 공 모양의 기본체 아래쪽으로 짧은 대가 있고, 기부에는 백색의 균사속이 있다. 외피막 속에 기본체가 있으며, 기본체를 자르면 어릴 때는 백색의 조직에 검은 반점이 나타나지만 성장하면 진한 올리브갈색을 띤다. 포자는 진한 갈색이며, 구형이다.

**발생 시기 및 장소**  여름부터 가을까지 산림 내 모래땅 위에 무리지어 발생한다.

**식용 가능 여부**  독버섯

**분포**  한국, 일본, 중국, 유럽, 북아메리카, 아프리카

**참고**  외생균근성 버섯으로 식용버섯인 말불버섯과 유사하나 말불버섯은 어릴 때 기본체를 자르면 조직의 색이 모두 백색이라는 점에서 본 종과 차이가 난다.

◐ 작은 인편이 점을 이루고 있다.

◐ 포자는 진갈색으로 비나 바람의 힘을 이용해서 비산한다.

# 오징어새주둥이버섯
*Lysurus arachnoideus* (E. Fisch.) Trierv.-Per. & Hosaka

담자균문 Basidiomycota | 주름버섯강 Agaricomycetes | 말뚝버섯목 Phallales |
말뚝버섯과 Phallaceae | 새주둥이버섯속 Lysurus

○ 방사상으로 펼쳐진 자실탁지

○ 파리를 유인해서 포자를 날리는 모습

**형태적 특징**  오징어새주둥이버섯의 자실체는 초기에 지중생 또는 지상생이며 백색의 구형, 유구형, 난형(지름 1~1.6cm)이고, 유백색 또는 분홍색을 띤 담황토색의 막질의 외피막(exoperidium)으로 싸여 있고, 기부에 백색 균사속이 있으며, 매트상의 두꺼운 균사괴를 형성한다. 성장하면 윗부분이 갈라지고 대가 나타나며, 상부에 자실탁은 직립상이다. 자실탁은 6~16개의 자실탁지로 되어 있으며, 계속 성장하면 방사상으로 수평으로 펼쳐진다. 대의 길이는 2.5~5.8cm로 백색 원통형이고 1~2층의 포말상 소실로 되어 있는 위유조직이며, 속은 비어 있다. 자실탁지는 6~16개로 백색이고 끝은 가늘고 뾰족하고, 내부는 관상형의 소실이 단층으로 되어 있으며 횡으로 주름이 접혀 있고, 속은 비어 있다. 기본체는 자실탁지 기부 부위의 안쪽에 점액상이고 암록갈색으로 포자덩어리를 형성하며 고약한 냄새가 난다. 포자는 원통상 타원형이고 얇으며 무색이고 비아밀로이드이다.

**발생 시기 및 장소**  초여름부터 가을에 정원이나 목장의 부식질이 풍부한 곳 또는 목재 파편상에 무리지어 나거나 균륜을 이루며 발생하는 부후균이다.

**식용 가능 여부**  독버섯

**분포**  한국, 일본, 중국, 인도네시아, 말레이시아, 베트남, 뉴질랜드

◑ 방사상으로 펼쳐지는 6~16개 정도의 자실탁지

◑ 알에 싸인 포자와 자실탁

◑ 성장하면 방사상 수평으로 펼쳐지는 자실탁

◑ 무리지어 발생한 자실체

○ 자실탁지를 벌리기 전의 자실체

○ 냄새나는 점액과 함께 싸인 포자

오징어새주둥이버섯 • 413

# 원반버섯

*Discina ancilis* (Pers.) Sacc.

자낭균문 Ascomycota | 주발버섯강 Pezizomycetes | 주발버섯목 Pezizales |
원반버섯과 Discinaceae | 원반버섯속 Discina

**형태적 특징**　원반버섯의 자낭반은 크기가 3.5~15㎝로 초기에는 컵 모양이나 곧 편평하게 퍼지고, 종종 갓 끝 부위가 파상형으로 위로 반전되어 있다. 윗면의 자실층은 갈색 또는 적갈색을 띠며 요철상이고 종종 주름상이다. 불임성 부위인 아랫면은 유백색, 황토색 또는 담분홍색이고, 종종 분지나 간맥이 있다. 대는 길이가 0.5~1.2㎝로 짧고 뭉툭하고 홈주름상이며, 연골질이고 속은 차 있다. 포자 모양은 타원형 또는 방추형이고 표면에 미세한 사마귀상 돌기가 있으며, 성장 후에 미세한 망목이 있고 양쪽 끝에 무색의 뾰족한 돌기(3~6㎛)가 있으며, 2~3개의 수포가 있다. 자낭은 크기가 300~400×14.5~20㎛로 멜저용액에서 비아밀로이드이며, 8개의 자낭포자가 있다.

**발생 시기 및 장소**　봄에서 초여름까지 침엽수림 내의 부식질이 풍부한 지상 또는 고사목, 잘 썩거나 땅속에 매몰된 나무 위에 홀로 나거나 소수 무리지어 발생하는 부후균이다. 국내에서 드물게 발생한다.

**식용 가능 여부**　독버섯

**분포**　한국, 일본, 유럽, 북아메리카

**참고**　오한, 위통, 구토, 설사, 타액분비 등 위장계 및 신경계 중독을 일으킨다.

○ 파상형의 갓

○ 주발 모양의 갓

○ 연골질의 대

○ 위로 반전된 갓

○ 부후목에 발생한 자실체

○ 송홧가루가 날릴 때 자실체가 발생하므로 유황색의 분질물이 묻어 있다.

# 자주색싸리버섯

*Ramaria sanguinea* Corner

담자균문 Basidiomycota | 주름버섯강 Agaricomycetes | 나팔버섯목 Gomphales | 나팔버섯과 Gomphaceae | 싸리버섯속 Ramaria

○ 조직은 백색이나 상처를 입으면 자적색으로 변한다.

**형태적 특징**   자주색싸리버섯의 자실체는 6.5~12㎝ 산호형이며, 자실체의 기부는 뭉툭하고 폭은 1~4㎝이다. 그 위에 다수의 분지가 형성되고, 위쪽으로 반복하여 분지가 나타나며, 마지막 분지는 끝이 뭉툭하고 짧다. 분지 모양은 V자형이다. 표면은 평활하고, 대의 기부는 백색이나 상처를 입으면 자적색 또는 적자색으로 급변한다. 아래쪽 분지는 담황색 또는 황백색이나 위쪽의 분지는 유황색 또는 황색을 띠며, 분지 끝은 짙은 황색을 띤다. 조직은 부드럽고 육질형이며, 백색이나 상처를 입으면 자적색으로 변한다. 맛은 부드럽다. 포자문은 황색이며, 포자는 타원형이나 긴 타원형이며 미세한 사마귀상 돌기가 있고, 종종 인접한 돌기가 결합되어 있거나 불확실하지만 다소 사선이나 종으로 점선이 있다.

**발생 시기 및 장소**   늦여름과 가을에 활엽수림 또는 혼합림의 지상에서 무리지어 발생하지만 국내에서는 드물게 발견된다.

**감별해야 할 식용버섯**   싸리버섯과 구별해야 한다.

**식용 가능 여부**   준독성이다.

**분포**   한국, 북아메리카, 유럽

○ 분지 끝이 짙은 황색을 띰

○ 산호형의 자실체

# 절구무당버섯아재비

*Russula subnigricans* Hongo

담자균문 Basidiomycota | 주름버섯강 Agaricomycetes | 무당버섯목 Russulales | 무당버섯과 Russulaceae | 무당버섯속 Russula

**형태적 특징**   절구무당버섯아재비의 갓은 4.7~11.5cm로 반구형이고, 끝은 안쪽으로 굽어 있으며, 성숙하면 끝 부위가 위로 펴지며 중앙오목편평형 또는 깔때기형으로 된다. 표면은 건성이고 회갈색 또는 흑갈색을 띠며 갓보다 옅은 색을 띠고, 미세한 털이 밀포하여 있으나 점차 탈락하며 평활하다. 불확실하지만 종으로 선이 있다. 조직은 두껍고 견고하며, 백색이나 상처를 입으면 적색으로 변하나 시간이 경과하면 회색을 띤다. 주름살은 0.6~0.8cm로 약간 두꺼우며 끝붙은주름살 또는 내린주름살이고, 성글며 짧은 주름살은 거의 없고, 상처를 입으면 붉은색으로 변하며, 서서히 회색을 띤다. 대의 길이는 3.2~6.4cm로 원통형이고, 상하 굵기가 비슷하다.
포자문은 백색이고, 포자는 유구형 또는 구상 난형이며, 표면에는 미세한 가시돌기와 가는 망목이 있다. 멜저 용액에서 돌기와 망목은 흑청색을 띠는 아밀로이드이다.

**발생 시기 및 장소**   여름과 가을에 활엽수림 내 지상에서 소수 무리지어 발생하며, 외생균근성 버섯이다.

○ 건성이며 회갈색을 띠는 갓

**감별해야 할 식용버섯**   절구무당버섯아재비는 갓의 모양이나 주름살이 넓으며 두껍다는 점에서 절구버섯[*R. nigricans* (Bull.) Fr.]과 매우 비슷하지만, 상처를 입으면 적색으로 변한 후 흑색으로 변하지 않는다는 점에서 쉽게 구별할 수 있다.

**식용 가능 여부**   독버섯(맹독성). 일본에서 2명이 중독으로 사망한 사례가 있으며, 매우 치명적이고 위험한 버섯이다. 버섯 1~3개(50g)가 치명적인 용량의 아마톡신을 함유하고 있다.

**분포**   한국, 일본, 중국

⊙ 폭이 넓은 주름살

○ 위아래 굵기가 비슷한 원통형의 대

○ 대가 짧아서 자실체가 땅에 붙어 있는 상태

절구무당버섯아재비 · 425

# 점박이어리알버섯

*Scleroderma areolatum* Ehrenb.

담자균문 Basidiomycota | 주름버섯강 Agaricomycetes | 그물버섯목 Boletales |
어리알버섯과 Sclerodermataceae | 어리알버섯속 Scleroderma

○ 자실체 표면의 얼룩

**형태적 특징**　점박이어리알버섯의 자실체는 반지중생으로 크기가 1.5~4cm로 구형 또는 서양배형이며, 하부는 좁아져 대 모양을 형성하나 경계는 불분명하다. 표면은 얇은 단층의 외표피막(peridium)으로 싸여 있으며, 성숙하면 미세한 인편으로 갈라지고, 담갈색 또는 황갈색을 띠나 성숙하면 암갈색을 띤다. 포자가 성숙하면 상단부가 불규칙하게 갈라져 포자가 비산된 후에 술잔 모양의 기부만 남는다. 대는 높이가 0.7~1.8cm이며, 기부에 백색의 뿌리 모양의 균사속(rhizomorps)이 잘 발달되어 있다. 기본체는 초기에는 백색을 띠며 견고하고, 점차 갈색, 자갈색, 갈흑색을 띠며 분질로 된다. 포자는 구형이고, 끝이 뾰족한 침상 돌기(1.5~2㎛)가 있으며, 갈색이다.

**발생 시기 및 장소**　늦여름과 가을에 활엽수림 또는 혼합림의 지면, 정원, 도로 주변 등에 무리지어 발생한다.

**식용 가능 여부**　독버섯

**분포**　전 세계

✪ 외표피막은 성숙하면 미세한 인편으로 갈라짐

✪ 기본체에 탁실균사는 없고 포자로 채워짐

◐ 어린 자실체를 자르면 볼 수 있는 암갈색의 포자층

# 젖버섯

*Lactarius piperatus* (L.) Pers.

담자균문 Basidiomycota | 주름버섯강 Agaricomycetes | 무당버섯목 Russulales |
무당버섯과 Russulaceae | 젖버섯속 Lactarius

○ 백색을 띠는 주름살

○ 유액은 백색이며 매운맛이 난다.

**형태적 특징**  젖버섯의 갓은 지름이 4~18㎝ 정도로 깔때기 모양이다. 갓 표면은 매끄럽고 주름이 있으며, 중앙부는 황백색을 띠나 끝 부위는 백색이며, 황갈색의 얼룩이 생긴다. 갓 끝은 어릴 때는 굽은 형이고, 성장하면서 펴진다. 주름살은 내린주름살형으로 폭이 좁고 2개로 갈라지며, 크림색이고 빽빽하다. 조직에 상처를 주면 백색 유액이 분비되며, 변색하지 않고, 혀를 자극하는 매운맛이 난다. 대의 길이는 3~10㎝ 정도이며, 아래쪽이 약간 가늘고, 표면은 백색이다. 포자문은 백색이며, 포자 모양은 타원형이다.

**발생 시기 및 장소**  여름부터 가을 사이에 활엽수 또는 침엽수림의 땅에 무리지어 발생하며, 외생균근성 버섯이다.

**식용 가능 여부**  독버섯

**분포**  한국, 일본, 중국, 오스트레일리아

**참고**  북한명은 흙쓰개젖버섯이다. 국내 자생종 중에 자실체가 백색이면서 유액을 분비하며 혀 끝을 대면 매운맛이 나는 버섯이 4종이 있는데 본 종은 갓에 털이 없고 주름살이 빽빽하다는 것이 특징이다.

# 진갈색주름버섯

*Agaricus subrutilescens* (Kauffman) Hotson & D. E. Stuntz

담자균문 Basidiomycota | 주름버섯강 Agaricomycetes | 주름버섯목 Agaricales |
주름버섯과 Agaricaceae | 주름버섯속 Agaricus

○ 갓 끝은 백색 막질의 내피막 흔적이 있다.

○ 막질의 내피막이 있다.

**형태적 특징**　진갈색주름버섯의 갓은 지름이 5~20㎝ 정도로 처음에는 반구형이나 성장하면서 편평형이 된다. 갓 표면은 백색이나 가운데에 자갈색의 섬유상 인편이 밀집해 있다. 갓 끝은 백색 막질의 내피막으로 덮여 있다가 성숙하면서 내피막이 분리되며 막질 고리가 된다. 조직은 다소 두껍고 백색을 띠다가 갈색으로 변해간다. 주름살은 떨어진주름살형이고, 빽빽하고, 백색에서 홍색을 거쳐 흑갈색으로 변색된다. 대의 길이는 5~15㎝ 정도이며, 위쪽은 연한 홍색이며, 아래쪽은 굵고 털 모양의 인편이 있다. 턱받이는 대의 가운데 또는 위쪽에 붙어 있으며 백색이다. 포자문은 회자갈색이며, 포자 모양은 타원형이다.

**발생 시기 및 장소**　여름부터 가을 사이에 침엽수림, 활엽수림, 혼합림내 땅 위에 홀로 또는 무리지어 발생한다.

**식용 가능 여부**　독버섯

**분포**　한국, 전 세계

**참고**　갓의 인편이 진한 갈색으로 물결 모양으로 펼쳐져 있다.

◯ 갓은 성장하면서 자갈색의 섬유상 인편이 넓게 펼쳐진다.

◯ 아래쪽이 굵고 털 모양의 인편이 있는 대

○ 주름살은 어릴 때 백색이다가 분홍색으로 변하고 포자가 성숙하면 회자갈색이 된다.

○ 성숙한 포자가 있는 진갈색의 주름살

# 큰우산광대버섯

*Amanita cheelii* P.M. Kirk

담자균문 Basidiomycota | 주름버섯강 Agaricomycetes | 주름버섯목 Agaricales |
광대버섯과 Amanitaceae | 광대버섯속 Amanita

❶ 갓 가장자리에 있는 홈선

**형태적 특징**  큰우산광대버섯의 자실체는 초기에 백색의 작은 달걀 모양이나 성장하면서 정단부의 외피막이 파열되어 갓과 대가 나타난다. 갓은 크기가 5.5~14㎝이며, 초기에는 반구형이나 성장 후에는 중앙볼록편평형 또는 편평형으로 된다. 표면은 습할 때 다소 점성이 있으며 평활하거나 갈색, 회갈색, 황갈색 등의 다양한 색이며, 주변 부위는 옅은 색을 띠며 방사상의 선명한 홈선이 있다. 조직은 비교적 얇고 부드러우며 육질형이고 백색이나 표피층은 회갈색이다. 맛과 냄새는 특별하지 않다. 주름살은 대에 떨어진주름살이고 약간 성글거나 약간 빽빽하며, 주름살날은 암회갈색의 분질상이다. 대의 길이는 5.3~18㎝로 원통형이며 위쪽이 다소 가늘다. 표면은 유백색 또는 회백색 바탕에 암회색의 미분질이 얼룩덜룩한 뱀 껍질 모양의 무늬가 있다. 대 기부에는 백색 대주머니가 있으며 턱받이는 없고, 초기에는 대의 속은 차 있으나 성장하면 비어 있다. 포자문은 백색이며, 포자는 구형이고 비아밀로이드이다.

**발생 시기 및 장소**  여름에서 가을에 활엽수와 침엽수림 내 지상에 홀로 또는 흩어져 발생하며, 외생균근성 버섯이다.

**감별해야 할 식용버섯**  우산광대버섯. 우산광대버섯은 대의 표면과 주름살날 부분이 백색이지만 큰우산광대버섯은 약간 검은색을 띠고 있다.

**식용 가능 여부**  독버섯

**분포**  한국, 일본, 중국, 북아메리카

✪ 어린 자실체

✪ 땅 표면에 드러난 대주머니

✪ 검은색 인피가 있는 대의 표면

○ 알 속의 자실체

○ 갓 표면의 홈선

큰우산광대버섯 · 439

# 턱받이광대버섯

*Amanita spreta* (Peck) Sacc.

담자균문 Basidiomycota | 주름버섯강 Agaricomycetes | 주름버섯목 Agaricales |
광대버섯과 Amanitaceae | 광대버섯속 Amanita

○ 백색의 외피막에 싸인 작은 달걀 모양의 자실체

○ 알에서 나오는 회백색의 갓

**형태적 특징** 턱받이광대버섯의 자실체는 백색의 작은 달걀 모양이나 점차 상단 부위가 갈라져 갓과 대가 나타난다. 갓은 2.5~6.5㎝로 난형 또는 종형이나 성장하면 반반구형이 되거나 편평하게 펴진다. 표면은 평활하고, 습할 때는 다소 점성이 있으며 회갈색 또는 회색을 띠고 방사상으로 홈선이 있다. 조직은 비교적 얇고, 갓의 표피 하층은 회색을 띤다. 주름살은 떨어진주름살로 약간 성글며 백색이다. 주름살날은 분질상이다. 대는 4.5~11㎝로 원통형이고, 상부 쪽이 다소 가늘다. 표면은 평활하거나 종으로 섬유상 선이 있고 백색이며, 대의 속은 비어 있다. 턱받이는 막질이다. 대주머니는 백색이고 막질이다. 포자문은 백색이고, 포자는 넓은 타원형이며 평활하고 비아밀로이드이다.

**발생 시기 및 장소** 여름과 가을에 활엽수림, 침엽수림 또는 혼합림의 지상에 흩어져 발생한다.

**감별해야 할 식용버섯** 턱받이광대버섯과 우산광대버섯의 갓 표면은 주변 부위에 방사상으로 홈선이 있고, 백색의 길고 가는 대와 대 기부에 대주머니(우산버섯형의 대주머니)의 형태가 매우 유사하지만, 우산광대버섯은 대의 상부에 턱받이가 없다는 점이 다르다. 긴골광대버섯아재비(*A. longistriata* S. Imai)는 턱받이광대버섯과 모양과 크기, 대에 턱받이가 있다는 점에서 매우 비슷하나, 전자는 주름살이 초기에는 백색이나 점차 분홍색을 띤다는 점에서 쉽게 구별된다.

**식용 가능 여부** 독버섯

**분포** 일본, 러시아 연해주, 중국, 북아메리카, 유럽

◐ 종으로 형성된 섬유질상 선

◐ 상부 쪽이 가는 대

◐ 주름살은 떨어진주름살

◐ 얇은 막의 턱받이

○ 백색의 주름살

○ 막질의 대주머니

# 파리버섯

*Amanita melleiceps* Hongo

담자균문 Basidiomycota | 주름버섯강 Agaricomycetes | 주름버섯목 Agaricales |
광대버섯과 Amanitaceae | 광대버섯속 Amanita

◯ 어린 자실체

◯ 갓이 돌출된 자실체

◯ 어린 자실체의 갓 위에 생긴 분질상의 외피막

**형태적 특징** 파리버섯의 갓은 2.7~5.6㎝로 구형 또는 반구형이나 성숙하면 반반구형 또는 편평하게 펴진다. 표면은 습할 때 점성이 있으며, 담황색 또는 황토색을 띠고, 백색 또는 담황색의 분질이 산재해 있으며, 방사상의 홈선이 있다. 조직은 얇고 유백색이나 옅은 황색을 띠며 잘 부서진다. 주름살은 떨어진주름살이고 성글며 백색을 띠고, 주름살날은 평활하다. 대는 3.3~5.8㎝로 원통형이고, 기부는 팽대하여 구근상을 이룬다. 표면은 백색 또는 옅은 황색을 띠고, 구근상 위에는 담황색의 분질물이 덮여 있으나 소실된다. 성장하면 대의 속은 빈다. 턱받이는 없다. 포자문은 백색이고, 포자는 광타원형이며 비아밀로이드이다.

**발생 시기 및 장소** 여름에 주로 발견되는데, 적송림 또는 참나무림의 지상에 흩어져 발생한다.

**식용 가능 여부** 독버섯이다. 국내에서는 살충제가 나오기 오래전부터 파리버섯을 따다가 밥에 비벼서 놓으면 파리가 이것을 빨아먹고 죽었다. 그러나 아직까지 파리를 죽이는 독 성분에 대해서는 알려져 있지 않다.

**분포** 한국, 중국, 일본

○ 방사상의 홈선이 있는 갓

○ 성숙한 자실체의 갓과 주름살

○ 외피막이 분질물로 갓 위에 넓게 분포

○ 백색의 포자를 가지고 있는 주름살

파리버섯 • 447

# 푸른끈적버섯

*Cortinarius salor* Fr.

담자균문 Basidiomycota | 주름버섯강 Agaricomycetes | 주름버섯목 Agaricales |
끈적버섯과 Cortinariaceae | 끈적버섯속 Cortinarius

**형태적 특징**　푸른끈적버섯의 갓은 지름이 3~8㎝ 정도로 처음에는 반구형이나 성장하면서 편평형이 된다. 갓 표면은 점액에 덮여 있고, 청자색 또는 남색이며, 가운데는 약간 갈색을 띤다. 조직은 비교적 얇고 연한 자색을 띠며, 맛은 부드럽다. 주름살은 완전붙은주름살형이고, 약간 빽빽하고, 초기에는 연한 자색이나 성장하면서 황갈색으로 된다. 대의 길이는 4~8㎝ 정도이며, 원주형이다. 대 표면은 점액으로 덮여 있고, 연한 자색이나 성장하면서 아래쪽은 황갈색으로 변한다. 거미줄형의 턱받이 흔적이 있으며 황갈색의 포자가 낙하하면 포자색을 띤다. 포자문은 연한 황갈색이며, 포자 모양은 유구형이다.

**발생 시기 및 장소**　여름부터 가을까지 활엽수림, 혼합림 내 땅 위에 홀로 또는 무리지어 발생한다.

**식용 가능 여부**　독버섯

**분포**　한국, 일본, 중국, 시베리아

🔴 주름살은 완전붙은주름살이고 초기에 자색이나 포자가 형성되면 황갈색으로 변한다.

# 황금싸리버섯

*Ramaria aurea* (Schaeff.) Quél.

담자균문 Basidiomycota | 주름버섯강 Agaricomycetes | 나팔버섯목 Gomphales | 나팔버섯과 Gomphaceae | 싸리버섯속 Ramaria

**형태적 특징**  황금싸리버섯의 자실체는 중대형이며 7.5~20㎝로 산호 모양이고, 초기에는 짧고 뭉툭한 자루 모양(지름 2~5㎝)이며, 상단부에서 2~6개의 분지가 나타나고, 위쪽으로 4~6회 분지가 형성된다. 상부 쪽의 분지는 점점 가늘고 짧다. 분지는 2분지 또는 다분지형이며, 분지의 모양은 포크·U자형이고, 분지 끝은 뾰족하거나 뭉툭하다. 대의 기부는 백색을 띠고 상부 쪽은 레몬황색을 띠며, 분지 끝은 약간 붉은색을 띤 난황색이고, 성숙하면 다소 옅은 황색으로 퇴색된다. 상처를 입어도 변색되지 않는다. 조직은 백색이고, 육질형 또는 육질상 섬유질형이다. 냄새는 불분명하고, 약간 신맛이 있거나 부드럽다. $FeSO_4$(황산철) 용액을 분지에 떨어뜨리면 적색으로 변한다(Schild). 포자문은 황색이며, 포자는 타원형이고, 표면에 미세돌기가 있으며 종종 돌기종선을 이룬다.

**발생 시기 및 장소**  늦은 여름이나 가을에 활엽수림(특히 참나무류인 너도밤나무림)의 지상에 무리지어 발생하며, 국내에서 흔히 볼 수 있는 종이다.

**감별해야 할 식용버섯**  싸리버섯과는 구별된다.

**식용 가능 여부**  준독성이다.

**분포**  한국, 유럽, 북아메리카, 오스트리아, 아시아 열대 이북

# 회색두엄먹물버섯

*Coprinopsis atramentaria* (Bull.) Redhead, Vilgalys & Moncalvo

담자균문 Basidiomycota | 주름버섯강 Agaricomycetes | 주름버섯목 Agaricales |
눈물버섯과 Psathyrellaceae | 두엄먹물버섯속 Coprinopsis

○ 회갈색의 인편

○ 잔디밭에 많이 발생한다.

○ 포자가 성숙하면 액화 현상이 일어난다.

**형태적 특징** 회색두엄먹물버섯의 갓은 3.5~7.5cm로 난형이나 성장하면 종형 또는 원추상 종형으로 발달한다. 표면은 담회색 또는 담회갈색을 띠며, 종종 회갈색의 미세한 인편이 있다. 종종 중앙 부위를 제외하고 방사상으로 잔주름이나 홈선이 있다. 주름살은 끝붙은 주름살이며, 빽빽하고 유백색이거나 엷은 회백색이며, 포자가 성숙하면 갓 끝 쪽에서부터 자갈색이나 적갈색을 띠다가 흑색으로 변하며, 포자를 날린 후에 끝에서부터 액화 현상이 나타난다. 대의 길이는 4.5~15.5cm로 기부는 굵으며, 기부는 방추형 뿌리 모양이다. 성장하면 대의 속은 비어 있고, 대 기부 쪽에 내피막의 일부가 불완전한 턱받이를 이루고 있다. 포자문은 갈흑색 또는 흑색이고, 포자는 타원형이고, 분명한 발아공이 있다.

**발생 시기 및 장소** 회색두엄먹물버섯은 국내의 농가 주변이나 들판에서 흔히 아침에 발견되는 버섯이며 해가 뜨면서 먹물처럼 녹아내리는 특징이 있다. 봄과 가을에 정원, 화전지, 도로변의 퇴비 더미 주위 또는 부식질이 많은 곳에서 발생하며 종종 활엽수의 부후목에 무리지어 발생한다.

`감별해야 할 식용버섯`   먹물버섯

`식용 가능 여부`   독버섯이다. 알코올과 함께 섭취하면 소화기증상(구역질, 구토, 복통 등)을 유발하며, 증상은 3~4일 정도 지속되다가 자연 치유된다.

`분포`   한국, 전 세계

✢ 무리지어 발생하는 자실체

✢ 종형의 갓

✢ 포자는 검은색을 띤다.

✢ 빽빽하며 끝붙은주름살

● 흑색의 주름살

● 부식질이 많은 곳에 발생하는 자실체

● 건조해서 갓이 갈라진 상태

# 흙무당버섯

*Russula senecis* S. Imai

담자균문 Basidiomycota | 주름버섯강 Agaricomycetes | 무당버섯목 Russulales |
무당버섯과 Russulaceae | 무당버섯속 Russula

**형태적 특징** 흙무당버섯의 갓은 4.7~10.5cm로 반구형이고 끝은 안쪽으로 굽어 있으며, 표면은 황토갈색을 띠고 평활하나 성숙하면 반반구형 또는 중앙오목편평형으로 된다. 표면은 황토갈색의 표피층이 코스모스 꽃잎 모양으로 갈라지며, 그 사이에 담황토색의 조직이 나타나고, 주변부에는 돌기선이 있다. 조직은 냄새무당버섯과 같은 냄새가 나고, 약간 매운맛이 난다. 주름살은 떨어진주름살이며 약간 빽빽하고, 짧은 주름살은 거의 없으며 황백색 또는 어두운 황백색을 띠나, 후에 갈색으로 얼룩진다. 대의 길이는 4.2~7.8cm로 원통형이며, 표면은 황토색이나 황토갈색 바탕에 갈색 또는 흑갈색의 작은 돌기가 밀포되어 있으며, 대의 속은 성장하면 해면질화 된다. 포자문은 백색이고 포자는 구형이며, 완전한 또는 불완전한 대형의 날개 모양의 띠와 크고 작은 가시 모양의 돌기가 있으며, 멜저용액에서 띠와 돌기는 흑청색을 띠는 아밀로이드이다.

**발생 시기 및 장소** 여름과 가을에 혼합림의 지상에서 발견된다.

**식용 가능 여부** 준독성이다.

**분포** 한국, 일본 등 전 세계

○ 혼합림 내 지상에 발생한다.

⊕ 어릴 때 황토갈색을 띠며 성냥개비 형태를 이룬다.   ⊕ 어린 자실체

⊕ 코스모스 꽃잎 모양으로 갈라진 갓의 표피   ⊕ 중앙오목편평형인 갓

⊕ 갓 주변부의 홈선

◯ 반구형이나 끝은 굽어 있는 어린 자실체의 갓

◯ 광택이 있는 갓

# 흰가시광대버섯

*Amanita virgineoides* Bas

담자균문 Basidiomycota | 주름버섯강 Agaricomycetes | 주름버섯목 Agaricales | 광대버섯과 Amanitaceae | 광대버섯속 Amanita

❶ 구형의 갓을 이룬 어린 자실체   ❶ 대 표면은 가시 모양의 인편이 있어 만지면 손에 잘 붙는다.

**형태적 특징**   흰가시광대버섯의 갓은 지름이 10~20㎝ 정도로 전체가 백색이고, 초기에는 구형이나 성장하면서 편평형이 된다. 표면은 백색이고 가루로 덮여 있으며, 가시 모양의 인편이 부착되어 있다. 인편은 비가 오면 빗물에 씻겨 떨어져 나가 다른 종처럼 보이기도 한다. 조직은 백색이다. 주름살은 떨어진주름살형이고, 약간 빽빽하고, 백색이다. 대의 길이는 10~25㎝ 정도이며, 어린 버섯은 대 속이 차 있으나 성장하면서 속이 빈 것도 있다. 표면은 순백색이며, 가시 모양의 인편이 붙어 있어서 만지면 손에 잘 붙는다. 턱받이는 성장하면서 탈락되기도 한다. 기부는 곤봉형이며, 가시 모양의 인편이 있다. 포자문은 백색이며, 포자 모양은 타원형이다.

**발생 시기 및 장소**   여름부터 가을까지 침엽수림, 활엽수림 또는 혼합림내 땅 위에 홀로 발생하며, 외생균근성 버섯이다.

**식용 가능 여부**   우리나라에서는 '닭다리버섯'이라 부르고 식용하고 있지만 독버섯으로 기록된 문헌이 있으므로 성분을 확인한 후에 식용해야 하는 버섯이다. 요리를 해서 먹을 경우 입안이 가시에 찔린 것과 같은 통증이 있으므로 먹지 않는 것이 좋다.

**분포**   한국, 중국 등 북반구 일대

○ 어린 자실체

○ 백색의 가루로 덮인 자실체

○ 곤봉형의 대 기부

○ 가시 모양의 인편

○ 대에 떨어진주름살

○ 내피막 모습

# 흰갈대버섯

*Chlorophyllum molybdites* (G. Mey.) Massee

담자균문 Basidiomycota | 주름버섯강 Agaricomycetes | 주름버섯목 Agaricales |
주름버섯과 Agaricaceae | 갈대버섯속 Chlorophyllum

◐ 푸른빛이 감도는 주름살

**형태적 특징** 흰갈대버섯의 갓은 직경이 6.5~28.5㎝로 초기에 구형 또는 종형이나 성장하면 중고반반구형 또는 중고편평형으로 된다. 갓 표면은 건성이고 평활하며 짙은 갈색을 띠고, 성장하면 중앙 부위를 제외하고 불규칙하게 갈라져 크고 작은 인편이 산재해 있으며, 갈라진 사이는 백색을 띠고 섬유질이거나 해면질이다. 조직은 두껍고 육질이며, 치밀하고 백색이나 성장하면 해면질로 되고 오백색을 띤다. 맛과 향기는 큰갓버섯과 거의 동일하며 부드럽다. 주름살은 대에 떨어진주름살이고 빽빽하며, 편복형이고 폭은 넓으며, 어릴 때에는 백색을 띠고 후에 녹색 또는 회록색을 띠며, 상처를 입으면 갈색으로 변한다. 대의 길이는 8.5~25㎝로 원통형이고 위아래 굵기가 비슷하며, 기부는 팽대하여 구근상이다. 표면은 건성이고 평활하며, 어릴 때에는 백색을 띠나 성장하면 회갈색을 띠고, 섬유질이며 상부에 두꺼운 반지 모양의 가동성 턱받이가 있고, 성장하면 속은 비어 있다. 포자문은 녹색(건조 후에는 황토색을 띤다)을 띠며, 포자는 광타원형 또는 난형이고 평활하며, 포자벽은 두껍고 정단에 발아공이 있다.

**발생 시기 및 장소** 봄에서 가을에 초지 목장 등 유기질이 많은 곳에 발생하며 희귀종의 버섯이다.

**감별해야 할 식용버섯** 큰갓버섯

**식용 가능 여부** 독버섯

**분포** 한국, 일본, 열대, 아열대, 아메리카 대륙

# 흰꼭지외대버섯

*Entoloma album* Hiroë

담자균문 Basidiomycota | 주름버섯강 Agaricomycetes | 주름버섯목 Agaricales |
외대버섯과 Entolomataceae | 외대버섯속 Entoloma

○ 습할 때 갓 표면에 반투명선이 생긴다.　　○ 주름살은 포자가 성숙하면 분홍색으로 변한다.

**형태적 특징**　흰꼭지외대버섯의 갓은 지름이 1~6㎝ 정도로 처음에는 원추형 또는 종형이나 성장하면서 편평형으로 펼쳐지거나 반전되며, 갓 가장자리는 물결 모양을 이루기도 한다. 갓 가운데에 우산 꼭지 모양의 돌기가 있다. 갓 표면은 매끄럽고, 비단 같은 광택이 나며, 습할 때는 백색 또는 황백색을 띠고, 반투명선이 나타난다. 조직은 얇으며, 맛과 냄새가 없다. 주름살은 완전붙은주름살형이고, 성글며, 초기에는 백색이나 성장하면서 분홍색을 띤다. 대의 길이는 2~5㎝ 정도이며, 원통형이며, 위아래 굵기가 비슷하고, 종종 뒤틀려있거나 편압되어 있다. 대의 표면은 광택이 나며, 유백색이고, 속은 비어 있다. 포자문은 살색이며, 포자 모양은 다각형이다.

**발생 시기 및 장소**　여름부터 가을에 활엽수림 내 땅 위에 홀로 발생한다.

**식용 가능 여부**　독버섯

**분포**　한국, 일본

**참고**　전체가 백색이며, 갓의 중심부에 연필심 같은 꼭지가 있는 것이 특징이다.

○ 갓 중앙에 꼭지 모양의 돌기　　○ 공생하는 버섯으로 큰 바위 주변에 많이 발생한다.

# 흰오뚜기광대버섯

*Amanita castanopsidis* Hongo

담자균문 Basidiomycota | 주름버섯강 Agaricomycetes | 주름버섯목 Agaricales |
광대버섯과 Amanitaceae | 광대버섯속 Amanita

○ 백색의 피라미드상 외피막이 갓 표면에 있는 자실체

○ 주름살은 백색이다.

**형태적 특징** 흰오뚜기광대버섯의 갓은 크기가 3.5~7㎝이고, 초기에는 반구형이나 성장하면 반반구형 또는 편평형으로 되며, 갓의 끝 부위는 초기에 백색의 내피막으로 싸여 있으나 성장하면 갓 끝에 내피막 잔유물이 면모상으로 부착되어 있다. 표면에는 백색의 외피막이 피라미드상 또는 사마귀상으로 남아 있으며, 중앙 부위는 더욱 크고 끝 부위 쪽으로 작으며, 성장하면 다소 옅은 회갈색 또는 옅은 황갈색을 띠며 탈락성이고, 갓 전체는 백색이며 건성이다. 조직은 두께가 0.4~0.6㎝이며 비교적 두껍고 육질형이며, 백색이고 변색하지 않으며, 냄새는 다소 불쾌하고 맛은 비교적 부드럽다. 주름살은 0.6㎝ 내외이고 대에 떨어진주름살이며, 다소 빽빽하고 초기에는 백색이나 점차 황백색으로 되며, 주름살날에는 분질상이 있다.

대의 길이는 4.5~8㎝이고 상부 쪽이 가늘며, 대 기부는 팽대하여 구근상(약 1.8㎝)을 이루고 아래쪽은 가늘어져 위뿌리상을 이룬다. 전체는 곤봉형 또는 방추형이다. 표면은 건성이며, 상부 쪽은 분질상 또는 섬모상이고, 기부 쪽은 섬유상 또는 사마귀상의 인편이 있으며, 전체가 백색이다. 내피막은 막질상 또는 섬유상으로 드물게는 턱받이를 형성하나 쉽게 소실된다.

포자문은 백색이며, 포자는 타원형이며, 평활하고 얇으며, 멜저 용액에서 아밀로이드이다.

| 발생 시기 및 장소 | 여름에 숲 속 토양에 흩어져 나거나 소수 무리지어 발생한다. |
| 감별해야 할 식용버섯 | 흰가시광대버섯 |
| 식용 가능 여부 | 독버섯(맹독성) |
| 분포 | 한국, 일본 |

● 어린 자실체　　　　　　　　　　● 성숙한 자실체

● 주름살은 대에 떨어진주름살　　　● 어린 자실체와 성숙한 자실체

◐ 중앙부위가 큰 외피막

◐ 성장하면서 편평형으로 된 갓

◐ 대 기부는 구근상이다.

## 한국의 버섯도감

## Part 4 준독버섯

갈변흰무당버섯
검은비늘버섯
곰보버섯
넓은큰솔버섯
능이
먹물버섯
붉은덕다리버섯
비늘버섯
비늘새잣버섯
뽕나무버섯
절구무당버섯
좀벌집구멍장이버섯

# 갈변흰무당버섯

*Russula japonica* Hongo

담자균문 Basidiomycota | 주름버섯강 Agaricomycetes | 무당버섯목 Russulales | 무당버섯과 Russulaceae | 무당버섯속 Russula

○ 갓 중앙부가 담황색인 자실체

○ 갓 표면은 외피가 갈색으로 변한다.

**형태적 특징** 갈변흰무당버섯의 갓은 지름이 8~20㎝ 정도로 처음에는 반구형이나 성장하면서 가운데가 오목한 반구형에서 깔때기형으로 된다. 갓 표면은 백색을 띠다가 연한 갈색으로 변하며, 매끄럽다. 조직은 백색이고, 두꺼우며 단단하다. 주름살은 끝붙은주름살형이고, 아주 빽빽하고 초기에는 백색이나 성장하면서 연한 황색 또는 황갈색이 된다. 대의 길이는 3~6㎝ 정도이고, 짧고 뭉툭하며, 위아래 굵기가 비슷하거나 아래쪽이 다소 가늘고 백색이다. 포자문은 연한 황색이고, 포자 모양은 난형이다.

**발생 시기 및 장소** 여름부터 가을까지 활엽수림 내 낙엽이 쌓인 땅 위에 무리지어 나거나 흩어져서 발생하는 외생균근성 버섯이다.

**식용 가능 여부** 독성분은 알려져 있지 않으나 체질에 따라 중독되는 경우가 있어 주의를 요하는 버섯이다.

**분포** 한국, 일본, 중국, 유럽

○ 오목반반구형의 백색 갓

○ 무리지어 발생한 자실체

# 검은비늘버섯

*Pholiota adiposa* (Batsch) P. Kumm.

담자균문 Basidiomycota | 주름버섯강 Agaricomycetes | 주름버섯목 Agaricales |
포도버섯과 Strophariaceae | 비늘버섯속 Pholiota

◐ 평반구형의 갓을 가진 자실체

◐ 포자가 형성되어 적갈색을 띠는 주름살

**형태적 특징**  검은비늘버섯의 갓은 지름이 3~8㎝ 정도이며, 처음에는 반구형이나 성장하면서 평반구형 또는 편평형이 된다. 갓 표면은 습할 때 점질성이 있으며, 연한 황갈색을 띠며, 갓 둘레에는 백색의 인편이 있는데 성장하면서 탈락되거나 갈색으로 변한다. 조직은 비교적 두껍고, 육질형이며, 노란 백색을 띤다. 주름살은 대에 완전붙은 주름살형이며, 약간 빽빽하고, 처음에는 유백색이나 성장하면서 적갈색으로 된다. 대의 길이는 4~10㎝ 정도이며, 원통형으로 위아래 굵기가 비슷하거나 아래쪽이 다소 굵으며, 기부는 다발성으로 수십 개가 합쳐져 있다. 대 위쪽의 표면은 유백색이나 아래쪽은 점차 진한 적갈색으로 되고, 거친 돌기상의 인편이 있다. 턱받이는 옅은 황색을 띠며 쉽게 탈락한다. 포자문은 적갈색이며, 포자 모양은 타원형이다.

**발생 시기 및 장소**  봄부터 가을 사이에 활엽수 또는 침엽수의 죽은 가지나 그루터기에 뭉쳐서 무리지어 발생한다.

**식용 가능 여부**  식용버섯이나 많은 양을 먹거나 생식하면 중독되므로 주의해야 한다.

**분포**  한국, 중국, 유럽, 북아메리카

**참고**  갓의 대부분에 인편이 있는데 백색에서 갈색으로 변한다.

○ 쉽게 탈락되는 거미줄형의 턱받이

○ 검은비늘버섯(재배)

# 곰보버섯

*Morchella esculenta* (L.) Pers.

자낭균문 Ascomycota | 주발버섯강 Pezizomycetes | 주발버섯목 Pezizales |
곰보버섯과 Morchellaceae | 곰보버섯속 Morchella

○ 갓은 자실체 절반을 차지한다.

**형태적 특징**  곰보버섯 자실체는 지름이 3~5㎝이고, 높이는 5~14㎝ 정도로, 중형버섯이다. 머리 부분인 갓은 넓은 난형이며, 그물 모양이고, 파인 것처럼 보이는 불규칙한 홈이 있다. 또한 갓은 대의 절반 이상을 덮고 있으며, 아래쪽의 갓은 대에 부착되어 있다. 자실층은 갓의 표면인 홈에 고루 분포되어 있다. 조직은 백색 또는 황토색이고, 다소 탄력성이 있다. 대의 길이는 4~10㎝, 굵기는 2~4㎝ 정도이며, 원통형이고, 기부 쪽이 굵으며, 표면은 불분명한 주름이 있으며, 백색을 띤다. 머리부터 기부까지의 속은 비어 있다. 자낭포자는 타원형이다.

**발생 시기 및 장소**  봄에 숲 속이나 나뭇가지가 많은 곳에서 식물과 공생생활을 하는 균근성 버섯이다.

**식용 가능 여부**  어린 버섯은 식용이 가능하나 많은 양을 먹으면 중독되므로 유의해야 한다.

**분포**  한국, 중국, 일본, 유럽, 북아메리카

**참고**  완전 성숙한 버섯에서 독성분인 Gromitrin이 검출되었다는 문헌이 있으므로 식용으로 이용할 때 주의해야 한다. 프랑스에서는 즐겨 먹는 버섯이다.

❂ 곰보 모양의 불규칙한 홈이 있는 자실체   ❂ 횡단면으로 절단한 원형의 대 형태

❂ 속이 빈 대

# 넓은큰솔버섯

*Megacollybia platyphylla* (Pers.) Kotl. & Pouzar

담자균문 Basidiomycota | 주름버섯강 Agaricomycetes | 주름버섯목 Agaricales |
낙엽버섯과 Marasmiaceae | 큰솔버섯속 Megacollybia

○ 성숙하면 섬유질선이 나타나고 갈라지는 갓 표면

○ 주름살은 백색이고 대에 완전붙은주름살이다.

**형태적 특징**　넓은큰솔버섯의 갓은 지름이 5~15㎝ 정도이며, 초기에는 평반구형이나 성장하면서 오목편평형이 된다. 갓 표면은 어릴 때는 진한 흑갈색이나 점차 연한 회색으로 되고, 방사상으로 섬유질선이 있으며, 성장하면 종종 표면이 방사상으로 갈라지기도 한다. 조직은 얇으며 백색이다. 주름살은 대에 완전붙은주름살형이고 성글며 백색이다. 주름살 사이에 간맥이 있으며, 주름살 끝은 분질상이다. 대의 길이는 6~15㎝, 굵기는 0.5~2㎝ 정도이며, 토양 표면과 붙어 있는 부분이 조금 굵으며 속은 비어 있다. 포자문은 백색이고, 포자 모양은 타원형이다.

**발생 시기 및 장소**　여름부터 가을까지 활엽수의 고목, 그루터기 또는 나무가 매몰된 지상에 홀로 또는 무리지어 발생한다.

**식용 가능 여부**　식용 가능하나 생식하면 체질에 따라 중독되는 경우가 있다.

**분포**　한국, 북반구 온대 이북

**참고**　조리한 것도 위장 자극이 있으므로 주의해야 한다.

# 능이

*Sarcodon imbricatus* (L.) P. Karst.

담자균문 Basidiomycota | 주름버섯강 Agaricomycetes | 사마귀버섯목 Thelephorales | 노루털버섯과 Bankeraceae | 능이속 Sarcodon

🔸 나팔꽃형의 자실체

🔸 갓 위에는 거친 인편이 있다.

🔸 자실층은 침으로 이루어져 있다.

**형태적 특징**　능이의 갓은 지름이 5~25㎝ 정도이며, 버섯 높이는 5~25㎝ 정도로 처음에는 편평형이나 성장하면서 깔때기형 또는 나팔꽃형이 되고, 중앙부는 대의 기부까지 뚫려 있다. 갓 표면은 거칠고 위로 말린 각진 인편이 밀집해 있다. 자실체는 처음에는 연한 홍색 또는 연한 갈색이나 성장하면서 홍갈색 또는 흑갈색으로 변하며, 건조하면 흑색으로 된다. 조직은 연한 홍갈색인데 건조하면 회갈색으로 된다. 자실층은 길이 1㎝ 이상 되는 많은 침이 돋아 있고, 초기에는 회백갈색이나 성장하면서 연한 흑갈색이 된다. 대의 길이는 3~5㎝ 정도로 비교적 짧고, 기부까지 침이 돋아 있으며, 연한 흑갈색을 띤다. 포자문은 연한 갈색이며, 포자 모양은 구형이다.

**발생 시기 및 장소**　가을에 활엽수림 내 땅 위에 무리지어 나거나 홀로 발생한다.

**식용 가능 여부**　독특한 향기가 있는 식용버섯이나 생식하면 가벼운 중독 증상이 나타날 수 있다.

**분포**　한국, 동아시아

**참고**　독특한 향기가 난다고 하여 향버섯이라고도 한다. 예로부터 민간에서나 한방에서 고기를 먹고 체한 데 이 버섯을 달인 물을 소화제로 이용하였다. 위장에 염증이나 궤양이 있을 때는 금기한다. 아직 재배되지 않고 있으며, 송이처럼 귀한 버섯으로 취급된다.

○ 회백갈색의 자실층은 포자가 형성되거나 건조하면 흑갈색으로 변한다.

◐ 거친 인편이 밀포된 갓

◐ 대 기부까지 뚫려 있는 갓 중앙부

◐ 활엽수림 내 지상에 발생하는 공생균이다.

# 먹물버섯

*Coprinus comatus* (O. F. Müll.) Pers.

**담자균문** Basidiomycota | **주름버섯강** Agaricomycetes | **주름버섯목** Agaricales |
**주름버섯과** Agaricaceae | **먹물버섯속** Coprinus

○ 견사상 섬유질이 있는 어린 자실체

**형태적 특징**　먹물버섯의 갓은 지름이 3~5㎝, 높이는 4~10㎝ 정도이며, 처음에는 긴 난형이나 성장하면서 종형으로 되며, 대의 반 이상을 덮고 있다. 표면은 유백색을 띠며 견사상 섬유질이나 성장하면서 연한 갈색의 거친 섬유상 인피로 된다. 조직은 얇고 백색을 띤다. 주름살은 끝붙은주름살형 또는 떨어진주름살형이며 빽빽하고, 처음에는 백색이나 성장하면서 갈색으로 된 후 흑색으로 변한다. 갓 가장자리부터 액화 현상이 일어나서 갓은 없어지고 대만 남는다. 대의 길이는 15~25㎝ 정도로 원통형이며 위쪽이 조금 가늘며 속은 비어 있고 표면은 백색이다. 턱받이는 위아래로 움직일 수 있으며, 기부는 원추상으로 부풀어 있다. 포자문은 검은색이며, 포자 모양은 타원형이다.

**발생 시기 및 장소**　봄부터 가을까지 정원, 목장, 잔디밭 등 부식질이 많은 땅 위에 무리지어 흩어져 발생한다.

**식용 가능 여부**　어린 버섯은 식용할 수 있으나, 중독증상이 있는 것으로 기재된 문헌도 있다.

**분포**　한국, 전 세계

◐ 흑색으로 변한 갓

◐ 포자가 성숙하면 액화 현상이 일어나는 자실체

○ 부식질이 많은 풀밭에 자생하는 자실체

○ 무리지어 발생한 자실체

먹물버섯 · 491

# 붉은덕다리버섯

*Laetiporus miniatus* (Jungh.) Overeem

담자균문 Basidiomycota | 주름버섯강 Agaricomycetes | 구멍장이버섯목 Polyporales |
잔나비버섯과 Fomitopsidaceae | 덕다리버섯속 Laetiporus

**형태적 특징**   붉은덕다리버섯의 갓은 지름이 5~20㎝, 두께가 1~3㎝ 정도이며, 부채형 또는 반원형이다. 표면은 선홍색 또는 황적색이나, 마르면 백색으로 된다. 갓은 성장하면서 여러 개가 겹쳐서 난다. 갓 둘레는 파상형 또는 갈라진형이다. 조직은 초기에는 갓 표면과 같은 색을 띠며 탄력성이 있고 유연하나, 성숙하면 점차 퇴색하여 백색으로 되며 잘 부서진다. 자실층은 관공형이며, 관공은 길이가 0.2~1㎝ 정도이며 황갈색이다. 관공구는 작으면서 원형이다. 대는 없으며, 갓의 측면 일부가 직접 기주에 부착되어 있다. 포자문은 백색이며, 포자 모양은 타원형이다.

**발생 시기 및 장소**   봄부터 여름까지 활엽수의 생목이나 고목 그루터기에 발생하며, 목재를 썩히는 부후생활을 한다.

**식용 가능 여부**   어린 시기의 자실체는 식용하고 있지만 생식하면 중독되는 경우도 있으므로 유의해야 된다.

**분포**   한국, 일본, 아시아 열대

◐ 선홍색을 띤 부채형의 자실체

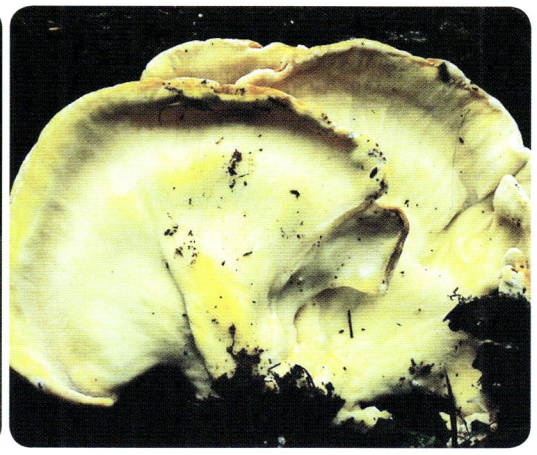

◐ 관공은 원형이며 조직은 쉽게 부서진다.

# 비늘버섯

*Pholiota squarrosa* (Vahl) P. Kumm.

담자균문 Basidiomycota | 주름버섯강 Agaricomycetes | 주름버섯목 Agaricales |
포도버섯과 Strophariaceae | 비늘버섯속 Pholiota

○ 전나무 그루터기에 발생하는 자실체

○ 건조한 갓 표면

**형태적 특징**   비늘버섯의 갓은 크기가 2.5~6.5㎝로 성장 초기에는 반구형 또는 종형이나 성장하면 반반구형으로 되다가 편평하게 퍼진다. 대부분 중앙 부위가 약간 볼록하며, 갓 끝은 오랫동안 안쪽으로 굽어 있다. 표면은 습할 때에도 건조하며, 옅은 황색 또는 올리브황색 바탕에 끝이 반전된 등황갈색, 암갈색의 비늘상 인피(squarrose)가 다소 동심원상으로 배열되어 있으며, 중심 쪽은 더 짙은 색을 띠며 밀집되어 있다. 성장 초기 갓 끝은 섬유상 또는 섬유상 막질의 내피막으로 싸여 있으나 성장하면 갓 끝 쪽에 내피막의 잔유물이 쉽게 소실된다. 조직은 육질형이며 얇고 황백색이며, 냄새는 일반적인 버섯 냄새가 나거나 분명하지 않으며, 맛은 부드럽다. 주름살은 대에 완전붙은주름살 또는 짧은내린주름살이며 빽빽하고 다소 넓은 편이며, 초기에는 맑은 올리브황색이나 성장하면 올리브갈색을 띠고, 주름살날은 평활하다.

대의 길이는 5.2~15㎝로 원통형이고 상하 굵기가 비슷하거나 기부 쪽이 다소 굵으며, 일반적으로 휘거나 종종 굽어 있다. 표면은 턱받이 위쪽은 면모상이거나 미분질이며 맑은 황백색이고, 턱받이 아래는 옅은 황생 바탕에 갈색의 비늘상 인피, 손거스러미상 인피 또는 암갈색 인피가 산재해 있으며, 기부 쪽은 짙은 색을 띠고 가늘며, 옆의 다른 대와 합생(concre-scented)하여 종종 다발을 이룬다. 턱받이는 맑은 황색을 띠며 면모상 섬유질이고, 성장하면 거의 소실되어 흔적만 남는다. 포자문은 짙은 황갈색이고, 포자는 타원형이고 평활하며 포자벽은 얇고 정단부에 작고 분명한 발아공이 있으며, KOH(수산화칼륨) 용액에서 황금색을 띠는 부정형의 내용물이 있다.

◐ 어릴 때 반구형의 갓

◐ 무리지어 발생하는 자실체

**발생 시기 및 장소**  여름부터 가을까지 활엽수 고사목의 그루터기에 무리지어 발생하며 침엽수에서도 발생한다.

**식용 가능 여부**  독버섯이다. 개개인의 체질에 따라 중독 증상(복통과 설사)이 나타나며, 특히 술과 함께 먹으면 중독 증상이 나타나기 때문에 주의해야 한다.

**분포**  북반구 온대

◐ 대 아래쪽의 손거스러미상의 인피

◉ 어릴 때에는 턱받이가 주름살을 보호

◉ 어릴 때 부착되는 섬유질상 내피막

# 비늘새잣버섯

*Neolentinus lepideus* (Fr.) Redhead & Ginns

담자균문 Basidiomycota | 주름버섯강 Agaricomycetes | 구멍장이버섯목 Polyporales | 구멍장이버섯과 Polyporaceae | 새잣버섯속 Neolentinus

**형태적 특징**   비늘새잣버섯 갓의 지름은 5~15㎝ 정도이며, 초기에는 평반구형이나 성장하면서 편평형이 된다. 표면은 백색 또는 연한 황갈색이며, 황갈색의 인피가 불규칙한 원을 이루고 있다. 갓 중앙 부분의 표피가 갈라져 백색의 조직이 보이기도 한다. 주름살은 대에 홈주름살형 또는 내린주름살형이며, 약간 빽빽하고, 백색이며, 끝 부분은 톱니형이고, 종종 심하게 갈라지기도 한다. 대의 길이는 2~8㎝, 굵기는 1~3㎝ 정도이며, 대의 표면은 갓의 표면과 같이 백색 또는 연한 황색을 띠며 갈색의 갈라진 인편이 있다. 대의 위쪽에는 줄무늬 선이 있고, 속은 차 있다. 포자문은 백색이며, 포자 모양은 타원형이다.

**발생 시기 및 장소**   여름부터 가을까지 소나무의 그루터기에 홀로 또는 뭉쳐서 발생하며 나무를 분해하는 부후성 버섯이다.

**식용 가능 여부**   식용가능하나 체질에 따라서 중독을 일으킬 수 있으므로 유의해야 한다.

**분포**   한국, 전 세계

◐ 침엽수 절주목에 다발로 발생한 자실체

○ 건조 시 갓 표면은 표피가 갈라져 백색의 조직이 보인다.

○ 포자는 백색을 띤다.

◯ 톱니형의 주름살

◯ 어린 자실체

# 뽕나무버섯

*Armillaria mellea* (Vahl) P. Kumm.

담자균문 Basidiomycota | 주름버섯강 Agaricomycetes | 주름버섯목 Agaricales |
뽕나무버섯과 Physalacriaceae | 뽕나무버섯속 Armillariella

◐ 갓 중앙부에 진한 갈색의 인편을 가지고 있는 자실체

◐ 주름살은 갈색 상흔이 있기도 한다.

**형태적 특징** 뽕나무버섯의 갓은 지름이 3~15cm 정도로 처음에는 평반구형이나 성장하면서 편평형이 된다. 갓 표면은 연한 갈색 또는 황갈색이며, 중앙부에 진한 갈색의 미세한 인편이 나 있고, 갓 둘레에는 방사상의 줄무늬가 있다. 주름살은 내린주름살형이며, 약간 성글고, 처음에는 백색이나 성장하면서 연한 갈색의 상흔이 나타난다. 대의 길이는 4~15cm 정도, 섬유질이며, 아래쪽이 약간 굵다. 표면은 황갈색을 띠며 아래쪽은 검은 갈색이다. 턱받이는 백황색의 막질로 이루어져 있다. 포자문은 백색이며, 포자 모양은 타원형이다.

**발생 시기 및 장소** 봄부터 늦은 가을까지 활엽수, 침엽수의 생나무 그루터기, 죽은 가지 등에 뭉쳐서 발생하는 활물기생성 버섯이다.

**식용 가능 여부** 우리나라에서는 식용으로 이용해 왔으나 생식하거나 많은 양을 먹으면 중독되는 경우가 있으므로 주의해야 되는 버섯이다. 지방명이 다양해서 혼동을 일으킬 수 있는 버섯이기도 하다. 강원도 지역에서는 '가다발버섯'으로 부르고 있다.

**분포** 한국, 전 세계

○ 턱받이가 있는 대

○ 턱받이는 백황색의 막질로 이루어져 있다.

○ 다발로 자생한 자실체

# 절구무당버섯

*Russula nigricans* Fr.

담자균문 Basidiomycota | 주름버섯강 Agaricomycetes | 무당버섯목 Russulales |
무당버섯과 Russulaceae | 무당버섯속 Russula

◐ 성숙하면 갓 끝 부위가 위로 펴진다.

◐ 주름살은 끝붙은주름살

◐ 폭이 넓고 성긴 주름살

**형태적 특징** 절구무당버섯의 갓은 지름이 5~20㎝ 정도로 처음에는 반반구형이나 성장하면서 가운데가 오목한 편평형이 된다. 갓 표면은 연한 갈색이나 성장하면서 갈색을 띠고, 오래되면 검은색이 된다. 조직은 백색이며, 절단하면 적색으로 변하고 바로 검은색으로 변한다. 주름살은 끝붙은주름살형이고, 성글다. 대의 길이는 3~8㎝ 정도이고, 단단하며, 백색이나 성장하면서 갈색을 거쳐 흑색으로 변한다. 대의 속은 차 있다. 포자문은 백색이며, 포자 모양은 구형이다.

**발생 시기 및 장소** 여름부터 가을 사이에 활엽수림 내 땅 위에 홀로 나거나 흩어져서 발생하는 외생균근성 버섯이다.

**식용 가능 여부** 식용버섯이나 생식하면 중독된다.

**분포** 한국, 북아메리카, 북반구 일대

**참고** 북한명은 성긴주름버섯이다. 주름살이 두껍고 다른 버섯에 비해 폭이 넓다.

# 좀벌집구멍장이버섯

*Polyporus arcularius* (Batsch) Fr.

담자균문 Basidiomycota | 주름버섯강 Agaricomycetes | 구멍장이버섯목 Polyporales | 구멍장이버섯과 Polyporaceae | 구멍장이버섯속 Polyporus

➊ 갓 표면은 작은 인편이 밀포

➊ 관공은 크림색이고 관공구는 타원형이다.

➊ 깔때기형의 갓을 가진 자실체

**형태적 특징** 좀벌집구멍장이버섯의 갓은 지름이 3~5㎝ 정도이며, 원형 또는 깔때기형이다. 표면은 황백색 또는 연한 갈색이고, 갈라진 작은 인편이 있다. 조직은 백색이며, 부드러운 가죽질이다. 관공은 0.1~0.2㎝ 정도이며, 백색 또는 크림색이고, 관공구는 0.1㎝ 이하로 타원형이며, 방사상으로 배열되어 있다. 대의 길이는 1~5㎝ 정도이며, 굵기는 0.2~0.5㎝ 정도로 원주상이며, 질기고, 단단하다. 포자문은 백색이고, 포자 모양은 긴 타원형이다.

**발생 시기 및 장소** 여름부터 가을까지 활엽수의 고목, 부러진 가지, 그루터기 위에 무리지어 발생하며, 부생생활을 한다. 나뭇가지가 매몰된 땅 위에 무리지어 발생되기도 한다.

**식용 가능 여부** 어린 버섯은 식용 가능하나 생식을 하면 중독된다.

**분포** 한국, 일본 등 전 세계

**참고** 약용과 항암작용이 있다.

한국의 버섯도감

## Part 5 불명버섯

가랑잎꽃애기버섯
갈색꽃구름버섯
고깔갈색먹물버섯
고리갈색깔때기버섯
귀버섯
노란각시버섯
노랑무당버섯
당귀젖버섯
덧부치버섯
복분자버섯
붉은말뚝버섯
살쾡이버섯
삼색도장버섯
솔방울털버섯

신알광대버섯
용종버섯
이끼버섯
장미자색구멍버섯
접시버섯
제주쓴맛그물버섯
좀노란밤그물버섯
종버섯
찐빵버섯
치마버섯
콩버섯
털가죽버섯
톱니겨우살이버섯
흰애주름버섯

# 가랑잎꽃애기버섯

*Gymnopus peronatus* (Bolton) Gray

담자균문 Basidiomycota | 주름버섯강 Agaricomycetes | 주름버섯목 Agaricales |
화경버섯과 Omphalotaceae | 꽃애기버섯속 Gymnopus

◐ 편평형인 갓 중앙부

◐ 성근 주름살을 가진 자실층

**형태적 특징**  가랑잎꽃애기버섯 갓의 지름은 1.2~4㎝ 정도이며, 처음에는 반구형이나 성장하면서 편평형이 되고, 나중에는 가운데가 들어간다. 갓 표면은 습할 때 가장자리로 방사상의 선이 보이고, 황갈색 또는 암갈색이다. 조직은 얇고 질기며 매운맛이 난다. 주름살은 끝붙은주름살형 또는 완전붙은주름살형이며 성글고 연한 황색 또는 연한 갈색이다. 대는 2~6㎝ 정도이며, 원통형으로 위아래 굵기가 비슷하고, 표면은 연한 황갈색을 띠며, 아래쪽에는 연한 황색의 털이 빽빽하게 나 있다. 포자문은 백색이며, 포자 모양은 긴 타원형이다.

**발생 시기 및 장소**  여름부터 가을까지 낙엽이 많이 부식된 땅 위에 무리지어 발생하며 낙엽분해성 버섯이다.

**식용 가능 여부**  식용 여부는 알려져 있지 않다.

**분포**  한국, 일본, 중국, 북반구 일대, 오스트레일리아, 유럽

◐ 대 기부에 있는 담황색의 털

◉ 갓에 있는 방사상의 선

◉ 건조한 노숙한 버섯

◉ 대의 표면에 있는 털

○ 무리지어 발생하는 버섯들

가랑잎꽃애기버섯

# 갈색꽃구름버섯

*Stereum ostrea* (Blume & T. Nees) Fr.

담자균문 Basidiomycota | 주름버섯강 Agaricomycetes | 무당버섯목 Russulales |
꽃구름버섯과 Stereaceae | 꽃구름버섯속 Stereum

◐ 건조된 자실체

◐ 연한 갈색의 포자 형성층은 관공형을 이룬다.

**형태적 특징**   갈색꽃구름버섯의 갓은 지름이 1~7㎝, 두께가 0.1~0.2㎝ 정도이며, 매우 얇은 부채형이다. 반배착생으로 기주에 넓게 부착하여 선반형이 된다. 표면은 부드럽고, 회백색 또는 적갈색, 검은 갈색 등의 털이 동심원상으로 늘어선 고리 무늬가 있는데, 털이 있는 부분과 털이 없는 부분이 번갈아 있다. 노숙하면 털은 탈락한다. 조직은 단단하고 질기다. 아랫면의 자실층은 갈색 또는 연한 황갈색이며, 액체를 분비하는 백색의 균사가 있다. 포자문은 백색이고, 포자 모양은 긴 타원형이다.

**발생 시기 및 장소**   1년 내내 활엽수의 고목, 부러진 가지, 그루터기 위에 무리지어 발생하며, 부생생활을 한다.

**식용 가능 여부**   식용 여부는 알려져 있지 않다.

**분포**   한국, 전 세계

❂ 웃자란 버섯

❂ 부채형의 자실체

# 고깔갈색먹물버섯

*Coprinellus disseminatus* (Pers.) J.E. Lange

담자균문 Basidiomycota | 주름버섯강 Agaricomycetes | 주름버섯목 Agaricales |
눈물버섯과 Psathyrellaceae | 갈색먹물버섯속 Coprinellus

○ 종형의 갓을 가진 자실체

○ 무리지어 발생하는 어린 자실체

**형태적 특징** 고깔갈색먹물버섯의 갓은 지름이 1~2㎝ 정도이며, 처음에는 난형이나 성장하면서 종형을 거쳐 편평형이 된다. 갓 표면은 백색이고, 가운데는 연한 홍색 또는 회백색이고, 백색의 인편이 있으며, 가장자리에는 홈선이 있으며, 갓 표면은 완전히 성숙한 후에는 자흑색으로 변한다. 조직은 얇고 회백색이다. 주름살은 끝붙은주름살형이며, 성글고, 처음에는 백색이나 성장하면서 자갈색을 띤다. 대의 길이는 1~4㎝ 정도이며, 위아래 굵기가 비슷하며 백색이고, 초기에 백색의 미세한 털로 덮여 있으나 점차 소실된다. 대의 속은 비어 있다. 포자문은 흑갈색이며, 포자 모양은 타원형이다.

**발생 시기 및 장소** 봄부터 가을까지 썩은 활엽수의 그루터기, 고목에 뭉쳐서 무리지어 발생한다.

**식용 가능 여부** 식용 여부는 알려져 있지 않다.

**분포** 한국, 전 세계

**참고** 소형버섯으로 고목 등에 수십, 수백 개가 뭉쳐서 난다.

◯ 무리지어 발생하는 자실체

◯ 포자 형성 시 검게 변하는 주름살

# 고리갈색깔때기버섯
*Hydnellum concrescens* (Pers.) Banker

담자균문 Basidiomycota | 주름버섯강 Agaricomycetes | 사마귀버섯목 Thelephorales |
노루털버섯과 Bankeraceae | 갈색깔때기버섯속 Hydnellum

◐ 부채형의 갓을 가진 자실체

**형태적 특징**   고리갈색깔때기버섯의 갓은 지름이 1~5㎝이고, 크기는 2~5㎝ 정도이며, 처음에는 부채형이나 성장하면서 편평형 또는 깔때기형이 된다. 갓 표면은 갈색이며, 섬유상의 방사상 선과 동심원형의 무늬가 있다. 갓 둘레는 백색이고, 톱니상이다. 자실층은 침상 돌기형이고, 돌기의 길이는 0.1~0.4㎝ 정도이며, 대에 붙은 내린형이고, 색깔은 암갈색이다. 조직은 가죽질이고 얇다. 대의 길이는 1~3㎝ 정도이며, 기부는 넓고 표면은 암갈색이다. 포자문은 갈색이고, 포자 모양은 구형이다.

**발생 시기 및 장소**   여름부터 가을에 침엽수림 내 땅 위에 무리지어 나거나 홀로 발생한다.

**식용 가능 여부**   식용 여부는 알려져 있지 않다.

**분포**   한국, 전 세계

# 귀버섯

*Crepidotus mollis* (Schaeff.) Staude

담자균문 Basidiomycota | 주름버섯강 Agaricomycetes | 주름버섯목 Agaricales |
땀버섯과 Inocybaceae | 귀버섯속 Crepidotus

○ 무리지어 발생하는 자실체

**형태적 특징**  귀버섯의 자실체는 1~5㎝ 정도로 부채형이다. 갓 표면은 초기에 백색이나 성장하면서 연한 황갈색 또는 갈색이 되고 편평하고 매끄러우며, 습하면 점성을 가진다. 주름살은 내린주름살형이고 빽빽하며, 백색에서 갈색으로 변한다. 조직은 백색이며 얇아서 쉽게 부서진다. 대는 거의 없고 갓이 직접 기주에 부착되어 있다. 포자문은 황갈색이며, 포자 모양은 타원형이다.

**발생 시기 및 장소**  여름부터 가을 사이에 활엽수림의 고사목에 무리지어 발생하며 나무를 분해하는 부후성 버섯이다.

**식용 가능 여부**  식용 여부는 알려져 있지 않다.

**분포**  한국, 전 세계

**참고**  갓이 직접 기주에 부착되어 있다.

○ 주름살이 백색인 자실체

# 노란각시버섯

*Leucocoprinus birnbaumii* (Corda) Singer

담자균문 Basidiomycota | 주름버섯강 Agaricomycetes | 주름버섯목 Agaricales |
주름버섯과 Agaricaceae | 각시버섯속 Leucocoprinus

◐ 가장자리에 홈선이 있는 갓

◐ 빽빽한 주름살

◐ 유황색의 면모상 인피가 밀포된 갓

**형태적 특징**  노란각시버섯의 갓은 지름이 2~5㎝ 정도로 난형에서 종형을 거쳐 편평하게 되며 가운데는 볼록하다. 갓 표면은 솜털 같은 인편으로 덮여 있고 노란색이다. 가장자리에는 방사상의 홈선이 있고, 부채살 모양이다. 조직은 노란색이다. 주름살은 끝붙은주름살형이며, 연한 노란색으로 빽빽하다. 대의 길이는 5~8㎝ 정도이며, 아래쪽은 곤봉 모양으로 부풀어 있고, 속은 살이 없어서 비어 있다. 표면은 노란색 가루 모양의 인편으로 덮여 있다. 턱받이는 막질이고 쉽게 탈락한다. 포자문은 백색이며, 포자 모양은 난형이다.

**발생 시기 및 장소**  여름부터 가을 사이에 정원, 온실, 화분 등에 홀로 또는 무리지어 발생하며, 부생생활을 한다.

**식용 가능 여부**  식용 여부는 알려져 있지 않다.

**분포**  한국 등 세계의 열대 또는 아열대 지역에 발생

**참고**  난 화분이나 실내온실의 부엽토에서 많이 발생하는 버섯이다.

◎ 종형의 갓

◎ 갓 끝 부위 방사상의 홈선 및 대 기부의 면모상 인피   ◎ 막질의 턱받이로 쉽게 탈락한다.

◎ 면봉형의 어린 자실체   ◎ 원추형의 갓

◎ 원추형의 어린 갓

◎ 화분에 발생하는 경우가 많다.

# 노랑무당버섯

*Russula flavida* Frost

담자균문 Basidiomycota | 주름버섯강 Agaricomycetes | 무당버섯목 Russulales | 무당버섯과 Russulaceae | 무당버섯속 Russula

🔴 백색을 띠는 주름살

**형태적 특징**   노랑무당버섯의 갓은 지름이 3~9㎝ 정도로 어릴 때는 반구형이나 성장하면서 편평해지며, 포자를 퍼뜨릴 시기가 되면 갓의 끝 부위는 위로 올라간다. 갓 표면은 매끄럽고, 선황색이며 건성이고, 융단 모양이다. 주름살은 떨어진주름살형 또는 끝붙은주름살형이고, 약간 빽빽하며, 백색이다. 대의 길이는 3~8㎝ 정도이며, 위아래 굵기가 비슷하며, 표면은 분질상이고, 갓과 같은 색이거나 다소 연한 색을 띤다. 대의 속은 점차 비어 간다. 포자문은 백색이며, 포자 모양은 구형이다.

**발생 시기 및 장소**   여름부터 가을까지 혼합림 내 땅 위에 홀로 발생하는 외생균근성 버섯이다.

**식용 가능 여부**   식용 여부는 알려져 있지 않다.

**분포**   한국, 동아시아, 중국, 유럽, 북아메리카

# 당귀젖버섯
*Lactarius subzonarius* Hongo

담자균문 Basidiomycota | 주름버섯강 Agaricomycetes | 무당버섯목 Russulales |
무당버섯과 Russulaceae | 젖버섯속 Lactarius

○ 상처 시 소량의 맑은 유액이 나온다.

○ 노화된 자실체

○ 갈색을 띠며 무리지어 발생하는 자실체

**형태적 특징** 당귀젖버섯의 갓은 지름이 2~5㎝ 정도로 초기에는 둥근 산 모양이지만 성장하면 가운데가 오목편평한 모양에서 깔때기 모양으로 되며, 가장자리는 물결 모양으로 안으로 말린다. 갓 표면은 연한 갈색과 갈색 고리 무늬가 교대로 나 있다. 조직은 갈색이고, 건조하면 당귀 냄새가 난다. 유액은 백색이며, 맛은 없다. 주름살은 내린주름살형으로 약간 빽빽하고, 연한 홍색이며, 상처가 나면 백색의 유액이 분비되고 연한 갈색으로 변한다. 대의 길이는 2~3㎝ 정도이며, 위아래 굵기가 같고, 속은 해면상이다. 표면은 적갈색이며, 아래쪽에는 연한 황갈색의 거친 털이 있다. 포자문은 연한 황색이며, 포자 모양은 유구형이다.

**발생 시기 및 장소** 여름부터 가을에 혼합림 내 땅 위에 홀로 나거나 무리지어 발생하며, 외생균근성 버섯이다.

**식용 가능 여부** 식용 여부는 알려져 있지 않다.

**분포** 한국, 일본

**참고** 당귀 냄새가 나고, 유액은 갈색으로 변한다.

# 덧부치버섯

*Asterophora lycoperdoides* (Bull.) Ditmar

담자균문 Basidiomycota | 주름버섯강 Agaricomycetes | 주름버섯목 Agaricales |
만가닥버섯과 Lyophyllaceae | 덧부치버섯속 Asterophora

◉ 애기무당버섯 자실체에 발생한 어린 갓

◉ 절구버섯 갓에 발생한 덧부치버섯

◉ 갓의 상단부는 분질상이다.

**형태적 특징** 덧부치버섯의 갓은 지름이 1~3cm 정도이며, 처음에는 반구형이며 갓 끝이 안쪽으로 말려 있으나 성장하면서 끝이 펴진다. 갓의 표면은 처음에 백색의 후막포자가 분질물의 형태를 이루고 있으나 후막포자가 성숙하면 갈색으로 변한다. 주름살은 완전붙은주름살형이며, 성글고, 두꺼우며, 백색에서 황백색으로 된다. 대는 1~5cm 정도이며 원통형이고, 위아래 굵기가 비슷하며 굽어 있다. 초기에는 속이 차 있으나 성장하면서 속이 비며, 표면은 백색이다. 포자문은 백색이며, 포자 모양은 오이씨 모양이다.

**발생 시기 및 장소** 여름부터 가을 사이에 젖버섯, 애기무당버섯, 절구버섯 등의 자실체 위에 기생한다.

**식용 가능 여부** 식용 여부는 알려져 있지 않다.

**분포** 한국, 북반구 온대 이북

**참고** 갓과 주름살에 후막포자가 덮여 있으며, 젖버섯 등에 기생한다.

◐ 덧부치버섯에 감염된 절구버섯

◐ 다른 자실체 위에 기생하는 덧부치버섯

◐ 분질상은 별 모양의 후막포자를 형성한다.

◐ 덧부치버섯의 자실체가 발생하기 이전 상태의 애기무당버섯

✪ 절구버섯의 주름살에 발생한 덧부치버섯

# 복분자버섯

*Annulohypoxylon truncatum* (Starbäck) Y.M. Ju, J.D. Rogers & H.M. Hsieh

자낭균문 Ascomycot | 동충하초강 Sordariomycetes | 콩꼬투리버섯목 Xylariales |
콩꼬투리버섯과 Xylariaceae | 복분자버섯속 Annulohypoxylon

◐ 자실체는 성숙하면 오디와 유사한 자좌가 있다.

**형태적 특징**  복분자버섯은 지름이 0.5~1㎝ 정도이고, 구형 또는 반구형이다. 표면은 오디처럼 생겼으며, 검은색을 띠고, 기주에서 쉽게 분리되지 않는다. 자낭포자는 불규칙한 타원형이며, 흑갈색이다.

**발생 시기 및 장소**  활엽수의 가지나 고목에서 목재를 썩히며 무리지어 발생한다.

**식용 가능 여부**  식용 여부는 알려져 있지 않다.

**분포**  한국, 일본, 유럽, 북아메리카

**참고**  버섯은 작고 검은색이며 나무에 잘 부착되어 있어 표피가 썩은 것으로 착각하기 쉽다.

◐ 매우 작고 원형인 관공

# 붉은말뚝버섯

*Phallus rugulosus* Lloyd

담자균문 Basidiomycota | 주름버섯강 Agaricomycetes | 말뚝버섯목 Phallales |
말뚝버섯과 Phallaceae | 말뚝버섯속 Phallus

○ 흑갈색의 점액에 포자를 가지고 있는 자실체

**형태적 특징**　붉은말뚝버섯의 자실체는 어릴 때 백색의 알 속에 싸여 있다. 알의 크기는 2~3㎝ 정도이며, 백색 또는 연한 자색을 띤다. 자실체가 성숙하면 머리와 대가 나와 높이 10~15㎝ 정도가 된다. 머리는 대의 위쪽에 있는데 1~3㎝ 정도이며, 긴 종 모양이고 짙은 적갈색이며, 표면은 위아래로 주름이 있으며, 그 속에 검은 적색의 기본체가 있고, 흑갈색의 점액이 나오는데 심한 악취가 난다. 대의 기부는 백색이고, 위쪽은 분홍색 또는 흑갈색이며, 원통형이다. 대의 속은 비어 있으며, 표면에는 그물 모양으로 홈이 파여 있다. 기부에는 대주머니가 있다. 포자는 긴 타원형이다.

**발생 시기 및 장소**　여름부터 가을까지 산림 내 부식질이 많은 땅 위, 활엽수의 그루터기 등에 홀로 나거나 무리지어 발생하며, 부생생활을 한다.

**식용 가능 여부**　식용 여부는 알려져 있지 않다.

**분포**　한국, 대만, 동남아시아

○ 백색의 알에서 나온 자실체

○ 백색의 알이 무리지어 있다.

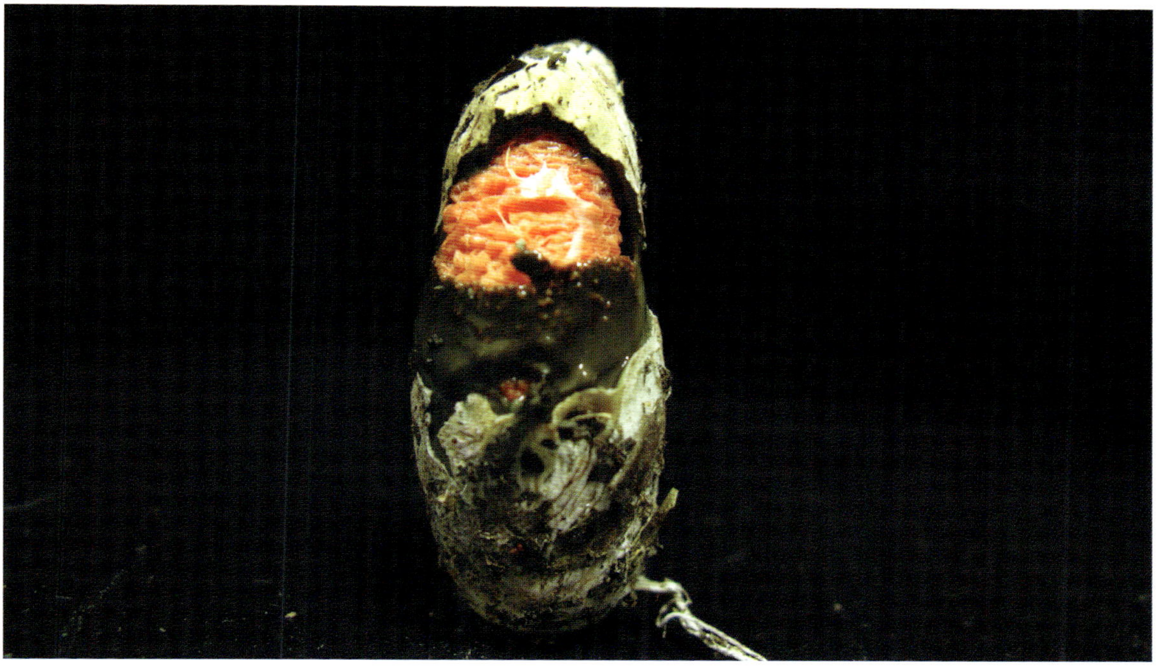

○ 알 속에 있는 어린 자실체

○ 긴 종 모양의 짙은 적갈색의 갓

# 살쾡이버섯

*Phellodon melaleucus* (Sw. ex Fr.) P. Karst.

담자균문 Basidiomycota | 주름버섯강 Agaricomycetes | 사마귀버섯목 Thelephorales |
노루털버섯과 Bankeraceae | 살쾡이버섯속 Phellodon

◐ 가죽처럼 질긴 자실체

◐ 자실층은 짧은 침상 돌기로 이루어져 있다.

◐ 갓은 회자색이며 끝은 백색을 띤다.

**형태적 특징**  살쾡이버섯 갓의 지름은 2~5cm 정도이며, 부정원형 또는 오목편평형이다. 갓 표면은 매끄럽고, 비단상 광택이 있으며, 회자색 또는 흑색이나 갓 둘레는 백색이다. 조직은 얇고 가죽질이며, 적자색 또는 흑색이다. 자실층의 침상 돌기는 0.05~0.1cm 정도이며, 처음에는 백색이나 점차 회자색이 된다. 대의 길이는 1~2cm 정도로 위쪽이 굵고, 표면은 매끄럽고 흑색이다. 포자문은 백색이며, 포자 모양은 구형이다.

**발생 시기 및 장소**  여름과 가을에 침엽수, 혼합림 내 땅 위에 무리지어 나거나 홀로 발생한다.

**식용 가능 여부**  식용 여부는 알려져 있지 않다.

**분포**  한국, 일본, 유럽, 북아메리카

# 삼색도장버섯

*Daedaleopsis tricolor* (Bull.) Bondartsev & Singer

담자균문 Basidiomycota | 주름버섯강 Agaricomycetes | 구멍장이버섯목 Polyporales |
구멍장이버섯과 Polyporaceae | 도장버섯속 Daedaleopsis

◐ 가죽처럼 질긴 조직을 가지고 있다.

◐ 포자 형성층인 갓 아랫면

◐ 자실층은 방사상으로 배열된 주름상이다.

**형태적 특징**  삼색도장버섯의 갓은 지름이 2~8㎝이며, 두께는 0.5~0.8㎝ 정도이고, 반원형 또는 편평한 조개껍데기 모양이다. 갓 표면은 흑갈색이나 다갈색 또는 자갈색 등의 좁은 고리 무늬와 방사상의 미세한 주름이 있다. 조직은 회백색 또는 백황색이며, 가죽처럼 질기다. 갓 밑면의 자실층은 방사상으로 배열된 주름상이며, 주름살날은 불규칙한 톱니 모양이고, 처음에는 회백색이나 점차 회갈색으로 된다. 대는 없고, 갓의 한 끝이 기주에 부착되어 있다. 포자문은 백색이고, 포자 모양은 원통형이다.

**발생 시기 및 장소**  1년 내내 고목이나 죽은 나무에 무리지어 발생하며, 부생생활로 목재를 썩힌다. 여러 개가 기왓장 모양으로 겹쳐서 발생한다.

**식용 가능 여부**  목재부후균으로 목재를 분해하여 자연으로 환원시킨다. 견고성이 없고 작아서 식용 가치가 없다.

**분포**  한국, 전 세계

**참고**  북한명은 밤색주름조개버섯이다. 관공이 주름살 형태이지만 구멍장이버섯과에 속한다.

◐ 웃자라서 자실층이 주름상으로 길게 내려온다.

○ 갓이 흑갈색을 띤 미세한 주름이 있는 자실체

○ 복생하는 자실체

# 솔방울털버섯

*Auriscalpium vulgare* Gray

담자균문 Basidiomycota | 주름버섯강 Agaricomycetes | 무당버섯목 Russulales |
솔방울털버섯과 Auriscalpiaceae | 솔방울털버섯속 Auriscalpium

○ 자실층은 침 모양이다.

○ 갓 표면에 갈색의 털이 덮여 있다.

**형태적 특징**　솔방울털버섯 갓의 지름은 1~3㎝ 정도이고, 신장형으로 측면에 대가 있다. 표면은 진한 갈색 바탕에 갈색의 털이 덮여 있으며, 조직은 단단하고, 밝은 갈색을 띤다. 자실층은 침상 돌기형이고, 길이가 0.1~0.4㎝ 정도이며, 초기에는 백색이지만 성장하면서 담갈색 또는 회갈색으로 변한다. 대의 길이는 2~5㎝ 정도이며, 진한 갈색이고, 미세한 털이 전체에 덮여 있다.

**발생 시기 및 장소**　여름부터 가을에 땅에 떨어진 솔방울 위에 한두 개씩 발생한다.

**식용 가능 여부**　식용 여부는 알려져 있지 않다.

**분포**　한국, 전 세계

**참고**　제주도에서는 솔방울과 삼나무 열매에서도 발생했다는 기록이 있다.

○ 신장형의 갓

○ 자실층은 침상 돌기형

# 신알광대버섯
*Amanita neo-ovoidea* Hongo

담자균문 Basidiomycota | 주름버섯강 Agaricomycetes | 주름버섯목 Agaricales |
광대버섯과 Amanitaceae | 광대버섯속 Amanita

**형태적 특징**  신알광대버섯의 갓은 지름이 8~15㎝ 정도로 처음에는 구형이나 성장하면서 반구형을 거쳐 오목편평형이 된다. 갓 표면은 백색으로 분말상이나 후에 연한 황갈색의 외피막 흔적이 큰 인편으로 갓 위에 펼쳐지고, 갓 끝에는 내피막의 흔적이 남아 있다. 조직은 백색이나 상처를 주면 황색으로 변색된다. 주름살은 떨어진주름살형이고, 빽빽하며, 백색 또는 연한 황색이다. 대의 길이는 10~20㎝ 정도이며, 백색의 분질상 턱받이 흔적이 있다. 대 아래는 황색의 사마귀 모양의 인편이 붙어 있고, 속은 차 있다. 포자문은 백색이고, 포자 모양은 타원형이다.

**발생 시기 및 장소**  여름부터 가을에 활엽수림, 침엽수림의 지상에 홀로 나거나 무리지어 발생한다.

**식용 가능 여부**  식용 여부는 알려져 있지 않다.

**분포**  한국, 일본

◉ 알 모양의 어린 자실체

◉ 백색의 턱받이 흔적이 있는 대

○ 어린 자실체

○ 외피막 흔적이 남아있는 자실체

○ 큰 인편의 외피막 흔적이 갓 위에 나타난 자실체

○ 갓 끝에 있는 내피막의 잔유물

◉ 백색 분말로 덮인 어린 자실체 　　　　　　　　◉ 대에서 떨어진주름살로 빽빽한 주름살

◉ 무리지어 발생하는 자실체

# 용종버섯
*Polypus dispansus* (Lloyd) Audet

담자균문 Basidiomycota | 주름버섯강 Agaricomycetes | 무당버섯목 Russulales |
미확정과 Incertae sedis | 용종버섯속 Polypus

◯ 작은 갓이 모여서 부채형을 이루는 자실체

◯ 매우 작고 원형인 관공

**형태적 특징**　용종버섯은 높이 5~15㎝, 너비 5~15㎝ 정도의 잎새버섯형이다. 작은 잎 모양의 갓이 수없이 집합하여 부채형 또는 반원형을 이루고 있다. 표면은 황색이고, 미세한 인편이 있고, 갓 끝은 불규칙한 파도형이다. 관공은 길이 0.1㎝ 정도로 백색이고, 관공구는 매우 작고, 원형 또는 부정형이다. 대는 짧고 뭉툭하며, 회황색이고, 갈라져 있거나 불규칙한 홈이 있다. 포자문은 백색이며, 포자 모양은 구형이다.

**발생 시기 및 장소**　늦여름부터 가을까지 혼합림 내 땅 위에 홀로 나거나 무리지어 발생한다.

**식용 가능 여부**　식용 여부는 알려져 있지 않다.

**분포**　한국, 일본, 북아메리카

# 이끼버섯

*Rickenella fibula* (Bull.) Raithelh.

담자균문 Basidiomycota | 주름버섯강 Agaricomycetes | 소나무비늘버섯목 Hymenochaetales |
이끼버섯과 Repetobasidiaceae | 이끼버섯속 Rickenella

◯ 긴 대를 갖는다. ◯ 자실층은 내린주름살

**형태적 특징**   이끼버섯의 갓은 지름이 0.4~1.5㎝ 정도로 처음에는 종형 또는 반구형이나 성장하면서 가운데가 오목한 편평형이 된다. 갓 표면은 등황색 또는 등황적색이며, 가운데는 진한 색을 띠고, 가장자리는 연한 색을 띤다. 갓 가장자리는 성숙하면 파상형의 무늬가 나타나며, 건조하면 건성이나 습하면 점성이 있고, 반투명선이 나타난다. 주름살은 내린주름살형이고, 성기고, 연한 황색이다. 조직은 연약해서 쉽게 부서진다. 대의 길이는 2~5㎝ 정도이며, 연한 황색을 띠고, 속은 비어 있다. 포자문은 백색이며, 포자 모양은 긴 타원형이다.

**발생 시기 및 장소**   봄부터 가을 사이에 숲 속이나, 정원 등 이끼가 많은 곳에 홀로 또는 무리지어 발생한다.

**식용 가능 여부**   식용 여부는 알려져 있지 않다.

**분포**   한국, 북반구 온대

**참고**   매우 아름다운 버섯 중 하나이며, 이끼가 잘 자라는 환경에서 볼 수 있는 버섯이다.

◐ 갓 중앙부는 오목해진다.

◐ 가운데는 진한 색을 띠고, 가장자리는 연한 색을 띠는 갓

◐ 갓 표면에 나타난 반투명 홈선

◐ 성근 주름살

◐ 파상형의 갓

◐ 연한 황색의 대

○ 등황색의 갓

○ 이끼와 공생하는 자실체

# 장미자색구멍버섯
*Abundisporus roseoalbus* (Jungh.) Ryvarden

담자균문 Basidiomycota | 주름버섯강 Agaricomycetes | 구멍장이버섯목 Polyporales |
구멍장이버섯과 Polyporaceae | 자색구멍버섯속 Abundisporus

◯ 활엽수의 고목에 발생한 자실체

◯ 대가 없고 기주에 부착한다.

**형태적 특징** 장미자색구멍버섯은 갓이 5~10㎝, 높이가 5~8㎝ 정도이고, 표면은 회갈색 또는 자홍색이며, 동심원상 둥근 무늬가 있다. 갓 둘레의 성장 부위는 연한 분홍색을 띠며, 조직은 단단한 코르크질이다. 대는 없고 기주에 붙어 생활한다. 관공은 원형 또는 타원형이며, 연한 자주색 또는 연분홍색을 띠고, 관공구는 0.1㎝에 1~3개가 있다. 포자문은 백색이고, 포자 모양은 원통형이다.

**발생 시기 및 장소** 여름부터 가을까지 활엽수의 고목 껍질에 무리지어 발생하며, 부생 생활로 목재를 썩힌다.

**식용 가능 여부** 식용 여부는 알려져 있지 않다.

**분포** 한국, 전 세계

◯ 코르크질의 단단한 조직을 가진 자실체

◯ 관공은 연한 자색을 띤다.

# 접시버섯

*Scutellinia scutellata* (L.) Lamb.

자낭균문 Ascomycota | 주발버섯강 Pezizomycetes | 주발버섯목 Pezizales |
털접시버섯과 Pyronemataceae | 접시버섯속 Scutellinia

❂ 가장자리에 속눈썹 같은 털을 가지고 있는 자실체

**형태적 특징** 접시버섯의 자실체는 지름이 0.5~1㎝의 작은 접시 모양이며, 조직은 부드럽고 두께는 0.1㎝ 정도이다. 버섯의 아랫면은 밝은 주홍색이고, 가장자리에는 흑갈색의 속눈썹 같은 뻣뻣한 털이 있다. 대는 없다. 포자문은 백색이며, 포자 모양은 긴 타원형이다.

**발생 시기 및 장소** 여름부터 가을까지 썩은 나무, 쓰러진 나무 또는 부식질이 많은 땅 위에 무리지어 발생한다.

**식용 가능 여부** 식용 여부는 알려져 있지 않다.

**분포** 한국, 전 세계

**참고** 자낭균류로 버섯(자낭반)의 가장자리 주위에 속눈썹 같은 검은 털이 있다.

# 제주쓴맛그물버섯

*Tylopilus neofelleus* Hongo

담자균문 Basidiomycota | 주름버섯강 Agaricomycetes | 그물버섯목 Boletales |
그물버섯과 Boletaceae | 쓴맛그물버섯속 Tylopilus

◉ 대 아래쪽이 굵고 자홍갈색을 띤다.

◉ 아래쪽이 굵고 갓과 같은 색인 대

◉ 갓 표면이 융단상인 자실체

**형태적 특징** 제주쓴맛그물버섯의 갓은 지름이 5~11㎝ 정도로 처음에는 반구형이나 성장하면서 편평형이 된다. 갓 표면은 약간 융단상이며, 자갈색 또는 자홍갈색을 띤다. 조직은 두껍고 단단하며, 백색이고, 맛은 아주 쓰다. 관공은 끝붙은관공형 또는 떨어진관공형이고, 처음에는 백색이나 성장하면서 연한 분홍색이 된다. 관공구는 다각형이고 처음에는 연한 분홍색 또는 자주색을 띤다. 대의 길이는 4~10㎝ 정도이며, 아래쪽이 굵고 갓과 같은 색이다. 대 위쪽에는 망목형의 선이 있고, 조직은 백색이다. 포자문은 연한 분홍색이며, 포자 모양은 타원형이다.

**발생 시기 및 장소** 여름부터 가을 사이에 혼합림의 땅 위에 홀로 발생하며, 부생생활을 한다.

**식용 가능 여부** 식용 여부는 알려져 있지 않으나 쓴맛이 강하므로 먹는 사람은 없다.

**분포** 한국, 일본, 오스트레일리아

◐ 반구형의 갓

◐ 홍갈색의 갓 표면

◐ 연한 분홍색을 띤 관공

◐ 두껍고 단단한 조직

◉ 융단상의 갓 표면

◉ 백색의 조직

◉ 대의 상단부에 방목형의 선이 있다.

◉ 관공은 처음에는 백색이나 포자가 성장하면 연분홍색을 띤다.

# 좀노란밤그물버섯

*Boletellus obscurecoccineus* (Höhn.) Singer

담자균문 Basidiomycota | 주름버섯강 Agaricomycetes | 그물버섯목 Boletales |
그물버섯과 Boletaceae | 밤그물버섯속 Boletellus

❂ 갓 표면에 솜털상 인편이 있다.

❂ 반구형의 갓

❂ 관공은 연황색 또는 녹황색을 띤다.

> **형태적 특징** 좀노란밤그물버섯의 갓은 지름이 3~7㎝ 정도로 처음에는 반반구형이나 성장하면서 편평형이 된다. 갓 표면은 미세한 솜털상 또는 미세한 인편으로 가늘게 갈라져 있으며, 자홍색 또는 적등색이다. 조직은 연한 황색인데 상처가 생기면 약간 청색으로 변하며, 쓴맛이 난다. 관공은 떨어진관공형이고, 연한 황색 또는 녹황색이다. 관공구는 약간 다각형이며, 황색이다. 대의 길이는 3~13㎝ 정도이며, 위아래 굵기가 비슷하거나 아래쪽이 다소 굵다. 대의 표면에 섬유질의 세로선이 있고, 종종 위쪽에 비듬상 인편이 빽빽하게 분포되어 있으며, 백색 또는 분홍색을 띠고, 기부에는 백색 균사가 있다. 포자문은 녹갈색이며, 포자 모양은 긴 타원형이다.

> **발생 시기 및 장소** 여름부터 가을 사이에 활엽수림, 침엽수림 내 땅 위에 홀로 발생하며, 부생생활을 한다.

> **식용 가능 여부** 식용 여부는 알려져 있지 않다.

> **분포** 한국, 일본, 오스트레일리아, 아프리카

# 종버섯

*Conocybe tenera* (Schaeff.) Fayod

담자균문 Basidiomycota | 주름버섯강 Agaricomycetes | 주름버섯목 Agaricales |
소똥버섯과 Bolbitiaceae | 종버섯속 Conocybe

🔴 부식질이 많은 토양에 발생

🔴 원주형의 갓을 가진 자실체

🔴 주름살은 갈색을 띤다.

**형태적 특징** 종버섯의 갓은 지름이 2~4㎝ 정도로 원추형이거나 종형이며, 황토색을 띤다. 갓 표면은 매끄럽고, 습하면 반투명선이 나타나고, 건조하면 색이 변하는 현상이 일어나서 연한 황색으로 된다. 조직은 거의 없으며 쉽게 부서진다. 주름살은 끝붙은주름살형으로 조금 빽빽하며, 초기에는 백색이나 점차 갈색이 된다. 대의 길이는 5~9㎝ 정도이며, 가늘고 길며, 위아래 굵기는 비슷하다. 대 표면에는 세로줄 모양의 분질물이 있으며, 백색 또는 연한 갈색을 띠며, 속이 비어 있어서 쉽게 부러진다. 포자문은 연한 황갈색이며, 포자 모양은 타원형이다.

**발생 시기 및 장소** 여름부터 가을 사이에 잔디밭, 길가, 풀밭 등에 홀로 또는 흩어져 발생한다.

**식용 가능 여부** 식용 여부는 알려져 있지 않다.

**분포** 한국, 전 세계

# 찐빵버섯

*Kobayasia nipponica* (Kobayasi) S. Imai & A. Kawam.

담자균문 Basidiomycota | 주름버섯강 Agaricomycetes | 말뚝버섯목 Phallales |
말뚝버섯과 Phallaceae | 찐빵버섯속 Kobayasia

**형태적 특징**   찐빵버섯의 자실체는 지름이 3~7㎝ 정도이며, 위쪽이 눌린 공 모양이고 표면은 연한 회백색의 얇은 외피로 덮여 있으며 기부의 한쪽 끝에서 뿌리를 내린다. 내부의 기본체는 중심부에서 방사상으로 늘어진 타원형 구획으로 갈라져 그 사이에 젤라틴질이 차 있으나, 액화 후 중심부는 비게 된다. 타원형의 기본체는 검은 녹색의 연골질이며, 자실층은 기본체의 작은 방 내벽에 형성된다. 포자는 검은 녹색이며, 타원형이다.

**발생 시기 및 장소**   여름부터 가을에 활엽수림의 땅 위에 홀로 발생하며, 부생생활을 한다.

**식용 가능 여부**   식용 여부는 알려져 있지 않다.

**분포**   한국, 일본

**참고**   자실체를 자르면 올리브색을 띤 창자 모양의 기본체가 부정형으로 나열되어 있는 것이 특징이다.

◎ 하부에 뿌리 모양의 균사가 있다.

○ 내부에는 젤라틴이 있고 기본체는 녹색의 방이 있다.

○ 포자는 녹색의 방 벽에 형성된다.

# 치마버섯

*Schizophyllum commune* Fr.

담자균문 Basidiomycota | 주름버섯강 Agaricomycetes | 주름버섯목 Agaricales |
치마버섯과 Schizophyllaceae | 치마버섯속 Schizophyllum

➊ 갓 표면에 거친 털이 나 있다.

➊ 대는 없고 갓의 일부가 기주에 부착하여 생활

➊ 갓 끝이 모두 갈라진 오래된 자실체

**형태적 특징** 치마버섯의 갓은 지름이 1~3㎝ 정도로 부채형 또는 치마 모양이며, 표면은 백색, 회색 또는 회갈색의 거친 털이 빽빽이 나 있으며, 갓 둘레는 주름살의 수만큼 갈라져 있다. 조직은 가죽처럼 질기고, 건조하면 움츠러들지만 비가 와서 물을 많이 먹으면 회복된다. 주름살은 백색 또는 회백색을 띠며, 주름살 끝은 부드럽고 이중으로 이루어져 있다. 대는 없고 갓의 일부가 기주에 부착한 상태로 생활한다. 포자문은 백황색이고, 포자 모양은 원통형이다.

**발생 시기 및 장소** 사계절 내내 고사목 또는 살아 있는 나무껍질 등에 무리지어 나거나 겹쳐서 발생하며, 나무를 분해하는 부후성 버섯이다.

**식용 가능 여부** 식용 여부는 알려져 있지 않으며 항종양제의 약용으로 이용하는 경우는 있다.

**분포** 한국, 전 세계

**참고** 중국 윈난성 지방에서는 건강에 매우 좋아 '백삼'이라 부른다.

● 털이 빽빽하게 나 있는 갓 표면　　　　● 부드럽고 이중으로 주어진 주름살 끝

● 대는 거의 없고 갓의 일부가 대에 부착한다.　　　● 조직은 가죽질로 딱딱하다.

● 회백색의 주름살

● 건조한 자실체는 움츠러들고 비가 오면 다시 펼쳐진다.

● 주름살은 이중으로 이루어져 있고 습하면 갈라져서 포자를 비산한다.

# 콩버섯

*Daldinia concentrica* (Bolton) Ces. & De Not.

자낭균문 Ascomycota | 동충하초강 Sordariomycetes | 콩꼬투리버섯목 Xylariales |
콩꼬투리버섯과 Xylariaceae | 콩버섯속 Daldinia

**형태적 특징** 콩버섯은 지름이 1~2㎝ 정도이고, 구형 또는 반구형이며, 불규칙한 혹 모양이고, 여러 개가 모여서 크게 뭉쳐지기도 한다. 표면은 흑갈색 또는 검은색이며, 목탄질로 단단하고, 포자가 방출되면 흑색의 포자로 덮이게 된다. 안쪽은 회갈색 또는 어두운 갈색이고, 미세한 선이 보이는 섬유질이며, 나이테 모양의 검은 환 무늬가 있다. 자낭포자는 넓은 타원형이다.

○ 딱딱한 콩 모양의 어린 자실체

**발생 시기 및 장소** 여름에서 가을까지 활엽수의 고목이나 그루터기에서 목재를 썩히며 무리지어 발생한다.

**식용 가능 여부** 식용 여부는 알려져 있지 않다.

**분포** 한국, 전 세계

**참고** 콩버섯의 종단면을 보면 여러 개의 환 무늬가 있다.

○ 목탄질로 포자를 비산한 노숙한 자실체

◯ 표면에 검은색의 포자가 있는 자실체

◯ 불규칙한 혹 모양의 자실체

◯ 목탄질의 오래된 버섯

◯ 오래되어 잡균에 오염된 자실체

◯ 포자는 검은색을 띤다.

◯ 쪼개면 나이테 모양의 환문이 있다.

콩버섯

# 털가죽버섯

*Crinipellis scabella* (Alb. & Schwein.) Murrill

담자균문 Basidiomycota | 주름버섯강 Agaricomycetes | 주름버섯목 Agaricales |
낙엽버섯과 Marasmiaceae | 털가죽버섯속 Crinipellis

**형태적 특징**　털가죽버섯 갓의 지름은 0.7~1.4㎝ 정도이며, 초기에는 반구형이나 성장하면서 볼록평반구형이 된다. 갓 표면은 건성이고, 중앙부에는 진한 갈색의 털이 있으며, 갓 둘레는 광택이 있는 갈색 털이 환문을 이루고 있다. 주름살은 백색으로 떨어진주름살형이다. 대의 길이는 2~4.5㎝, 굵기는 9.1㎝ 정도이며, 어두운 갈색이고, 짧은 털로 덮여 있다. 포자문은 백색이며, 포자 모양은 난형이다.

**발생 시기 및 장소**　봄에서 가을 사이에 초원, 정원의 화본과 식물의 줄기 등에 홀로 나거나 무리지어 발생한다.

**식용 가능 여부**　식용 여부는 알려져 있지 않다.

**분포**　한국, 북반구 일대

❶ 갓 중앙부에는 진한 갈색의 털이 있고 갓 둘레는 환문을 이룬다.

◐ 주름살은 떨어진주름살형

◐ 화본과 식물의 줄기에 자생하는 자실체

# 톱니겨우살이버섯

*Coltricia cinnamomea* (Jacq.) Murrill

담자균문 Basidiomycota | 주름버섯강 Agaricomycetes | 소나무비늘버섯목 Hymenochaetales |
소나무비늘버섯과 Hymenochaetaceae | 겨우살이버섯속 Coltricia

**형태적 특징** 톱니겨우살이버섯의 갓은 지름이 3~5㎝ 정도이고, 버섯 높이는 2~5㎝ 정도이며, 깔때기형이다. 갓 표면은 적갈색 또는 황갈색이며, 방사상의 섬유 무늬와 둥근 무늬의 테두리가 있고, 광택이 난다. 갓 둘레는 톱니상이고, 조직은 얇고 가죽질이며, 적갈색을 띤다. 관공은 0.1~0.2㎝ 정도이며, 황갈색 또는 암갈색을 띤다. 관공구는 다각형이며, 0.1㎝ 내에 2~3개 정도가 있다. 대의 길이는 1~4㎝ 정도이며, 원통형이며, 가운데 있다. 대의 표면은 흑갈색이며, 기부는 다소 굵다. 포자문은 백색이며, 포자 모양은 타원형이다.

**발생 시기 및 장소** 여름과 가을에 침엽수가 많은 혼합림 내 땅 위에 무리지어 나거나 홀로 발생한다.

**식용 가능 여부** 식용 여부는 알려져 있지 않다.

**분포** 한국, 전 세계

○ 관공은 황갈색이며 관공구는 다각형이며 크다.

◐ 깔때기형의 자실체

◐ 둥근 무늬의 테두리가 있는 갓

◐ 방사상의 섬유 무늬가 있고 깔때기형을 이룬 자실체

# 흰애주름버섯

*Mycena alphitophora* (Berk.) Sacc.

담자균문 Basidiomycota | 주름버섯강 Agaricomycetes | 주름버섯목 Agaricales |
애주름버섯과 Mycenaceae | 애주름버섯속 Mycena

**형태적 특징** 흰애주름버섯의 갓은 지름이 0.5~1㎝ 정도로 처음에는 반구형 또는 반반구형이나 성장하면서 편평형으로 되며, 종종 갓 끝은 물결 모양을 이루거나 반전된다. 갓 표면은 백색이고, 백색 분말이 덮여 있으며, 방사상 홈선이 있다. 주름살은 끝붙은주름살형 또는 떨어진주름살형이고, 성글며 백색이다. 대의 길이는 2~4㎝ 정도이며, 가늘고 길며, 연약해서 쉽게 부러진다. 대의 속은 비어 있고, 표면에는 백색 분질물이 붙어 있으며 투명하다. 포자문은 백색이고, 포자 모양은 타원형이다.

**발생 시기 및 장소** 여름에 낙엽, 떨어진 가지, 썩은 뿌리 등에 홀로 또는 무리지어 발생한다.

**식용 가능 여부** 식용 여부는 알려져 있지 않다.

**분포** 한국, 동아시아, 유럽, 북아메리카

○ 분질물이 많고 연약해서 잘 부러지는 긴 대

○ 원형의 어린 갓

한국의 버섯도감

Part 6
# 고려시대부터 현재까지 기록된 버섯 목록

# 고려시대부터 현재까지 기록된 버섯 목록

 **유관버섯속**(Abortiporus) **아교버섯과**(Meruliaceae) **구멍장이버섯목**(Polyporales) **주름버섯강**(Agaricomycetes) **담자균문**(Basidiomycota)

*Abortiporus biennis* (Bull.) Singer 유관버섯

 **자색구멍버섯속**(Abundisporus) **구멍장이버섯과**(Polyporaceae) **구멍장이버섯목**(Polyporales) **주름버섯강**(Agaricomycetes) **담자균문**(Basidiomycota)

*Abundisporus fuscopurpureus* (Pers.) Ryvarden 자색구멍버섯
*Abundisporus roseoalbus* (Jungh.) Ryvarden 장미자색구멍버섯

 **주름버섯속**(Agaricus) **주름버섯과**(Agaricaceae) **주름버섯목**(Agaricales) **주름버섯강**(Agaricomycetes) **담자균문**(Basidiomycota)

*Agaricus abruptibulbus* Peck 등색주름버섯
*Agaricus arvensis* Schaeff. 흰주름버섯
*Agaricus augustus* Fr. 실비듬주름버섯
*Agaricus bisporus* Hongo 양송이
*Agaricus blazei* Murrill 신령주름버섯
*Agaricus campestris* L. 주름버섯
*Agaricus comtulus* Fr. 볼록주름버섯
*Agaricus diminutivus* Peck 꼬마주름버섯
*Agaricus impudicus* (Rea) Pilát 음란주름버섯
*Agaricus moelleri* Wasser 노란대주름버섯
*Agaricus placomyces* Peck 주름버섯아재비
*Agaricus purpurellus* (F. H. Møller) F. H. Møller 광양주름버섯
*Agaricus semotus* Fr. 대머리주름버섯
*Agaricus silvaticus* Schaeff. 숲주름버섯
*Agaricus silvicola* (Vittad.) Peck 담황색주름버섯
*Agaricus subfloccosus* (J. E. Lange) Hlaváček 장미주름버섯
*Agaricus subrufescens* Peck 붉은갓주름버섯
*Agaricus subrutilescens* (Kauffman) Hotson and D. E. Stuntz 진갈색주름버섯
*Agaricus urinascens* (Jul. Schaff & F. H. Møller) 낙엽송주름버섯

볏짚버섯속(Agrocybe) 포도버섯과(Strophariaceae) 주름버섯목(Agaricales) 주름버섯강(Agaricomycetes) 담자균문(Basidiomycota)

*Agrocybe arvalis* (Fr.) Singer 애기볏짚버섯

*Agrocybe cylindracea* (DC.) Gillet 버들볏집버섯

*Agrocybe erebia* (Fr.) Kühner ex Singer 보리볏짚버섯

*Agrocybe farinacea* (Pers.) Liberta 가루볏집버섯

*Agrocybe paludosa* (Mains) Mains 이끼볏짚버섯

*Agrocybe praecox* (Pers.) Fayod 볏짚버섯

*Agrocybe semiorbicularis* (Bull.) Fayod 황토볏짚버섯

*Agrocybe sphaleromorpha* (Bull.) Fayod 반구볏짚버섯

*Agrocybe vermiflua* (Peck) Watling 천사볏짚버섯

 흰가시동충하초속(Akanthomyces) 동충하초과(Cordycipitaceae) 동충하초목(Hypocreales) 동충하초강(Sordariomycetes) 자낭균문(Ascomycota)

*Akanthomyces aculeatus* Lebert 나방흰가시동충하초

 방패버섯속(Albatrellus) 방패버섯과(Albatrellaceae) 무당버섯목(Russulales) 주름버섯강(Agaricomycetes) 담자균문(Basidiomycota)

*Albatrellus caeruleoporus* (Peck) Pouzar 초록구멍장이버섯

*Albatrellus confluens* (Alb. & Schwein.) Kotl. & Pouzar 다발방패버섯

*Albatrellus yasudae* (Lloyd) Pouzar 회청색방패버섯

 들주발버섯속(Aleuria) 털접시버섯과(Pyronemataceae) 주발버섯목(Pezizales) 주발버섯강(Pezizomycetes) 자낭균문(Ascomycota)

*Aleuria aurantia* (Pers.) Fuckel 들주발버섯

 원반고약버섯속(Aleurodiscus) 꽃구름버섯과(Stereaceae) 무당버섯목(Russulales) 주름버섯강(Agaricomycetes) 담자균문(Basidiomycota)

*Aleurodiscus cerussatus* (Bres.) Höhn. and Litsch. 큰원반고약버섯

 광대버섯속(Amanita) 광대버섯과(Amanitaceae) 주름버섯목(Agaricales) 주름버섯강(Agaricomycetes) 담자균문(Basidiomycota)

*Amanita abrupta* Peck 비탈광대버섯

*Amanita alboflavescens* Hongo 백황색광대버섯

*Amanita aureofarinosa* D. H. Cho 노란가루광대버섯

*Amanita castanopsidis* Hongo 흰오뚜기광대버섯

*Amanita ceciliae* (Berk. and Broome) Bas 점박이광대버섯

*Amanita cheelii* P.M. Kirk 큰우산광대버섯
*Amanita citrina* S. F. Gray 애광대버섯
*Amanita crocea* (Quél.) Singer 황색주머니우산버섯
*Amanita curtipes* E.-J. Gilbert 화성알광대버섯
*Amanita echinocephala* (Vittad.) Quél. 흰돌기광대버섯
*Amanita eijii* Zhu L. Yang 흰거스러미광대버섯
*Amanita esculenta* (Pers.) Fr. 맛광대버섯
*Amanita excelsa* (Fr.) P. Kumm. 방추광대버섯
*Amanita farinosa* Schwein. 애우산광대버섯
*Amanita flavipes* S. Imai 노란대광대버섯
*Amanita franchetii* (Boud.) Fayod 누더기광대버섯
*Amanita fuliginea* Hongo 회흑색광대버섯
*Amanita fulva* Fr. 고동색광대버섯
*Amanita gemmata* (Fr.) Bertillon 탐라광대버섯
*Amanita griseofarinosa* Hongo 잿빛가루광대버섯
*Amanita gymnopus* Corner & Bas 구근광대버섯
*Amanita hemibapha* (Berk. and Broome) Sacc. 달걀버섯
*Amanita japonica* Henn. 긴뿌리광대버섯
*Amanita javanica* (Corner & Bas) T. Oda, C. Tanaka & Tsuda 노란달걀버섯
*Amanita longistriata* S. Imai 긴골광대버섯아재비
*Amanita lutescens* Hongo 회색가시광대버섯
*Amanita melleiceps* Hongo 파리버섯
*Amanita modesta* Corner & Bas 회색광대버섯
*Amanita multisquamosa* Peck 비듬마귀광대버섯
*Amanita muscaria* (L.) Lam. 광대버섯
*Amanita neo-ovoidea* Hongo 신알광대버섯
*Amanita nivalis* Grev. 흰우산광대버섯
*Amanita oberwinklerana* Zhu L. Yang & Yoshim. Doi 흰알광대버섯아재비
*Amanita pallidorosea* P. Zhang & Zhu L. Yang 장미광대버섯
*Amanita pantherina* (DC.) Krombh. 마귀광대버섯
*Amanita phalloides* (Vaill. exFr.) Link 알광대버섯
*Amanita porphyria* Alb. & Schwein. 암회색광대버섯
*Amanita pseudogemmata* Hongo 선홀광대버섯
*Amanita pseudoporphyria* Hongo 암회색광대버섯아재비
*Amanita regalis* (Fr.) Michael 광대버섯아재비
*Amanita rimosa* P. Zhang & Zhu L. Yang 흰용문광대버섯
*Amanita rubescens* Pers. 붉은점박이광대버섯

*Amanita rubrovolvata* S. Imai 붉은주머니광대버섯
*Amanita rufoferruginea* Hongo 암적색광대버섯
*Amanita similis* Boedijn 회색달걀버섯
*Amanita spissacea* S. Imai 뱀껍질광대버섯
*Amanita spreta* (Peck) Sacc. 턱받이광대버섯
*Amanita strobiliformis* (Paulet ex Vittad.) Bertill. 뿌리광대버섯
*Amanita subjunquillea* S. Imai 개나리광대버섯
*Amanita sychnopyramis* Corner & Bas 구슬광대버섯
*Amanita vaginata* (Bull.) Lam. 우산광대버섯
*Amanita velutipes* G. F. Atk 마귀광대버섯아재비
*Amanita verna* (Bull.) Lam. 흰알광대버섯
*Amanita virgineoides* Bas 흰가시광대버섯
*Amanita virosa* (Fr.) Bertill 독우산광대버섯
*Amanita volvata* (Peck) Lloyd 큰주머니광대버섯

---

털고약버섯속(Amphinema) 부후고약버섯과(Atheliaceae) 부후고약버섯목(Atheliales)
주름버섯강(Agaricomycetes) 담자균문(Basidiomycota)

*Amphinema byssoides* (Pers.) J. Erikss. 털고약버섯

---

연기버섯속(Ampulloclitocybe) 벚꽃버섯과(Hygrophoraceae) 주름버섯목(Agaricales)
주름버섯강(Agaricomycetes) 담자균문(Basidiomycota)

*Ampulloclitocybe avellaneoalba* (Murrill) Harmaja 깔때기연기버섯
*Ampulloclitocybe clavipes* (Pers.) Redhead, Lutzoni, Moncalvo & Vilgalys 배불뚝이연기버섯

---

복분자버섯속(Annulohypoxylon) 콩꼬투리버섯과(Xylariaceae) 콩꼬투리버섯목(Xylariales)
동충하초강(Sordariomycetes) 자낭균문(Ascomycota)

*Annulohypoxylon truncatum* (Starbäck) Y.M. Ju, J.D. Rogers & H.M. Hsieh 복분자버섯(개칭)

---

짚시버섯속(Anthracophyllum) 유색고약버섯과(Phanerochaetaceae) 구멍장이버섯목(Polyporales)
주름버섯강(Agaricomycetes) 담자균문(Basidiomycota)

*Anthracophyllum nigritum* (Lév.) Kalchbr. 꼬마짚시버섯

---

주름구멍버섯속(Antrodia) 잔나비버섯과(Fomitopsidaceae) 구멍장이버섯목(Polyporales)
주름버섯강(Agaricomycetes) 담자균문(Basidiomycota)

*Antrodia albida* (Fr.) Donk 흰주름구멍버섯
*Antrodia crassa* (Lév.) Boidin 회주름구멍버섯
*Antrodia heteromorpha* (Fr.) Donk 그물주름구멍버섯

*Antrodia malicola* (Berk. and M. A. Curtis) Donk 사과주름구멍버섯
*Antrodia serialis* (Fr.) Donk 층주름구멍버섯
*Antrodia sinuosa* (Fr.) P. Karst. 좀털주름구멍버섯
*Antrodia xantha* (Fr.) Ryvarden 유황주름구멍버섯

아교구멍버섯속(Antrodiella) 유색고약버섯과(Phanerochaetaceae) 구멍장이버섯목(Polyporales) 주름버섯강(Agaricomycetes) 담자균문(Basidiomycota)

*Antrodiella semisupina* (Berk. and M. A. Curtis) Ryvarden 아교구멍버섯

거미줄종지버섯속(Arachnopeziza) 거미줄종지버섯과(Hyaloscyphaceae) 고무버섯목(Helotiales) 두건버섯강(Leotiomycetes) 자낭균문(Ascomycota)

*Arachnopeziza aurata* Fuckel nivea Lorton 원시거미줄종지버섯

뽕나무버섯속(Armillaria) 뽕나무버섯과(Physalacriaceae) 주름버섯목(Agaricales) 주름버섯강(Agaricomycetes) 담자균문(Basidiomycota)

*Armillaria gallica* Marxm. & Romagn. 곤봉뽕나무버섯
*Armillaria mellea* (Vahl) P. Kumm. 뽕나무버섯
*Armillaria nabsnona* T. J. Volk & Burds. 끈적뽕나무버섯
*Armillaria ostoyae* (Romagn.) Herink 잣뽕나무버섯
*Armillaria tabescens* (Scop.) Singer 뽕나무버섯부치

솔밭버섯속(Arrhenia) 송이과(Tricholomataceae) 주름버섯목(Agaricales) 주름버섯강(Agaricomycetes) 담자균문(Basidiomycota)

*Arrhenia epichysium* (Pers.) Redhead, Lutzoni, Moncalvo & Vilgalys 제주솔밭버섯
*Arrhenia rickenii* (Hora) Watling 색시솔밭버섯
*Arrhenia rustica* (Fr.) Redhead, Lutzoni, Moncalvo & Vilgalys 좀술잔솔밭버섯

나무싸리버섯속(Artomyces) 솔방울털버섯과(Auriscalpiaceae) 무당버섯목(Russulales) 주름버섯강(Agaricomycetes) 담자균문(Basidiomycota)

*Artomyces pyxidatus* (Pers.) Jülich 좀나무싸리버섯

짧은대꽃잎버섯속(Ascocoryne) 두건버섯과(Helotiaceae) 고무버섯목(Helotiales) 두건버섯강(Leotiomycetes) 자낭균문(Ascomycota)

*Ascocoryne cylichnium* (Tul.) Korf. 짧은대꽃잎버섯

오징어버섯속(Aseroe) 말뚝버섯과(Phallaceae) 말뚝버섯목(Phallales) 주름버섯강(Agaricomycetes) 담자균문(Basidiomycota)

*Aseroe coccinea* Imazeki & Yoshimi 오징어버섯

 덧부치버섯속(Asterophora) 만가닥버섯과(Lyophyllaceae) 주름버섯목(Agaricales) 주름버섯강(Agaricomycetes) 담자균문(Basidiomycota)

*Asterophora lycoperdoides* (Bull.) Ditmar 덧부치버섯

*Asterophora parasitica* (Bull. ex Pers.) Singer 기생덧부치버섯

 소나무무늬버섯속(Asterostroma) 기질고약버섯과(Lachnocladiaceae) 무당버섯목(Russulales) 주름버섯강(Agaricomycetes) 담자균문(Basidiomycota)

*Asterostroma cervicolor* (Berk. and M. A. Curtis) Massee 별소나무무늬버섯

*Asterostroma laxum* Bres. 노란소나무무늬버섯

 먼지버섯속(Astraeus) 먼지버섯과(Diplocystidiaceae) 그물버섯목(Boletales) 주름버섯강(Agaricomycetes) 담자균문(Basidiomycota)

*Astraeus hygrometricus* (Pers.) Morgan 먼지버섯

 부후고약버섯속(Athelia) 부후고약버섯과(Atheliaceae) 부후고약버섯목(Atheliales) 주름버섯강(Agaricomycetes) 담자균문(Basidiomycota)

*Athelia bombacina* (Link) Pers. 막부후고약버섯

*Athelia epiphylla* Pers. 부후고약버섯

*Athelia fibulata* M. P. Christ. 조각부후고약버섯

*Athelia neuhoffii* (Bres.) Donk 큰부후고약버섯

 신그물버섯속(Aureoboletus) 그물버섯과(Boletaceae) 그물버섯목(Boletales) 주름버섯강(Agaricomycetes) 담자균문(Basidiomycota)

*Aureoboletus moravicus* (Vacek) Klofac 황소신그물버섯

*Aureoboletus thibetanus* (Pat.) Hongo & Nagas. 적색신그물버섯

 목이속(Auricularia) 목이과(Auriculariaceae) 목이목(Auriculariales) 주름버섯강(Agaricomycetes) 담자균문(Basidiomycota)

*Auricularia auricula-judae* (Bull.) Quél. 목이

*Auricularia hispida* Iwade 그물목이

*Auricularia mesenterica* (Dicks.) Pers. 주름목이

*Auricularia nigricans* (Sw.) Birkebak, Looney & Sánchez-García 털목이

황금구멍버섯속(Auriporia) 잔나비버섯과(Fomitopsidaceae) 구멍장이버섯목(Polyporales) 주름버섯강(Agaricomycetes) 담자균문(Basidiomycota)

*Auriporia aurulenta* A. David, Tortič and Jelić 순황금구멍버섯

*Auriporia pileata* Parmasto 붉은황금구멍버섯

솔방울털버섯속(Auriscalpium) 솔방울털버섯과(Auriscalpiaceae) 무당버섯목(Russulales) 주름버섯강(Agaricomycetes) 담자균문(Basidiomycota)

*Auriscalpium vulgare* Gray 솔방울털버섯

밤털구멍버섯속(Australohydnum) 소나무비늘버섯과(Phanerochaetaceae) 구멍장이버섯목(Polyporales) 주름버섯강(Agaricomycetes) 담자균문(Basidiomycota)

*Australohydnum castaneum* (Imazeki) Zmitr., Malysheva & Spirin (Lloyd) Ryvarden 밤털구멍버섯

남방그물버섯속(Austroboletus) 그물버섯과(Boletaceae) 그물버섯목(Boletales) 주름버섯강(Agaricomycetes) 담자균문(Basidiomycota)

*Austroboletus fusisporus* (Kawam. ex Imazeki and Hongo) Wolfe 방추남방그물버섯

*Austroboletus gracilis* (Peck) Wolfe 가는대남방그물버섯

*Austroboletus subvirens* (Hongo) Wolfe 점액남방그물버섯

솔방울버섯속(Baeospora) 낙엽버섯과(Marasmiaceae) 주름버섯목(Agaricales) 주름버섯강(Agaricomycetes) 담자균문(Basidiomycota)

*Baeospora myosura* (Fr.) Singer 솔방울버섯

*Baeospora myriadophylla* (Peck) Singer 연보라솔방울버섯

금관버섯(Baorangia) 그물버섯과(Boletaceae) 그물버섯목(Boletales) 주름버섯강(Agaricomycetes) 담자균문(Basidiomycota)

*Baorangia pseudocalopus* (Hongo) G. Wu & Zhu L. Yang 금관버섯

목재고약버섯속(Basidioradulum) 좀구멍버섯과(Schizoporaceae) 소나무비늘버섯목(Hymenochaetales) 주름버섯강(Agaricomycetes) 담자균문(Basidiomycota)

*Basidioradulum radula* (Fr.) Nobles 줄목재고약버섯

백강균속(Beauveria) 동충하초과(Cordycipitaceae) 동충하초목(Hypocreales) 동충하초강(Sordariomycetes) 자낭균문(Ascomycota)

*Beauveria bassiana* (Bals.) Vuill. 백강균

황고무버섯속(Bisporella) 두건버섯과(Helotiaceae) 고무버섯목(Helotiales) 두건버섯강(Leotiomycetes) 자낭균문(Ascomycota)

*Bisporella citrina* (Batsch) Korf & S.E. Carp. 황색고무버섯
*Bisporella pallescens* (Pers.) S.E. Carp. & Korf 바랜황색고무버섯

 줄버섯속(Bjerkandera) 아교버섯과(Meruliaceae) 구멍장이버섯목(Polyporales) 주름버섯강(Agaricomycetes) 담자균문(Basidiomycota)

*Bjerkandera adusta* (Willd.) P. Karst. 줄버섯
*Bjerkandera fumosa* (Pers.) P. Karst. 흰둘레줄버섯

 소똥버섯속(Bolbitius) 소똥버섯과(Bolbitiaceae) 주름버섯목(Agaricales) 주름버섯강(Agaricomycetes) 담자균문(Basidiomycota)

*Bolbitius demangei* (Quél.) Sacc. & D. Sacc. 볏짚소똥버섯
*Bolbitius reticulatus* (Pers.) Ricken 그물망소똥버섯(개칭)
*Bolbitius variicolor* G. F. Atk. 그물소똥버섯
*Bolbitius vitellinus* (Pers.) Fr. 노란소똥버섯

 밤그물버섯속(Boletellus) 그물버섯과(Boletaceae) 그물버섯목(Boletales) 주름버섯강(Agaricomycetes) 담자균문(Basidiomycota)

*Boletellus ananas* (M. A. Curtis) Murrill 비늘밤그물버섯
*Boletellus chrysenteroides* (Snell) Snell 노각밤그물버섯
*Boletellus elatus* Nagas. 긴대밤그물버섯
*Boletellus emodensis* (Berk.) Singer 가죽밤그물버섯
*Boletellus fallax* Redhead and Singer 좀수세미밤그물버섯
*Boletellus linderi* Singer 참피나무밤그물버섯
*Boletellus obscurecoccineus* (Höhn.) Singer 좀노란밤그물버섯
*Boletellus shichianus* (Teng & L. Ling) Teng 석류밤그물버섯

 굴뚝버섯속(Boletopsis) 노루털버섯과(Bankeraceae) 사마귀버섯목(Thelephorales) 주름버섯강(Agaricomycetes) 담자균문(Basidiomycota)

*Boletopsis leucomelaena* (Pers.) Fayod 흰굴뚝버섯
*Boletopsis perplexa* Watling & J. Milne 납작굴뚝버섯

 그물버섯속(Boletus) 그물버섯과(Boletaceae) 그물버섯목(Boletales) 주름버섯강(Agaricomycetes) 담자균문(Basidiomycota)

*Boletus aereus* Fr. 구리빛그물버섯
*Boletus appendiculatus* Schaeff. 부속그물버섯

*Boletus auripes* Peck 수원그물버섯
*Boletus badius* (Fr.) Fr. 갈색그물버섯
*Boletus calopus* Pers. 튼그물버섯
*Boletus dupainii* Boud. 진빨간그물버섯
*Boletus edulis* Bull 그물버섯
*Boletus erythropus* Pers. 붉은대그물버섯
*Boletus granulopunctatus* Hongo 붉은점그물버섯
*Boletus hiratsukae* Nagas. 흑갈색그물버섯
*Boletus impolitus* Fr. 왕그물버섯
*Boletus luridus* Schaeff. 독그물버섯
*Boletus paluster* Peck 방망이그물버섯
*Boletus pinophilus* Pilát & Dermek 솔송그물버섯
*Boletus pulverulentus* Opat. 밤꽃그물버섯
*Boletus queletii* Schulzer 감그물버섯
*Boletus regius* Krombh. 큰그물버섯
*Boletus reticulatus* Schaeff. 그물버섯아재비
*Boletus sensibilis* Peck 붉은줄기그물버섯
*Boletus speciosus* Frost 복숭아그물버섯
*Boletus subtomentosus* L. 대공그물버섯
*Boletus subvelutipes* Peck 빨간구멍그물버섯
*Boletus violaceofuscus* W. F. Chiu 흑자색그물버섯

 장미버섯속(Bondarzewia) 장미버섯과(Bondarzewiaceae) 무당버섯목(Russulales) 주름버섯강(Agaricomycetes) 담자균문(Basidiomycota)

*Bondarzewia mesenterica* (Schaeff.) Kreisel 구상장미버섯

 무성솜털고약버섯속(Botryobasidium) 솜털고약버섯과(Botryobasidiaceae) 꾀꼬리버섯목(Cantharellales) 주름버섯강(Agaricomycetes) 담자균문(Basidiomycota)

*Botryobasidium aureum* Parmasto 붉은무성솜털고약버섯
*Botryobasidium obtusisporum* J. Erikss. 작은무성솜털고약버섯

 융단고약버섯속(Botryohypochnus) 솜털고약버섯과(Botryobasidiaceae) 꾀꼬리버섯목(Cantharellales) 주름버섯강(Agaricomycetes) 담자균문(Basidiomycota)

*Botryohypochnus isabellinus* (Fr.) J. Erikss. 융단고약버섯

방버섯속(Botryotinia) 균핵버섯과(Sclerotiniaceae) 고무버섯목(Helotiales) 두건버섯강(Leotiomycetes) 자낭균문(Ascomycota)

*Botryotinia ranunculi* Hennebert & Groves 누더기방버섯

 찹쌀떡버섯속(Bovista) 주름버섯과(Agaricaceae) 주름버섯목(Agaricales) 주름버섯강(Agaricomycetes) 담자균문(Basidiomycota)

*Bovista nigrescens* Pers. 거북찰떡버섯

*Bovista plumbea* Pers. 찹쌀떡버섯

*Bovista pusilla* (Batsch) Pers. 애기찹쌀떡버섯

 경단버섯속(Bovistella) 주름버섯과(Agaricaceae) 주름버섯목(Agaricales) 주름버섯강(Agaricomycetes) 담자균문(Basidiomycota)

*Bovistella radicata* (Durieu & Mont.) Pat. 경단버섯

 고무버섯속(Bulgaria) 고무버섯과(Bulgariaceae) 두건버섯목(Leotiales) 두건버섯강(Leotiomycetes) 자낭균문(Ascomycota)

*Bulgaria inquinans* (Pers.) Fr. 고무버섯

 꿀버섯속(Callistosporium) 송이과(Tricholomataceae) 주름버섯목(Agaricales) 주름버섯강(Agaricomycetes) 담자균문(Basidiomycota)

*Callistosporium luteo-olivaceum* (Berk. & M. A. Curtis) Singer 오목꿀버섯

 아교뿔버섯속(Calocera) 붉은목이과(Dacrymycetaceae) 붉은목이목(Dacrymycetales) 붉은목이강(Dacrymycetes) 담자균문(Basidiomycota)

*Calocera coralloides* Kobayasi 산호아교뿔버섯

*Calocera cornea* (Batsch) Fr. 황소아교뿔버섯

*Calocera glossoides* (Pers.) Fr. 곤봉아교뿔버섯

*Calocera viscosa* (Pers.) Fr. 아교뿔버섯

밤버섯속(Calocybe) 만가닥버섯과(Lyophyllaceae) 주름버섯목(Agaricales) 주름버섯강(Agaricomycetes) 담자균문(Basidiomycota)

*Calocybe carnea* (Bull.) Kühner 분홍밤버섯

*Calocybe gambosa* (Fr.) Singer 밤버섯

*Calocybe ionides* (Bull.) Donk 남빛밤버섯

*Calocybe obscurissima* (A. Pearson) M. M. Moser 치악밤버섯

예쁜술잔버섯속(Caloscypha) 술잔버섯과(Caloscyphaceae) 주발버섯목(Pezizales) 주발버섯강(Pezizomycetes) 자낭균문(Ascomycota)

*Caloscypha fulgens* (Pers.) Boud 예쁜술잔버섯

 말굽포자버섯속(Calosporella) 오리나무버섯목(Diaporthales) 오리나무버섯목(Diaporthales) 동충하초강(Sordariomycetes) 자낭균문(Ascomycota)

*Calosporella innesii* (Currey) Schroetre 매듭말굽포자버섯

 연지버섯속(Calostoma) 연지버섯과(Calostomataceae) 그물버섯목(Boletales) 주름버섯강(Agaricomycetes) 담자균문(Basidiomycota)

*Calostoma japonicum* Henn. 연지버섯

 말징버섯속(Calvatia) 주름버섯과(Agaricaceae) 주름버섯목(Agaricales) 주름버섯강(Agaricomycetes) 담자균문(Basidiomycota)

*Calvatia craniiformis* (Schwein.) Fr. 말징버섯
*Calvatia cyathiformis* (Bosc) Morgan 큰말징버섯
*Calvatia excipuliformis* (Scop.) Perdeck 키다리말징버섯
*Calvatia gardneri* (Berk.) Lloyd 팽이말징버섯
*Calvatia nipponica* Kawam. ex Kasuya & Katum. 댕구알버섯

 은방울버섯속(Calyptella) 낙엽버섯과Marasmiaceae) 주름버섯목(Agaricales) 주름버섯강(Agaricomycetes) 담자균문(Basidiomycota)

*Calyptella capula* (Holmsk.) Quél. 은방울버섯

 나무종버섯속(Campanella) 낙엽버섯과(Marasmiaceae) 주름버섯목(Agaricales) 주름버섯강(Agaricomycetes) 담자균문(Basidiomycota)

*Campanella junghuhnii* (Mont.) Singer 양상치잎맥버섯

 꾀꼬리버섯속(Cantharellus) 꾀꼬리버섯과(Cantharellaceae) 꾀꼬리버섯목(Cantharellales) 주름버섯강(Agaricomycetes) 담자균문(Basidiomycota)

*Cantharellus cibarius* Fr. 꾀꼬리버섯
*Cantharellus cinereus* Pers. 회색꾀꼬리버섯
*Cantharellus cinnabarinus* (Jacq.) Fr. 붉은꾀꼬리버섯
*Cantharellus ferruginascens* P. D. Orton 적갈색꾀꼬리버섯
*Cantharellus friesii* Welw. and Curr. 호박꾀꼬리버섯
*Cantharellus infundibuliformis* (Scop.) Fr. 깔때기꾀꼬리버섯
*Cantharellus lutescens* Fr. 갈색털꾀꼬리버섯

*Cantharellus minor* Peck 애기꾀꼬리버섯

*Cantharellus pallidus* Lloyd 흰꾀꼬리버섯

*Cantharellus septentrionalis* A. H. Sm. 북방꾀꼬리버섯

*Cantharellus subalbidus* A. H. Sm. and Morse 노란꾀꼬리버섯

 전나무버섯속(Catathelasma) 송이과(Tricholomataceae) 주름버섯목(Agaricales) 주름버섯강(Agaricomycetes) 담자균문(Basidiomycota)

*Catathelasma ventricosum* (Peck) Singer 큰전나무버섯

 밀고약버섯속(Ceraceomyces) 당고약버섯과(Amylocorticiaceae) 그물버섯목(Boletales) 주름버섯강(Agaricomycetes) 담자균문(Basidiomycota)

*Ceraceomyces cystidiatus* (J. Erikss. and Hjortstam) Hjortstam 큰밀고약버섯

*Ceraceomyces sublaevis* (Bres.) Jülich 참밀고약버섯

 그물구멍버섯속(Ceriporia) 유색고약버섯과(Phanerochaetaceae) 구멍장이버섯목(Polyporales) 주름버섯강(Agaricomycetes) 담자균문(Basidiomycota)

*Ceriporia purpurea* (Fr.) Donk 분홍그물구멍버섯

*Ceriporia reticulata* (Hoffm.) Domański 흰그물구멍버섯

*Ceriporia viridans* (Berk. and Broome) Donk 그물구멍버섯

 밀구멍버섯속(Ceriporiopsis) 유색고약버섯과(Phanerochaetaceae) 구멍장이버섯목(Polyporales) 주름버섯강(Agaricomycetes) 담자균문(Basidiomycota)

*Ceriporiopsis gilvescens* (Bres.) Domański 밀구멍버섯

*Ceriporiopsis mucida* (Pers.) Gilb. and Ryvarden 아교밀구멍버섯

*Ceriporiopsis subvermispora* (Pilát) Gilb. and Ryvarden 큰밀구멍버섯

 납고약버섯속(Cerocorticium) 아교버섯과(Meruliaceae) 구멍장이버섯목(Polyporales) 주름버섯강(Agaricomycetes) 담자균문(Basidiomycota)

*Cerocorticium confluens* (Fr.) Jülich & Stalpers 덩이납고약버섯

 털구름버섯속(Cerrena) 구멍장이버섯과(Polyporaceae) 구멍장이버섯목(Polyporales) 주름버섯강(Agaricomycetes) 담자균문(Basidiomycota)

*Cerrena unicolor* (Bull.) Murrill 단색털구름버섯

 매운비단그물버섯속(Chalciporus) 그물버섯과(Boletaceae) 그물버섯목(Boletales) 주름버섯강(Agaricomycetes) 담자균문(Basidiomycota)

*Chalciporus piperatus* (Bull.) Bataille 매운그물버섯

빵떡버섯속(Cheilymenia) 털접시버섯과(Pyronemataceae) 주발버섯목(Pezizales) 주발버섯강(Pezizomycetes) 자낭균문(Ascomycota)

*Cheilymenia vitellina* (Pers.) dennis 노란빵떡버섯

 술잔껍질버섯속(Chitonospora) 술잔껍질버섯과(Amphisphae riaceae) 주발버섯목(Pezizales) 주발버섯강(Pezizomycetes) 자낭균문(Ascomycota)

*Chitonospora ammophila* E. Bommer M. Rousseau & Sacc. 술잔껍질버섯

 녹청접시버섯속(Chlorosplenium) 살갗버섯과(Dermateaceae) 고무버섯목(Helotiales) 두건버섯강(Leotiomycetes) 자낭균문(Ascomycota)

*Chlorencoelia versiformis* (Pers.) Dixon 넙적녹청접시버섯

 녹청균속(Chlorociboria) 두건버섯과(Helotiaceae) 고무버섯목(Helotiales) 두건버섯강(Leotiomycetes) 자낭균문(Ascomycota)

*Chlorociboria aeruginosa* (Oeder) Seaver ex C. S. Ramamurthi, Korf & L. R.Batra 녹청균

 갈대버섯속(Chlorophyllum) 주름버섯과(Agaricaceae) 주름버섯목(Agaricales) 주름버섯강(Agaricomycetes) 담자균문(Basidiomycota)

*Chlorophyllum alborubescens* (Hongo) Vellinga 두엄흰갈대버섯
*Chlorophyllum molybdites* (G. Mey.) Massee 흰갈대버섯
*Chlorophyllum neomastoideum* (Hongo) Vellinga 독흰갈대버섯
*Chlorophyllum rachodes* (Vittad.) Vellinga 큰갈대버섯아재비

 황녹청균속(Chlorosplenium) 살갗버섯과(Dermateaceae) 고무버섯목(Helotiales) 두건버섯강(Leotiomycetes) 자낭균문(Ascomycota)

*Chlorosplenium chlora* (Fr.) Curt. 황녹청균

 자색꽃구름버섯속(Chondrostereum) 꽃잎버섯과(Cyphellaceae) 주름버섯목(Agaricales) 주름버섯강(Agaricomycetes) 담자균문(Basidiomycota)

*Chondrostereum purpureum* (Pers.) Pouzar 자색꽃구름버섯

 못버섯속(Chroogomphus) 못버섯과(Gomphidiaceae) 그물버섯목(Boletales) 주름버섯강(Agaricomycetes) 담자균문(Basidiomycota)

*Chroogomphus helveticus* (Singer) M. M. Moser 황금못버섯
*Chroogomphus rutilus* (Schaeff.) O. K. Mill. 못버섯
*Chroogomphus tomentosus* (Murrill) O. K. Mill. 솜털갈매못버섯
*Chroogomphus vinicolor* (Peck) O. K. Mill. 비단못버섯

솔밭버섯속(Chrysomphalina) 벚꽃버섯과(Hygrophoraceae) 주름버섯목(Agaricales) 주름버섯강(Agaricomycetes) 담자균문(Basidiomycota)

*Chrysomphalina grossula* (Pers.) Norvell, Redhead & Ammirati 초록왕주름버섯

 양주잔버섯속(Ciboria) 균핵버섯과(Sclerotiniaceae) 고무버섯목(Helotiales) 두건버섯강(Leotiomycetes) 자낭균문(Ascomycota)

*Ciboria amentacea* (Balbis ex Fr.) Fuckel 긴자루양주잔버섯

*Ciboria americana* E. J. Durand 밤송이자루접시버섯

*Ciboria batschiana* (Zopf) N. F. Buchw. 도토리양주잔버섯

*Ciboria shiraiana* (Henn.) Whetzel 오디균핵버섯

 균핵버섯속(Ciborinia) 균핵버섯과(Sclerotiniaceae) 고무버섯목(Helotiales) 두건버섯강(Leotiomycetes) 자낭균문(Ascomycota)

*Ciborinia camelliae* L. M. Kühn. 동백균핵버섯

 바구니버섯속(Clathrus) 말뚝버섯과(Phallaceae) 말뚝버섯목(Phallales) 주름버섯강(Agaricomycetes) 담자균문(Basidiomycota)

*Clathrus archeri* (Berk.) Dring 꽃바구니버섯

*Clathrus ruber* P. Micheli ex Pers. 붉은바구니버섯

 국수버섯속(Clavaria) 국수버섯과(Clavariaceae) 주름버섯목(Agaricales) 주름버섯강(Agaricomycetes) 담자균문(Basidiomycota)

*Clavaria bruneo-violacea* Y. S. Kim & S. J. Seok 당근국수버섯

*Clavaria fragilis* Holmsk. 국수버섯

*Clavaria purpurea* (Fr.) Donk 자주국수버섯

*Clavaria zollingeri* Lev. 자주싸리국수버섯

 방망이싸리버섯속(Clavariadelphus) 방망이싸리버섯과(Clavariadelphaceae) 나팔버섯목(Gomphales) 주름버섯강(Agaricomycetes) 담자균문(Basidiomycota)

*Clavariadelphus ligula* (Schaeff.) Donk 붉은방망이싸리버섯

*Clavariadelphus pistillaris* (L.) Donk 방망이싸리버섯

 맥각균속(Claviceps) 맥각균과(Clavicipitaceae) 동충하초목(Hypocreales) 동충하초강(Sordariomycetes) 자낭균문(Ascomycota)

*Claviceps purpurea* (Fr.) Tul. 맥각균

나무싸리버섯속(Clavicorona) 솔방울털버섯과(Auriscalpiaceae) 무당버섯목(Russulales) 주름버섯강(Agaricomycetes) 담자균문(Basidiomycota)

*Clavicorona taxophila* (Thom) Doty 나무싸리버섯
*Clavicorona turgida* (Lév.) Corner 넉가래나무싸리버섯

 볏싸리버섯속(Clavulina) 창싸리버섯과(Clavulinaceae) 꾀꼬리버섯목(Cantharellales) 주름버섯강(Agaricomycetes) 담자균문(Basidiomycota)

*Clavulina amethystina* (Bull.) Donk 자수정볏싸리버섯
*Clavulina cinerea* (Bull.) J. Schröt. 회색볏싸리버섯
*Clavulina coralloides* (L.) J. Schröt. 볏싸리버섯
*Clavulina rugosa* (Bull.) J. Schröt. 주름볏싸리버섯

 창싸리버섯속(Clavulinopsis) 국수버섯과(Clavariaceae) 주름버섯목(Agaricales) 주름버섯강(Agaricomycetes) 담자균문(Basidiomycota)

*Clavulinopsis fusiformis* (Sowerby) Corner 노란창싸리버섯
*Clavulinopsis helvola* (Pers.) Corner 좀노란창싸리버섯
*Clavulinopsis miyabeana* (S. Ito) S. Ito 붉은창싸리버섯
*Clavulinopsis pulchra* (Peck) Corner 주걱창싸리버섯

 시루버섯속(Climacocystis) 잔나비버섯과(Fomitopsidaceae) 구멍장이버섯목(Polyporales) 주름버섯강(Agaricomycetes) 담자균문(Basidiomycota)

*Climacocystis borealis* (Fr.) Kotl. and Pouzar 시루버섯

 수염버섯속(Climacodon) 유색고약버섯과(Phanerochaetaceae) 구멍장이버섯목(Polyporales) 주름버섯강(Agaricomycetes) 담자균문(Basidiomycota)

*Climacodon roseo-maculatus* (Henn. and E. Nyman) Jülich 장미종유석버섯
*Climacodon septentrionalis* (Fr.) P. Karst. 수염버섯

 깔때기버섯속(Clitocybe) 송이과(Tricholomataceae) 주름버섯목(Agaricales) 주름버섯강(Agaricomycetes) 담자균문(Basidiomycota)

*Clitocybe acromelalga* Ichimura 독깔때기버섯
*Clitocybe alboinfundibuliformis* Seok, Yang S. Kim, K. M. Park, W. G. Kim, K.H. Yoo & I. C. Park 비단털깔때기버섯
*Clitocybe barbularum* (Romagn.) P. D. Orton 성긴주름깔때기버섯
*Clitocybe candicans* (Pers.) P. Kumm. 비단빛깔때기버섯
*Clitocybe castaneofloccosa* S. Ito and S. Imai 꼬마깔때기버섯
*Clitocybe cerussata* (Fr.) P. Kumm. 흰주름깔때기버섯

*Clitocybe cyanophaea* (Fr.) Gillet 자주깔때기버섯

*Clitocybe dealbata* (Sowerby) Gillet 백황색깔때기버섯

*Clitocybe flaccida* (Sowerby) P. Kumm. 끝말림깔때기버섯

*Clitocybe fragrans* (With.) P. Kumm. 흰삿갓깔때기버섯

*Clitocybe gibba* (Pers.) P. Kumm. 흑깔때기버섯

*Clitocybe houghtonii* (W. Phillips) Dennis 긴자루깔때기버섯

*Clitocybe infundibuliformis* (Schaeff.) Fr. 나팔깔때기버섯

*Clitocybe lateritia* J. Favre 벽돌빛깔때기버섯

*Clitocybe maxima* (Gaertn. and G. Mey.) P. Kumm. 흰깔때기버섯

*Clitocybe nebularis* (Batsch) P. Kumm. 깔때기버섯

*Clitocybe odora* (Bull.) P. Kumm. 하늘색깔때기버섯

*Clitocybe phyllophila* (Pers.) P. Kumm. 나뭇잎깔때기버섯

*Clitocybe robusta* Peck 박막깔때기버섯

*Clitocybe sinopica* (Fr.) P. Kumm. 벽돌깔때기버섯

*Clitocybe subinvoluta* (Batsch) Fr. 방망이깔때기버섯

---

애기무리버섯속(Clitocybula) 낙엽버섯과(Marasmiaceae) 주름버섯목(Agaricales) 주름버섯강(Agaricomycetes) 담자균문(Basidiomycota)

*Clitocybula familia* (Peck) Singer 애기무리버섯

---

그늘버섯속(Clitopilus) 외대버섯과(Entolomataceae) 주름버섯목(Agaricales) 주름버섯강(Agaricomycetes) 담자균문(Basidiomycota)

*Clitopilus lignyotus* Hongo 좀그늘버섯

*Clitopilus prunulus* (Scop.) P. Kumm. 그늘버섯

*Clitopilus scyphoides* (Fr.) Singer 흰그늘버섯

---

애기버섯속(Collybia) 송이과(Tricholomataceae) 주름버섯목(Agaricales) 주름버섯강(Agaricomycetes) 담자균문(Basidiomycota)

*Collybia cirrhata* (Schumach.) P. Kumm. 흰무리애기버섯

*Collybia cookei* (Bres.) J. D. Arnold 콩애기버섯

*Collybia iocephala* (Berk. & M. A. Curtis) Singer 보라애기버섯

*Collybia matris* S. Ito & S. Imai 황갈색애기버섯

*Collybia neofusipes* Hongo 암갈색애기버섯

---

겨우살이버섯속(Coltricia) 소나무비늘버섯과(Hymenochaetaceae) 소나무비늘버섯목(Hymenochaetales) 주름버섯강(Agaricomycetes) 담자균문(Basidiomycota)

*Coltricia cinnamomea* (Jacq.) Murrill 톱니겨우살이버섯

*Coltricia dependens* (Berk. & M. A. Curtis) Murrill 벌집겨우살이버섯
*Coltricia montagnei* (Fr.) Murrill 계단겨우살이버섯아재비(계단겨우살이버섯)
*Coltricia perennis* (L.) Murrill 겨우살이버섯

굳은고약버섯속(Conferticium) 꽃구름버섯과(Stereaceae) 무당버섯목(Russulales) 주름버섯강(Agaricomycetes) 담자균문(Basidiomycota)

*Conferticium karstenii* (Bourdot & Galzin) Hallenb. 틈굳은고약버섯

참빗담자버섯속(Confertobasidium) 꽃구름버섯과(Stereaceae) 무당버섯목(Russulales) 주름버섯강(Agaricomycetes) 담자균문(Basidiomycota)

*Confertobasidium olivaceoalbum* (Bourdot & Galzin) Jülich 참빗담자버섯

버짐버섯속(Coniophora) 마른버짐버섯과(Coniophoraceae) 그물버섯목(Boletales) 주름버섯강(Agaricomycetes) 담자균문(Basidiomycota)

*Coniophora arida* (Fr.) P. Karst. 큰버짐버섯

절편버섯속(Connopus) 화경버섯과(Omphalotaceae) 주름버섯목(Agaricales) 주름버섯강(Agaricomycetes) 담자균문(Basidiomycota)

*Connopus acervatus* (Fr.) K. W. Hughes 절편버섯

종버섯속(Conocybe) 소똥버섯과(Bolbitiaceae) 주름버섯목(Agaricales) 주름버섯강(Agaricomycetes) 담자균문(Basidiomycota)

*Conocybe apala* (Fr.) Arnold 노란종버섯
*Conocybe aurea* (Jul. Schäff.) Hongo 금빛종버섯
*Conocybe filaris* (Fr.) Kühner 턱받이종버섯
*Conocybe fragilis* (Peck) Singer 도토리종버섯
*Conocybe fuscimarginata* (Murrill) Singer 민들레건초종버섯
*Conocybe magnicapitata* P. D. Orton 큰머리종버섯
*Conocybe pilosella* (Pers.) Kühner 솜털종버섯
*Conocybe rickenii* (Jul. Schäff.) Kühner 건초종버섯
*Conocybe subovalis* Kühner & Watling 알꼴장다리종버섯
*Conocybe tenera* (Schaeff.) Fayod 종버섯(개칭)

갈색먹물버섯속(Coprinellus) 눈물버섯과(Psathyrellaceae) 주름버섯목(Agaricales) 주름버섯강(Agaricomycetes) 담자균문(Basidiomycota)

*Coprinellus angulatus* Redhead, Vilgalys & Moncalvo 쥐방울갈색먹물버섯
*Coprinellus aokii* (Hongo) Vilgalys, Hopple & Jacq. Johnson 끝말림갈색먹물버섯

*Coprinellus disseminatus* (Pers.) J. E. Lange 고깔갈색먹물버섯

*Coprinellus domesticus* (Bolton) Vilgalys, Hopple & Jacq. Johnson 받침대갈색먹물버섯

*Coprinellus micaceus* (Bull.) Vilgalys, Hopple & Jacq. Johnson 갈색먹물버섯

*Coprinellus radians* (Desm.) Vilgalis, Hopple & Jacq. Johnson 황갈색먹물버섯

*Coprinellus verrucispermus* (Joss. & Enderle) Redhead, Vilgalys & Moncalvo 돌기갈색먹물버섯

두엄먹물버섯속(Coprinopsis) 눈물버섯과(Psathyrellaceae) 주름버섯목(Agaricales) 주름버섯강(Agaricomycetes) 담자균문(Basidiomycota)

*Coprinopsis atramentaria* (Bull.) Redhead, Vilgalys & Moncalvo 회색두엄먹물버섯(개칭)

*Coprinopsis cinerea* (Schaeff.) Redhead, Vilgalys & Moncalvo 재두엄먹물버섯

*Coprinopsis echinospora* (Buller) Redhead, Vilgalys & Moncalvo 기뢰두엄먹물버섯

*Coprinopsis friesii* (Quél.) P. Karst. 꼬마두엄먹물버섯

*Coprinopsis insignis* (Peck) Redhead, Vilgalys & Moncalvo 멍게두엄먹물버섯

*Coprinopsis kimurae* (Hongo & Aoki) Redhead, Vilgalys & Moncalvo 초가두엄먹물버섯

*Coprinopsis lagopides* (P. Karst.) Redhead, Vilgalys & Moncalvo 솜털두엄먹물버섯부치

*Coprinopsis lagopus* (Fr.) Redhead, Vilgalys & Moncalvo 소녀두엄먹물버섯

*Coprinopsis macrocephala* (Berk.) Redhead, Vilgalys & Moncalvo 큰포자두엄먹물버섯

*Coprinopsis narcotica* (Batsch) Redhead, Vilgalys & Moncalvo 갈색비듬두엄먹물버섯

*Coprinopsis neolagopus* (Hongo & Sagara) Redhead, Vilgalys & Moncalvo 새소녀두엄먹물버섯

*Coprinopsis nivea* (Pers.) Redhead, Vilgalys & Moncalvo 원추두엄먹물버섯

*Coprinopsis phlyctidospora* (Romagn.) Redhead, Vilgalys & Moncalvo 새털두엄먹물버섯

*Coprinopsis stercorea* (Fr.) Redhead, Vilgalys & Moncalvo 흰가루두엄먹물버섯

*Coprinopsis tuberosa* (Quél.) Doveri, Granito & Lunghini 회가루두엄먹물버섯

*Coprinopsis urticicola* (Berk. & Broome) Redhead, Vilgalys & Moncalvo 작은진주두엄먹물버섯

먹물버섯속(Coprinus) 주름버섯과(Agaricaceae) 주름버섯목(Agaricales) 주름버섯강(Agaricomycetes) 담자균문(Basidiomycota)

*Coprinus comatus* (O. F. Müll.) Pers. 먹물버섯

*Coprinus cortinatus* J. E. Lange 갈색점박이먹물버섯

*Coprinus ephemeroides* (DC.) Fr. 애기말똥먹물버섯

*Coprinus flocculosus* (DC.) Fr. 곱슬먹물버섯

*Coprinus patouillardii* Quél. 소똥먹물버섯

*Coprinus rhizophorus* A. Kawam. ex Hongo & K. Yokoy. 애먹물버섯

*Coprinus sterquilinus* (Fr.) Fr. 말똥먹물버섯

**분류체계** 동충하초속(Cordyceps) 동충하초과(Cordycipitaceae) 동충하초목(Hypocreales) 동충하초강(Sordariomycetes) 자낭균문(Ascomycota)

*Cordyceps ampullacea* Kobay. et Shimi. 붉은곤봉형동충하초
*Cordyceps bifusispora* Eriksson 번데기다발동충하초
*Cordyceps coccidiicola* Kobay. et Shimi. 쐐기나방동충하초
*Cordyceps crinalis* Ellis ex Lloyd 깊은주름동충하초
*Cordyceps formicarum* Kobayasi 개미동충하초
*Cordyceps geniculata* Kobayasi & Shimizu 노랑방방이동충하초
*Cordyceps isarioides* Curtis et Massee G. E. 나방동충하초
*Cordyceps jezoensis* Imai 균생동충하초
*Cordyceps kanzashiana* Kobayasi & Shimizu 칸자스동충하초
*Cordyceps konnoana* Kobayasi & Shimizu 유충흙색동충하초
*Cordyceps kyushuensis* Kobayasi 애벌레동충하초
*Cordyceps martialis* Spegazzini 흙빛다발동충하초
*Cordyceps militaris* (Vuill.) Fr. 동충하초
*Cordyceps nakazawae* Hongo & Izawa 깍지벌레유충동충하초
*Cordyceps ochraceostromata* Kobayasi & Shimizu 유충가시동충하초
*Cordyceps ootakiensis* Kobayasi & Shimizu 유충주걱동충하초
*Cordyceps ophioglossoides* (Ehr.) Fr. 균핵동충하초
*Cordyceps oxycephala* Penz. et Sacc. 가시벌동충하초
*Cordyceps paludosa* (Mains) Mains 가는점박이동충하초
*Cordyceps pentatomae* Koval 노린재측생동충하초
*Cordyceps prolifica* Kabayasi 나뭇가지동충하초
*Cordyceps pruinosa* Petch 붉은자루동충하초
*Cordyceps purpureostromata* Kobayasi 유충긴뿌리동충하초
*Cordyceps ramosopulvinata* Kobayasi & Shimizu 가지매미동충하초
*Cordyceps rosea* Kobayasi & Shimizu 직립유충동충하초
*Cordyceps roseostromata* Kobayasi & Shimizu 붉은동충하초
*Cordyceps ryogamiensis* Kobayasi & Shimizu 황색점박이동충하초
*Cordyceps scarabaeicola* Kobayasi 딱정벌레동충하초
*Cordyceps sinensis* (Berk.) Sacc. 중국동충하초
*Cordyceps staphylinidicola* Kobayasi & Shimizu 노랑곰보동충하초
*Cordyceps stylophora* Berk. & Broome 방아벌레동충하초
*Cordyceps takaomontana* Yakushiji & Kumazawa 짧은다발동충하초

가죽질구름버섯속(Coriolopsis) 구멍장이버섯과(Polyporaceae) 구멍장이버섯목(Polyporales) 주름버섯강(Agaricomycetes) 담자균문(Basidiomycota)

*Coriolopsis aspera* (Jungh.) Tenq. 거친가죽질구름버섯

*Coriolopsis floccosa* (Jungh.) Ryvarden 흰가죽질구름버섯

*Coriolopsis gallica* (Fr.) Ryvarden 큰가죽질구름버섯

 고약버섯속(Corticium) 고약버섯과(Corticiaceae) 고약버섯목(Corticiales) 주름버섯강(Agaricomycetes) 담자균문(Basidiomycota)

*Corticium bombycinum* (Sommerf.) P. Karst. 누에고약버섯

*Corticium roseum* Pers. 고약버섯

 끈적버섯속(Cortinarius) 끈적버섯과(Cortinariaceae) 주름버섯목(Agaricales) 주름버섯강(Agaricomycetes) 담자균문(Basidiomycota)

*Cortinarius alboviolaceus* (Pers.) Fr. 흰보라끈적버섯

*Cortinarius allutus* Fr. 적갈색뿔끈적버섯(개칭)

*Cortinarius amoenolens* Rob. Henryex P. D. Orton 붉은띠끈적버섯

*Cortinarius anomalus* (Fr.) Fr., in Bidaud, Henry, Moënne-Loccoz & Reumaux 회갈색끈적버섯

*Cortinarius armillatus* (Alb. & Schwein.) Fr. 차양풍선끈적버섯

*Cortinarius aureobrunneus* Hongo 황금끈적버섯

*Cortinarius bovinus* Fr. 황소끈적버섯

*Cortinarius callochrous* (Pers.) Gray 겹빛끈적버섯

*Cortinarius caperatus* (Pers.) Fr. 노란띠끈적버섯

*Cortinarius cinnamomeus* (L.) Fr. 황갈색전나무끈적버섯

*Cortinarius cinnamoviolaceus* M. M. Moser 자색전나무끈적버섯

*Cortinarius collinitus* (Pers.) Fr. 진흙끈적버섯

*Cortinarius cyanites* Fr. 검은피끈적버섯

*Cortinarius elatior* Fr. 키다리끈적버섯

*Cortinarius fasciatus* Fr. 띠끈적버섯

*Cortinarius helvelloides* (Bull.) Fr. 비늘끈적버섯

*Cortinarius hemitrichus* (Pers.) Fr. 실끈적버섯

*Cortinarius hinnuleus* Fr. 고리끈적버섯

*Cortinarius iodes* Berk. & M. A. Curtis 제비꽃끈적버섯

*Cortinarius laetus* M. M. Moser 꾀꼬리끈적버섯

*Cortinarius largus* Fr. 가지색끈적버섯

*Cortinarius livido-ochraceus* (Berk.) Berk. 보라황토끈적버섯

*Cortinarius mucifluus* Fr. 유리끈적버섯

*Cortinarius mucosus* (Bull.) J. Kickx f. 검은인편끈적버섯

*Cortinarius multiformis* (Fr.) Fr. 노란끈적버섯
*Cortinarius nigrosquamosus* Hongo 검은털끈젓버섯
*Cortinarius obtusus* (Fr.) Fr. 적갈색포자끈적버섯
*Cortinarius pholideus* (Fr.) Fr. 해진풍선끈적버섯
*Cortinarius pseudopurpurascens* Hongo 풍선끈적버섯아재비
*Cortinarius pseudosalor* J. E. Lange 가지색끈적버섯아재비
*Cortinarius purpurascens* Fr. 풍선끈적버섯
*Cortinarius rubicundulus* (Rea) A. Pearson 크림끈적버섯
*Cortinarius salor* Fr. 푸른끈적버섯
*Cortinarius sanguineus* (Wulfen) Fr. 전나무끈적버섯
*Cortinarius saporatus* Britzelm. 원뿔끈적버섯아재비
*Cortinarius saturninus* (Fr.) Fr. 칡자갈끈적버섯(개칭)
*Cortinarius spilomeus* (Fr.: Fr.) Fr. 붉은끈적버섯
*Cortinarius splendens* Rob. Henry 레몬끈적버섯
*Cortinarius subalboviolaceus* Hongo 달걀끈적버섯
*Cortinarius subdelibutus* Hongo 곤봉끈적버섯
*Cortinarius talus* Fr. 적갈색끈적버섯
*Cortinarius tenuipes* (Hongo) Hongo 노랑끈적버섯
*Cortinarius torvus* Fr. 고목끈적버섯
*Cortinarius traganus* (Fr.) Fr. 연자색끈적버섯
*Cortinarius triumphans* Fr. 황토끈적버섯
*Cortinarius triumphans* Fr. 황갈색끈적버섯
*Cortinarius turmalis* Fr. 솜끈적버섯
*Cortinarius variicolor* Fr. 다색끈적버섯
*Cortinarius venenosus* Kawam. 독끈적버섯
*Cortinarius vibratilis* Fr. 쓴맛끈적버섯
*Cortinarius violaceus* (L.) Gray 끈적버섯

---

 **비늘고약버섯속**(Cotylidia) (Incertae sedis) (Incertae sedis) **주름버섯강**(Agaricomycetes) **담자균문**(Basidiomycota)

*Cotylidia decolorans* (Berk. & M. A. Curtis) A. L. Welden 꽃비늘고약버섯
*Cotylidia diaphana* (Schwein.) Lentz 흰비늘고약버섯
*Cotylidia undulata* (Fr.) P. Karst. 파상비늘고약버섯

---

 **뿔나팔버섯속**(Craterellus) **꾀꼬리버섯과**(Cantharellaceae) **꾀꼬리버섯목**(Cantharellales) **주름버섯강**(Agaricomycetes) **담자균문**(Basidiomycota)

*Craterellus aureus* (Fr.) Jülich 황금뿔나팔버섯

*Craterellus cantharellus* (Schwein.) Murrill 흰뿔나팔버섯

*Craterellus cornucopioides* (L.) Pers. 뿔나팔버섯

---

양털버섯속(Creolophus) 노루궁뎅이과(Hericiaceae) 무당버섯목(Russulales) 주름버섯강(Agaricomycetes) 담자균문(Basidiomycota)

*Creolophus cirrhatus* (Pers.) P. Karst. 흰양털버섯

---

점액버섯속(Creopus) 점버섯과(Hypocreaceae) 동충하초목(Hypocreales) 동충하초강(Sordariomycetes) 자낭균문(Ascomycota)

*Creopus gelatinosus* (Tode : Fr.) Link 끈적점액버섯

---

귀버섯속(Crepidotus) 땀버섯과(Inocybaceae) 주름버섯목(Agaricales) 주름버섯강(Agaricomycetes) 담자균문(Basidiomycota)

*Crepidotus applanatus* (Pers.) P. Kumm. 평평귀버섯

*Crepidotus badiofloccosus* S. Imai 노루귀버섯

*Crepidotus cesatii* (Rabenh.) Sacc. 주걱귀버섯

*Crepidotus circinatus* Hesler & A. H. Sm. 노란고리귀버섯

*Crepidotus geophilus* (Murrill) Redhead 땅귀버섯

*Crepidotus herbarum* (PK.) Sacc. 풀귀버섯

*Crepidotus hygrophanus* Murrill 곤약귀버섯

*Crepidotus latifolius* Peck 꼬마무리귀버섯

*Crepidotus lundellii* Pilát 말검귀버섯

*Crepidotus luteolus* Sacc. 주황귀버섯

*Crepidotus mollis* (Schaeff.) Staude 귀버섯

*Crepidotus nephrodes* (Berk. & M. A. Curtis) Sacc. 콩팥노란귀버섯

*Crepidotus obscurus* Hesler & A. H. Sm. 먼지귀버섯

*Crepidotus sulphurinus* Imazeki & Toki 노란귀버섯

*Crepidotus uber* (Berk. & M. A. Curtis) Sacc. 끈적귀버섯

*Crepidotus variabilis* (Pers.) P. Kumm. 다색귀버섯

---

털가죽버섯속(Crinipellis) 낙엽버섯과(Marasmiaceae) 주름버섯목(Agaricales) 주름버섯강(Agaricomycetes) 담자균문(Basidiomycota)

*Crinipellis albocapitata* (Petch) Dennis 삼나무가죽버섯

*Crinipellis cremoricolor* R. L. Schaffer & M. G. Weaver 새털가죽버섯

*Crinipellis scabella* (Alb. & Schwein.) Murrill 털가죽버섯

멍게버섯속(Cristinia) 별포자과(Stephanosporaceae) 무당버섯목(Russulales) 주름버섯강(Agaricomycetes) 담자균문(Basidiomycota)

*Cristinia eichleri* (Bres.) Nakasone 노란멍게버섯

 황그물버섯속(Crocinoboletus) 그물버섯과(Boletaceae) 그물버섯목(Boletales) 주름버섯강(Agaricomycetes) 담자균문(Basidiomycota)

*Crocinoboletus laetissimus* (Hongo) N.K. Zeng, Zhu L. Yang & G. Wu 황그물버섯(개칭)

 찻잔버섯속(Crucibulum) 주름버섯과(Agaricaceae) 주름버섯목(Agaricales) 주름버섯강(Agaricomycetes) 담자균문(Basidiomycota)

*Crucibulum laeve* (Huds.) Kambly 찻잔버섯

 부스럼버섯속(Crustodontia) (Incertae sedis) 구멍장이버섯목(Polyporales) 주름버섯강(Agaricomycetes) 담자균문(Basidiomycota)

*Crustodontia chrysocreas* (Berk. & M. A. Curtis) Hjortstam & Ryvarden 황금부스럼버섯

 돌기꽃구름버섯속(Crustomyces) 돌기꽃구름버섯과(Cystostereaceae) 구멍장이버섯목(Polyporales) 주름버섯강(Agaricomycetes) 담자균문(Basidiomycota)

*Crustomyces subabruptus* (Bourdot & Galzin) Jülich 작은돌기꽃구름버섯

 층버섯속(Cryptoderma) 소나무비늘버섯과(Hymenochaetaceae) 소나무비늘버섯목(Hymenochaetales) 주름버섯강(Agaricomycetes) 담자균문(Basidiomycota)

*Cryptoderma citrinum* Imaz. 기와층버섯
*Cryptoderma pini* (Fr.) Imaz. 낙엽송층버섯
*Cryptoderma yamanoi* Imaz. 가문비층버섯

 실낙엽버섯속(Cryptomarasmius) 낙엽버섯과(Marasmiaceae) 주름버섯목(Agaricales) 주름버섯강(Agaricomycetes) 담자균문(Basidiomycota)

*Cryptomarasmius minutus* (Peck) T.S. Jenkinson & Desjardin 검은실낙엽버섯

 한입버섯속(Cryptoporus) 구멍장이버섯과(Polyporaceae) 구멍장이버섯목(Polyporales) 주름버섯강(Agaricomycetes) 담자균문(Basidiomycota)

*Cryptoporus volvatus* (Peck) Shear 한입버섯

 은포자버섯속(Cryptospora) 침버섯과(Gnomoniaceae) 오리나무버섯목(Diaporthales) 동충하초강(Sordariomycetes) 자낭균문(Ascomycota)

*Cryptospora corylina* (Tul.) Fuckel 개암은포자버섯

*Cryptosporella hypodermia* (Fr.) Sacc. 민포자버섯

투구버섯속(Cudonia) 투구버섯과(Cudoniaceae) 색찌끼버섯목(Rhytismatales) 두건버섯강(Leotiomycetes) 자낭균문(Ascomycota)

*Cudonia circinans* (Pers.) Fr. 대끝갈색투구버섯
*Cudonia helvelloides* S. Ito et S. Imai 안장투구버섯
*Cudonia japonica* Yasuda 노랑투구버섯

물두건버섯속(Cudoniella) 두건버섯과(Helotiaceae) 고무버섯목(Helotiales) 두건버섯강(Leotiomycetes) 자낭균문(Ascomycota)

*Cudoniella acicularis* (Bull.) J. Schröt 점박이물두건버섯
*Cudoniella clavus* (Alb. et Schw.) Dennis 물두건버섯

처녀버섯속(Cuphophyllus) 벚꽃버섯과(Hygrophoraceae) 주름버섯목(Agaricales) 주름버섯강(Agaricomycetes) 담자균문(Basidiomycota)

*Cuphophyllus borealis* (Peck) Bon ex Courtec. 박꽃처녀버섯

처녀버섯속(Cuphrophyllus) 낙엽버섯과(Marasmiaceae) 주름버섯목(Agaricales) 주름버섯강(Agaricomycetes) 담자균문(Basidiomycota)

*Cuphophyllus pratenses* (Fr.) Bon 처녀버섯
*Cuphophyllus subviolaceus* (Peck) Sing. 보라처녀버섯
*Cuphophyllus virgineus* (Wulfen) Kovalenko 흰색처녀버섯

대주발버섯속(Cyathipodia) 안장버섯과(Helvellaceae) 주발버섯목(Pezizales) 주발버섯강(Pezizomycetes) 자낭균문(Ascomycota)

*Cyathipodia macropus* (Pers. ex Fr.) Denn. 긴대주발버섯

주름찻잔버섯속(Cyathus) 주름버섯과(Agaricaceae) 주름버섯목(Agaricales) 주름버섯강(Agaricomycetes) 담자균문(Basidiomycota)

*Cyathus stercoreus* (Schwein.) De Toni 좀주름찻잔버섯
*Cyathus striatus* (Huds.) Willd. 주름찻잔버섯

고리버섯속(Cyclomyces) 소나무비늘버섯과(Hymenochaetaceae) 소나무비늘버섯목(Hymenochaetales) 주름버섯강(Agaricomycetes) 담자균문(Basidiomycota)

*Cyclomyces fuscus* Kunze ex Fr. 고리버섯
*Cyclomyces tabacinus* (Mont.) Pat. 비단고리버섯

담자고약버섯속(Cylindrobasidium) 뽕나무버섯과(Physalacriaceae) 주름버섯목(Agaricales) 주름버섯강(Agaricomycetes) 담자균문(Basidiomycota)

*Cylindrobasidium evolvens* (Fr.) Jülich 담자고약버섯

 깔때기비늘버섯속(Cymatoderma) 아교버섯과(Meruliaceae) 구멍장이버섯목(Polyporales) 주름버섯강(Agaricomycetes) 담자균문(Basidiomycota)

*Cymatoderma caperata* (Berk. & Mont.) Pat. 주름깔때기비늘버섯

 비녀버섯속(Cyptotrama) 뽕나무버섯과(Physalacriaceae) 주름버섯목(Agaricales) 주름버섯강(Agaricomycetes) 담자균문(Basidiomycota)

*Cyptotrama asprata* (Berk.) Redhead & Ginns 등색가시비녀버섯

 고슴도치버서속(Cystoagaricus) 눈물버섯과(Psathyrellaceae) 주름버섯목(Agaricales) 주름버섯강(Agaricomycetes) 담자균문(Basidiomycota)

*Cystoagaricus strobilomyces* (Murrill) Singer 고슴도치버섯

 낭피버섯속(Cystoderma) 주름버섯과(Agaricaceae) 주름버섯목(Agaricales) 주름버섯강(Agaricomycetes) 담자균문(Basidiomycota)

*Cystoderma amianthinum* (Scop.) Fayod 참낭피버섯
*Cystoderma carcharias* (Pers.) Fayod 흰분말낭피버섯
*Cystoderma fallax* A. H. Sm. & Singer 굴낭피버섯

 황갈색낭피버섯속(Cystodermella) 주름버섯과(Agaricaceae) 주름버섯목(Agaricales) 주름버섯강(Agaricomycetes) 담자균문(Basidiomycota)

*Cystodermella cinnabarina* (Alb. & Schwein.) Harmaja 황갈색낭피버섯
*Cystodermella granulosa* (Batsch) Harmaja 과립갈색낭피버섯
*Cystodermella japonica* (Thoen & Hongo) Harmaja 일본갈색낭피버섯

 삿갓버섯속(Cystolepiota) 주름버섯과(Agaricaceae) 주름버섯목(Agaricales) 주름버섯강(Agaricomycetes) 담자균문(Basidiomycota)

*Cystolepiota hetieri* (Boud.) Singer 대나무삿갓버섯
*Cystolepiota pseudogranulosa* (Berk. & Broome) Pegler 흰여우삿갓버섯아재비

 붉은목이속(Dacrymyces) 붉은목이과(Dacrymycetaceae) 붉은목이목(Dacrymycetales) 붉은목이강(Dacrymycetes) 담자균문(Basidiomycota)

*Dacrymyces capitatus* Schwein. 머리붉은목이
*Dacrymyces palmatus* (Schwein.) Burt 손바닥붉은목이

*Dacrymyces stillatus* Nees 붉은목이

*Dacrymyces variisporus* McNabb 다형포자붉은목이

혀버섯속(Dacryopinax) 붉은목이과(Dacrymycetaceae) 붉은목이목(Dacrymycetales) 붉은목이강(Dacrymycetes) 담자균문(Basidiomycota)

*Dacryopinax spathularia* (Schwein.) G. W. Martin 노란주걱혀버섯

미로버섯속(Daedalea) 잔나비버섯과(Fomitopsidaceae) 구멍장이버섯목(Polyporales) 주름버섯강(Agaricomycetes) 담자균문(Basidiomycota)

*Daedalea dickinsii* Yasuda 등갈색미로버섯

*Daedalea quercina* (L.) Pers. 미로버섯

도장버섯속(Daedaleopsis) 구멍장이버섯과(Polyporaceae) 구멍장이버섯목(Polyporales) 주름버섯강(Agaricomycetes) 담자균문(Basidiomycota)

*Daedaleopsis conchiformis* Imazeki 그물도장버섯

*Daedaleopsis confragosa* (Bolton) J. Schröt. 도장버섯

*Daedaleopsis nipponica* Imazeki 색동도장버섯

*Daedaleopsis purpurea* (Cooke) Imazeki & Aoshima 일본도장버섯

*Daedaleopsis tenuis* (Hook.) Imazeki 가는도장버섯

*Daedaleopsis tricolor* (Bull.) Bondartsev & Singer 삼색도장버섯

콩버섯속(Daldinia) 콩꼬투리버섯과(Xylariaceae) 콩꼬투리버섯목(Xylariales) 동충하초강(Sordariomycetes) 자낭균문(Ascomycota)

*Daldinia concentrica* (Bolton) Ces. & De Not. 콩버섯

*Daldinia vernicosa* (Schw.) Ces. et de Not. 방콩버섯

털컵버섯속(Dasyscyphus) 거미줄종지버섯과(Hyaloscyphaceae) 고무버섯목(Helotiales) 두건버섯강(Leotiomycetes) 자낭균문(Ascomycota)

*Dasyscyphus acutipilus* (Kart.) Sacc. 뾰족털컵버섯

*Dasyscyphus apalus* (Berk. & Br.) Dennis 백색털컵버섯

*Dasyscyphus bicolor* (Bull.) Fuckel 쌍색털컵버섯

*Dasyscyphus cerinus* (Pers.) Fuckel 털컵버섯

*Dasyscyphus clandestinus* (Bull.) Fuckel 밑생털컵버섯

*Dasyscyphus pygmaeus* (Fr.) Sacc. 꼬마털컵버섯

*Dasyscyphus rhytismatis* (Phill.) Sacc. 리트머스털컵버섯

*Dasyscyphus tenuissimus* (Quél.) Dennis 가는털컵버섯

*Dasyscyphus virgineus* S. F. Gray 종지털컵버섯

미로구멍버섯속(Datronia) 구멍장이버섯과(Polyporaceae) 구멍장이버섯목(Polyporales) 주름버섯강(Agaricomycetes) 담자균문(Basidiomycota)

*Datronia mollis* (Schaeff.) Staude 미로구멍버섯

*Datronia stereoides* (Fr.) Ryvarden 갈변미로구멍버섯

 붓버섯속(Deflexula) 깃싸리버섯과(Pterulaceae) 주름버섯목(Agaricales) 주름버섯강(Agaricomycetes) 담자균문(Basidiomycota)

*Deflexula fascicularis* (Bres. & Pat.) Corner 흰붓버섯

 유리버섯속(Delicatula) 송이과(Tricholomataceae) 주름버섯목(Agaricales) 주름버섯강(Agaricomycetes) 담자균문(Basidiomycota)

*Delicatula integrella* (Pers.) Fayod 유리버섯

 비늘고약버섯속(Dendrocorticium) 고약버섯과(Corticiaceae) 고약버섯목(Corticiales) 주름버섯강(Agaricomycetes) 담자균문(Basidiomycota)

*Dendrocorticium violaceum* H. S. Jacks. 보라비늘고약버섯

 분필고약버섯속(Dendrothele) 고약버섯과(Corticiaceae) 고약버섯목(Corticiales) 주름버섯강(Agaricomycetes) 담자균문(Basidiomycota)

*Dendrothele acerina* (Pers.) P. A. Lemke 단풍분필고약버섯

 털침버섯속(Dentipellis) 노루궁뎅이과(Hericiaceae) 무당버섯목(Russulales) 주름버섯강(Agaricomycetes) 담자균문(Basidiomycota)

*Dentipellis fragilis* (Pers.) Donk 털침버섯

 겉고무버섯속(Dermea) 살갗버섯과(Dermateaceae) 고무버섯목(Helotiales) 두건버섯강(Leotiomycetes) 자낭균문(Ascomycota)

*Dermea cerasi* (Pers. ex Mérat) Fr. 검댕이겉고무버섯

 돌버섯속(Descolea) 끈적버섯과(Cortinariaceae) 주름버섯목(Agaricales) 주름버섯강(Agaricomycetes) 담자균문(Basidiomycota)

*Descolea flavoannulata* (Lj. N. Vassiljeva) E. Horak 노란턱돌버섯

 오리나무버섯속(Diaporthe) 오리나무버섯과(Diaporthaceae) 오리나무버섯목(Diaporthales) 동충하초강(Sordariomycetes) 자낭균문(Ascomycota)

*Diaporthe alnea* Fuckel. 쌍배오리나무버섯

*Diaporthe pustulata* (Desm.) Sacc. 물집오리나무버섯

*Diaporthe strumella* (Fr.) Fuckel 돌기오리나무버섯

꼬리버섯속(Diatrype) 마른버짐버섯과(Diatrypaceae) 콩꼬투리버섯목(Xylariales) 동충하초강(Sordariomycetes) 자낭균문(Ascomycota)

*Diatrype disciformis* (Hoffm.: Fr.) Fr. 꼬리버섯

*Diatrype stigma* (Hoffm.) Fr. 주홍꼬리버섯

쇠요버섯속(Diatrypella) 마른버짐버섯과(Diatrypaceae) 콩꼬투리버섯목(Xylariales) 동충하초강(Sordariomycetes) 자낭균문(Ascomycota)

*Diatrypella quercina* (Pers.) Cooke 참나무쇠요버섯

*Diatrypella verruciformis* (Ehr.) Nke 쇠요버섯

방석구멍버섯속(Dichomitus) 구멍장이버섯과(Polyporaceae) 구멍장이버섯목(Polyporales) 주름버섯강(Agaricomycetes) 담자균문(Basidiomycota)

*Dichomitus campestris* (Quél.) Domański & Orlicz 흰방석구멍버섯

털버섯속(Dictyolus) 송이과(Tricholomataceae) 주름버섯목(Agaricales) 주름버섯강(Agaricomycetes) 담자균문(Basidiomycota)

*Dictyolus boninensis* S. Ito & S. Imai 오갈털버섯

망태버섯속(Dictyophora) 말뚝버섯과(Phallaceae) 말뚝버섯목(Phallales) 주름버섯강(Agaricomycetes) 담자균문(Basidiomycota)

*Dictyophora echinovolvata* M. Zang, D. R. Zheng & Z. X. Hu 흰돌기망태버섯

이중구멍버섯속(Diplomitoporus) 구멍장이버섯과(Polyporaceae) 구멍장이버섯목(Polyporales) 주름버섯강(Agaricomycetes) 담자균문(Basidiomycota)

*Diplomitoporus crustulinus* (Bres.) Domański 초이중구멍버섯

원반버섯속(Discina) 원반버섯과(Discinaceae) 주발버섯목(Pezizales) 주발버섯강(Pezizomycetes) 자낭균문(Ascomycota)

*Discina ancilis* (Pers.) Sacc. 원반버섯

*Discina venosa* (Pers.) Fr. 좀원반버섯

주발목이속(Ditiola) 붉은목이과(Dacrymycetaceae) 붉은목이목(Dacrymycetales) 붉은목이강(Dacrymycetes) 담자균문(Basidiomycota)

*Ditiola peziziformis* (Lév.) D. A. Reid 노란주발목이

**균핵술잔버섯속**(Dumontinia) **균핵버섯과**(Sclerotiniaceae) **고무버섯목**(Helotiales) **두건버섯강**(Leotiomycetes) **자낭균문**(Ascomycota)

*Dumontinia tuberosa* (Bull.) L. M. Kohn 갈색균핵술잔버섯

---

**미로목이속**(Protodaedalea) **목이과**(Auriculariaceae) **목이목**(Auriculariales) **주름버섯강**(Agaricomycetes) **담자균문**(Basidiomycota)

*Elmerina hispida* (Imazeki) Y. C. Dai & L. W. Zhou 털미로목이

---

**외대버섯속**(Entoloma) **외대버섯과**(Entolomataceae) **주름버섯목**(Agaricales) **주름버섯강**(Agaricomycetes) **담자균문**(Basidiomycota)

*Entoloma aeruginosum* Hiroe 푸른외대버섯

*Entoloma aethiops* (Scop.) G. Stev. 검은비늘외대버섯

*Entoloma albidum* (Murrill) Hesler 흰색외대버섯

*Entoloma albinellum* (Peck) Hesler 흰배꽃외대버섯

*Entoloma album* Hiroë 흰꼭지외대버섯

*Entoloma ameides* (Berk. & Broome) Sacc. 흰갈색외대버섯

*Entoloma amplifolium* Hesler 큰잎외대버섯

*Entoloma anatinum* (Lasch) Donk 민꼬리외대버섯

*Entoloma atrum* (Hongo) Hongo 검은외대버섯

*Entoloma bisporum* (Hongo) Hongo 목편외대버섯

*Entoloma brunneomarginatum* Hesler 갈색둘레외대버섯

*Entoloma cephalotrichum* (P. D. Orton) Noordel. 좀갈때기외대버섯

*Entoloma chalybeum* (Pers.) Noordel. 흑청색외대버섯

*Entoloma chamaecyparidis* (Hongo) Hongo 흰꼬마외대버섯

*Entoloma cinchonense* (Murrill) Hesler 사초외대버섯

*Entoloma cinerascens* Hesler 재외대버섯

*Entoloma clypeatum* (L.) P. Kumm. 방패외대버섯

*Entoloma coelestinum* (Fr.) Hesler 군청색외대버섯

*Entoloma commune* Murrill 보통외대버섯

*Entoloma conferendum* (Britzelm.) Noordel. 영취외대버섯

*Entoloma convexum* G. Stev. 원추외대버섯

*Entoloma cuboideum* Hesler 네모외대버섯

*Entoloma cyanonigrum* (Hongo) Hongo 가지외대버섯

*Entoloma depluens* (Batsch) Hesler 빈외대버섯

*Entoloma dolosum* Corner & E. Horak 여우외대버섯

*Entoloma dunense* E. Horak 모래외대버섯

*Entoloma earlei* (Murrill) Hesler 귀외대버섯

*Entoloma farinaceum* Hesler 가루외대버섯
*Entoloma fracturans* E. Horak 파열외대버섯
*Entoloma fragrans* Hesler 향외대버섯
*Entoloma fuliginosum* (Murrill) Hesler 흑가루외대버섯
*Entoloma fumosialbum* Murrill 흰연기외대버섯
*Entoloma fumosum* Hesler 연기외대버섯
*Entoloma fuscodiscum* Hesler 검댕이외대버섯
*Entoloma grayanum* (Peck) Sacc. 회색외대버섯아재비
*Entoloma griseobrunneum* Hesler 회갈색외대버섯
*Entoloma hypoporphyrum* (Berk. & M. A. Curtis) Hesler 물외대버섯
*Entoloma incanum* (Fr.) Hesler 녹색외대버섯
*Entoloma intutum* Corner & E. Horak 헛외대버섯
*Entoloma kauffmanii* Malloch 군청색외대버섯부치
*Entoloma kujuensis* (Hongo) Noordel. & Co-David 남보라외대버섯
*Entoloma lampropus* (Fr.) Hesler 빛외대버섯
*Entoloma lepidissimum* (Svrček) Noordel. 검정외대버섯
*Entoloma lignoputridum* Corner & E. Horak 고목외대버섯
*Entoloma lividocyanulum* Noordel. 청갈색외대버섯
*Entoloma longistriatum* (Peck) Noordel. 긴줄외대버섯
*Entoloma maleolens* E. Horak 큰렌즈외대버섯
*Entoloma mammillatum* (Murrill) Hesler 유방꼭지외대버섯
*Entoloma melleipes* (Murrill) Hesler 꿀외대버섯
*Entoloma melleum* E. Horak 봉밀외대버섯
*Entoloma mephiticum* (Murrill) Hesler 독외대버섯
*Entoloma minutoalbum* E. Horak 애백색외대버섯
*Entoloma murrayi* (Berk. & M. A. Curtis) Sacc. 노란꼭지외대버섯
*Entoloma murrillii* Hesler 오백색외대버섯
*Entoloma mycenoides* (Hongo) Hongo 젖꼭지외대버섯
*Entoloma nigroviolaceum* (P. D. Orton) Hesler 흑자색외대버섯
*Entoloma ochraceum* Hesler 봉우리외대버섯
*Entoloma olivipes* A. Pearson ex Regler 배불뚝이외대버섯
*Entoloma omiense* (Hongo) E. Horak 민꼭지외대버섯
*Entoloma pallido-olivaceum* Hesler 퇴색노랑외대버섯
*Entoloma parvipapillatum* (Murrill) Hesler 범젖꼭지외대버섯
*Entoloma parvum* (Peck) Hesler 돗단외대버섯
*Entoloma peckianum* Peck 흠집외대버섯
*Entoloma peralbidum* E. Horak 순백외대버섯

*Entoloma prostratum* (Cleland) E. Horak 원시주름살외대버섯
*Entoloma pulchellum* (Hongo) Hongo 예쁜이외대버섯
*Entoloma pungens* (A. H. Sm. & Hesler) Courtec. 가시외대버섯
*Entoloma putidum* Hesler 냄새외대버섯
*Entoloma pyrinum* (Berk. & M. A. Curtis) Hesler 돌외대버섯
*Entoloma quadratum* (Berk. & M. A. Curtis) E. Horak 붉은꼭지외대버섯
*Entoloma readii* G. Stev. 뎟외대버섯
*Entoloma rhodopolium* (Fr.) P. Kumm. 삿갓외대버섯
*Entoloma roanense* Hesler 양파외대버섯
*Entoloma rusticoides* (Gillet) Noordel 잔디외대버섯
*Entoloma sarcitum* (Fr.) Noordel. 짐외대버섯
*Entoloma sarcopum* Nagas. & Hongo 외대덧버섯
*Entoloma scabrosum* (Fr.) Noordel. 껄껄이외대버섯
*Entoloma sericatum* (Britzelm.) Sacc. 섬유비단외대버섯
*Entoloma sericellum* (Fr.) P. Kumm. 비단외대버섯
*Entoloma serrulatum* (Fr.) Hesler 톱니외대버섯
*Entoloma setuliformum* Y. S. Kim & S. J. Seok 털외대버섯
*Entoloma sinuatum* (Bull.) P. Kumm. 외대버섯
*Entoloma spadiceum* Hesler 가래외대버섯
*Entoloma spadix* Hesler 이삭외대버섯
*Entoloma squamiferum* Horak 비늘외대버섯
*Entoloma squamodiscum* Hesler 비듬외대버섯
*Entoloma squamulosum* Hesler 큰비늘외대버섯
*Entoloma strictius* Hesler 직립외대버섯아재비
*Entoloma subfarinaceum* Hesler 가루외대버섯아재비
*Entoloma subfloridanum* (Murrill) Hesler 꽃송이외대버섯
*Entoloma subgriseum* Hesler 잿빛외대버섯
*Entoloma subplanum* (Peck) Hesler 평평외대버섯아재비
*Entoloma subquadratum* Hesler 네모외대버섯아재비
*Entoloma subrhombisporum* Hesler 연포자외대버섯아재비
*Entoloma subumbilicatum* Hesler 배꼽외대버섯아재비
*Entoloma subvile* (Peck) Hesler 안장외대버섯아재비
*Entoloma tephreum* Hesler 화산층외대버섯
*Entoloma tortuosum* Hesler 굴곡외대버섯
*Entoloma umbilicatum* Dennis 배꼽외대버섯
*Entoloma violaceobrunneum* Hesler 황보라외대버섯
*Entoloma violaceum* Murrill 보라꽃외대버섯

*Entoloma virginicum* Hesler 처녀외대버섯

*Entoloma weberi* Murrill 거미외대버섯

야자버섯속(Entonaema) 콩꼬투리버섯과(Xylariaceae) 콩꼬투리버섯목(Xylariales) 주발버섯강(Pezizomycetes) 자낭균문(Ascomycota)

*Entonaema liquescens* Möller 야자버섯

변색고약버섯속(Erythricium) 고약버섯과(Corticiaceae) 고약버섯목(Corticiales) 주름버섯강(Agaricomycetes) 담자균문(Basidiomycota)

*Erythricium hypnophilum* (P. Karst.) J. Erikss. and Hjortstam 큰변색고약버섯

*Erythricium laetum* (P. Karst.) J. Erikss. and Hjortstam 분홍변색고약버섯

마른버짐버섯속(Eutypa) 마른버짐버섯과(Diatrypaceae) 콩꼬투리버섯목(Xylariales) 동충하초강(Sordariomycetes) 자낭균문(Ascomycota)

*Eutypa acharii* Tul. & C. Tul. 마른버짐버섯

*Eutypa scabrosa* (Bull.) Fuckel 돌기마른버짐버섯

좀목이속(Exidia) 목이과(Auriculariaceae) 목이목(Auriculariales) 주름버섯강(Agaricomycetes) 담자균문(Basidiomycota)

*Exidia glandulosa* (Bull.) Fr. 좀목이

*Exidia recisa* (Ditmar) Fr. 분홍좀목이

*Exidia thuretiana* (Lév.) Fr. 뭉게좀목이

*Exidia truncata* Fr. 그루터기좀목이

*Exidia uvapassa* Lloyd 아교좀목이

떡병균속(Exobasidium) 떡병균과(Exobasidiaceae) 떡병균목(Exobasidiales) 떡병균강(Exobasidiomycetes) 담자균문(Basidiomycota)

*Exobasidium japonicum* Shirai 진달래나무떡병균

*Exobasidium reticulatum* S. Ito & Sawada 차그물떡병균

빗장버섯속(Favolaschia) 낙엽버섯과(Marasmiaceae) 주름버섯목(Agaricales) 주름버섯강(Agaricomycetes) 담자균문(Basidiomycota)

*Favolaschia fujisanensis* Kobayasi 구멍빗장버섯

벌집버섯속(Favolus) 구멍장이버섯과(Polyporaceae) 구멍장이버섯목(Polyporales) 주름버섯강(Agaricomycetes) 담자균문(Basidiomycota)

*Favolus alveolarius* (Bosc) Fr. 벌집버섯

*Favolus arcularius* (Fr.) Ames 좀벌집버섯

*Favolus grammocephalus* (Berk.) Imaz. 황갈벌집버섯

 소혀버섯속(Fistulina) 소혀버섯과(Fistulinaceae) 주름버섯목(Agaricales) 주름버섯강(Agaricomycetes) 담자균문(Basidiomycota)

*Fistulina hepatica* (Schaeff.) With. 소혀버섯

 까마귀버섯속(Flammulaster) 땀버섯과(Inocybaceae) 주름버섯목(Agaricales) 주름버섯강(Agaricomycetes) 담자균문(Basidiomycota)

*Flammulaster erinaceellus* (Peck) Watling 수원까마귀버섯

 팽나무버섯속(Flammulina) 뽕나무버섯과(Physalacriaceae) 주름버섯목(Agaricales) 주름버섯강(Agaricomycetes) 담자균문(Basidiomycota)

*Flammulina velutipes* (Curtis) Singer 팽나무버섯(팽이버섯)

 말굽버섯속(Fomes) 구멍장이버섯과(Polyporaceae) 구멍장이버섯목(Polyporales) 주름버섯강(Agaricomycetes) 담자균문(Basidiomycota)

*Fomes fomentarius* (L.) Gillet 말굽버섯

 재목버섯속(Fomitella) 잔나비버섯과(Fomitopsidaceae) 구멍장이버섯목(Polyporales) 주름버섯강(Agaricomycetes) 담자균문(Basidiomycota)

*Fomitella rhodophaea* (Lév.) T. Hatt. 넓적잔나비재목버섯

 잔나비버섯속(Fomitopsis) 잔나비버섯과(Fomitopsidaceae) 구멍장이버섯목(Polyporales) 주름버섯강(Agaricomycetes) 담자균문(Basidiomycota)

*Fomitopsis cajanderi* (P. Karst.) Kotl. and Pouzar 살색잔나비버섯

*Fomitopsis castanea* Imazeki 검은갓잔나비버섯

*Fomitopsis cytisina* (Berk.) Bond. et sing. 흑잔나비버섯

*Fomitopsis insularis* (Murr.) Imaz. 벽돌빛잔나비버섯

*Fomitopsis latissima* (Bres.) Imaz. 떡갈나무잔나비버섯

*Fomitopsis officinalis* (Vill.) Bondartsev & Singer 말굽잔나비버섯

*Fomitopsis pinicola* (Sw.) P. Karst. 잔나비버섯(개칭)

*Fomitopsis rosea* Pers. 장미잔나비버섯

 망그물버섯속(Frostiella) 그물버섯과(Boletaceae) 그물버섯목(Boletales) 주름버섯강(Agaricomycetes) 담자균문(Basidiomycota)

*Frostiella russellii* (Frost) Murrill 주름망그물버섯

**황말굽버섯속**(Fulvifomes) **소나무비늘버섯과**(Hymenochaetaceae) **소나무비늘버섯목**(Hymenochaetales) **주름버섯강**(Agaricomycetes) **담자균문**(Basidiomycota)

*Fulvifomes kanehirae* (Yasuda) Y. C. Dai 유리황말굽버섯

---

 **호떡버섯속**(Funalia) **구멍장이버섯과**(Polyporaceae) **구멍장이버섯목**(Polyporales) **주름버섯강**(Agaricomycetes) **담자균문**(Basidiomycota)

*Funalia polyzona* (Pers.) Niemelä 갈색호떡버섯

---

 **에밀종버섯속**(Galerina) **포도버섯과**(Strophariaceae) **주름버섯목**(Agaricales) **주름버섯강**(Agaricomycetes) **담자균문**(Basidiomycota)

*Galerina calyptrata* P. D. Orton 두건에밀종버섯
*Galerina fasciculata* Hongo 독에밀종버섯
*Galerina helvoliceps* (Berk. & M. A. Curtis) Singer 갈잎에밀종버섯
*Galerina vittiformis* (Fr.) Singer 이끼에밀종버섯

---

 **털고무버섯속**(Galiella) **털고무버섯과**(Sarcosomataceae) **주발버섯목**(Pezizales) **주발버섯강**(Pezizomycetes) **자낭균문**(Ascomycota)

*Galiella celebica* (Henn.) Nannf 갈색털고무버섯

---

 **불로초속**(Ganoderma) **불로초과**(Ganodermataceae) **구멍장이버섯목**(Polyporales) **주름버섯강**(Agaricomycetes) **담자균문**(Basidiomycota)

*Ganoderma applanatum* (Pers.) Pat. 잔나비불로초
*Ganoderma lucidum* (Curtis) P. Karst. 불로초(영지)
*Ganoderma neo-japonicum* Imazeki 자흑색불로초
*Ganoderma tsugae* Murrill 침엽수불로초

---

 **방귀버섯속**(Geastrum) **방귀버섯과**(Geastraceae) **방귀버섯목**(Geastrales) **주름버섯강**(Agaricomycetes) **담자균문**(Basidiomycota)

*Geastrum fimbriatum* Fr. 테두리방귀버섯
*Geastrum lageniforme* Vittad. 술병방귀버섯
*Geastrum mirabile* Mont. 애기방귀버섯
*Geastrum pectinatum* Pers. 방귀버섯
*Geastrum saccatum* Fr. 마른방귀버섯
*Geastrum schmidelii* Vittad. 꼴뚜기방귀버섯
*Geastrum sessile* (Sowerby) Pouzar 다발테두리방귀버섯
*Geastrum triplex* Jungh. 목도리방귀버섯
*Geastrum velutinum* Morgan 털방귀버섯

콩나물버섯속(Geoglossum) 콩나물고무버섯과(Geoglossaceae) 고무버섯목(Geoglossales) 두건버섯강(Leotiomycetes) 자낭균문(Ascomycota)

*Geoglossum fallax* E. J. Durand 녹두콩나물버섯

*Geoglossum glabrum* Pers. 민콩나물버섯

---

 패랭이버섯속(Gerronema) 낙엽버섯과(Marasmiaceae) 주름버섯목(Agaricales) 주름버섯강(Agaricomycetes) 담자균문(Basidiomycota)

*Gerronema nemorale* Har. Takah. 오목패랭이버섯

*Gerronema strombodes* (Berk. & Mont.) Sing. 왕주름패랭이버섯

---

 궤양버섯속(Gloeocystidiellum) 꽃구름버섯과(Stereaceae) 무당버섯목(Russulales) 주름버섯강(Agaricomycetes) 담자균문(Basidiomycota)

*Gloeocystidiellum porosum* (Berk. & Curt.) Donk 궤양버섯

---

 조개버섯속(Gloeophyllum) 조개버섯과(Gloeophyllaceae) 조개버섯목(Gloeophyllales) 주름버섯강(Agaricomycetes) 담자균문(Basidiomycota)

*Gloeophyllum abietinum* (Dicks.) Ryvarden 전나무조개버섯

*Gloeophyllum sepiarium* (Wulfen) P. Karst. 조개버섯

*Gloeophyllum subferrugineum* (Berk.) Bondartsev and Singer 밤갈색조개버섯

*Gloeophyllum trabeum* (Pers.) Murrill 작은조개버섯

---

 무른구멍장이버섯속(Gloeoporus) 아교버섯과(Meruliaceae) 구멍장이버섯목(Polyporales) 주름버섯강(Agaricomycetes) 담자균문(Basidiomycota)

*Gloeoporus adustus* (Willd.) Pilát 그을음무른구멍장이버섯

*Gloeoporus dichrous* (Fr.) Bres. 겹무른구멍장이버섯

*Gloeoporus pannocinctus* (Romell) J. Erikss. 검무른구멍장이버섯

*Gloeoporus taxicola* (Pers. : Fr.) Gilbn. et Ryv. 갈무른구멍장이버섯

---

 느릅나무버섯속(Gloeostereum) 꽃잎버섯과(Cyphellaceae) 주름버섯목(Agaricales) 주름버섯강(Agaricomycetes) 담자균문(Basidiomycota)

*Gloeostereum incarnatum* S. Ito & S. Imai 중국느릅나무버섯

---

 밀납고약버섯속(Gloiothele) 껍질고약버섯과(Peniophoraceae) 무당버섯목(Russulales) 주름버섯강(Agaricomycetes) 담자균문(Basidiomycota)

*Gloiothele lactescens* (Berk.) Hjortstam 크림밀납고약버섯

검댕이침버섯속(Gnomonia) 검뎅이침버섯과(Gnomoniaceae) 오리나무목(Diaporthales) 동충하초강(Sordariomycetes) 자낭균문(Ascomycota)

*Gnomonia cerastis* (Riess) Ces. & de Not. 검뎅이침버섯

 마개버섯속(Gomphidius) 못버섯과(Gomphidiaceae) 그물버섯목(Boletales) 주름버섯강(Agaricomycetes) 담자균문(Basidiomycota)

*Gomphidius glutinosus* (Schaeff.) Fr. 마개버섯
*Gomphidius maculatus* (Scop.) Fr. 점막마개버섯
*Gomphidius roseus* (Fr.) Fr. 큰마개버섯
*Gomphidius subroseus* Kauffman 장미마개버섯

 나팔버섯속(Gomphus) 나팔버섯과(Gomphaceae) 나팔버섯목(Gomphales) 주름버섯강(Agaricomycetes) 담자균문(Basidiomycota)

*Gomphus clavatus* (Pers.) Gray 자주나팔버섯
*Gomphus floccosus* (Schwein.) Singer 나팔버섯
*Gomphus fujisanensis* (S. Imai) Parmasto 녹변나팔버섯
*Gomphus pallidus* (Yasuda) Corner 흰나팔버섯

 잎새버섯속(Grifola) 왕잎새버섯과(Meripilaceae) 구멍장이버섯목(Polyporales) 주름버섯강(Agaricomycetes) 담자균문(Basidiomycota)

*Grifola albicans* Imazeki 다박잎새버섯
*Grifola frondosa* (Dicks.) Gray 잎새버섯

 혀버섯속(Guepinia) (Incertae sedis) 목이목(Auriculariales) 주름버섯강(Agaricomycetes) 담자균문(Basidiomycota)

*Guepinia fissa* Berk. 가는혀버섯
*Guepinia helvelloides* (DC.) Fr. 장미혀버섯
*Guepinia spathularia* (Schwein.) Fr. 혀버섯

 초롱버섯속(Guepiniopsis) 붉은목이과(Dacrymycetaceae) 붉은목이목(Dacrymycetales) 붉은목이강(Dacrymycetes) 담자균문(Basidiomycota)

*Guepiniopsis buccina* (Pers.) L. L. Kenn 금강초롱버섯

 미치광이버섯속(Gymnopilus) 턱받이버섯과(Hymenogastraceae) 주름버섯목(Agaricales) 주름버섯강(Agaricomycetes) 담자균문(Basidiomycota)

*Gymnopilus aeruginosus* (Peck) Singer 녹색미치광이버섯
*Gymnopilus liquiritiae* (Pers.) P. Karst. 미치광이버섯

*Gymnopilus penetrans* (Fr.) Murrill 침투미치광이버섯
*Gymnopilus spectabilis* (Fr.) Singer 갈황색미치광이버섯

꽃애기버섯속(Gymnopus) 화경버섯과(Omphalotaceae) 주름버섯목(Agaricales) 주름버섯강(Agaricomycetes) 담자균문(Basidiomycota)

*Gymnopus confluens* (Pers.) Antonín, Halling & Noordel. 밀꽃애기버섯
*Gymnopus dryophilus* (Bull.) Murrill 굽은꽃애기버섯
*Gymnopus erythropus* (Pers.) Antonín, Halling & Noordel. 선녀꽃애기버섯
*Gymnopus peronatus* (Bolton) Gray 가랑잎꽃애기버섯

구두솔버섯속(Gyrodontium) 분칠버섯과(Coniophoraceae) 그물버섯목(Boletales) 주름버섯강(Agaricomycetes) 담자균문(Basidiomycota)

*Gyrodontium sacchari* (Spreng.) Hjortstam 헌구두솔버섯

마귀곰보버섯속(Gyromitra) 원반버섯과(Discinaceae) 주발버섯목(Pezizales) 주발버섯강(Pezizomycetes) 자낭균문(Ascomycota)

*Gyromitra esculenta* (Pers.) Fr. 마귀곰보버섯
*Gyromitra infula* (Schaeff.) Quél. 안장마귀곰보버섯

둘레그물버섯속(Gyroporus) 둘레그물버섯과(Gyroporaceae) 그물버섯목(Boletales) 주름버섯강(Agaricomycetes) 담자균문(Basidiomycota)

*Gyroporus castaneus* (Bull.) Quél. 흰둘레그물버섯
*Gyroporus cyanescens* (Bull.) Quél. 남빛둘레그물버섯
*Gyroporus longicystidiatus* Nagas. & Hongo 큰둘레그물버섯
*Gyroporus purpurinus* (Snell) Singer 자주둘레그물버섯

반달버섯속(Hapalopilus) 구멍장이버섯과(Polyporaceae) 구멍장이버섯목(Polyporales) 주름버섯강(Agaricomycetes) 담자균문(Basidiomycota)

*Hapalopilus croceus* (Pers.) Donk 등색반달버섯
*Hapalopilus rutilans* (Pers.) P. Karst. 노란반달버섯

자갈버섯속(Hebeloma) 포도버섯과(strophariaceae) 주름버섯목(Agaricales) 주름버섯강(Agaricomycetes) 담자균문(Basidiomycota)

*Hebeloma radicosum* (Bull.) Ricken 뿌리자갈버섯
*Hebeloma spoliatum* (Fr.) Gillet 긴꼬리자갈버섯
*Hebeloma vinosophyllum* Hongo 밤자갈버섯

연지그물버섯속(Heimiella) 주름버섯과(Agaricaceae) 주름버섯목(Agaricales) 주름버섯강(Agaricomycetes) 담자균문(Basidiomycota)

*Heimiella japonica* Hongo 일본연지그물버섯

 날개무늬병균속(Helicobasidium) 날개무늬병균과(Helicobasidiaceae) 날개무늬병균목(Helicobasidiales) 녹균강(Pucciniomycetes) 담자균문(Basidiomycota)

*Helicobasidium mompa* Tanaka 자주빛날개무늬병

 안장버섯속(Helvella) 안장버섯과(Helvellaceae) 주발버섯목(Pezizales) 주발버섯강(Pezizomycetes) 자낭균문(Ascomycota)

*Helvella acetabulum* (L.) Quél. 와인잔안장버섯
*Helvella atra* Koenig : Fr. 꼬마안장버섯
*Helvella compressa* in Arora 납작안장버섯
*Helvella costifera* Nannf. 갈비대안장버섯
*Helvella crispa* (Scop.) Fr. 주름안장버섯
*Helvella elastica* Bull. 긴대안장버섯
*Helvella ephippioides* Imai. 굵은대안장버섯
*Helvella ephippium* Lév. 덧술잔안장버섯
*Helvella lacunosa* Afzel. 안장버섯
*Helvella macropus* (Pers.) P. Karst. 기둥안장버섯
*Helvella pezizoides* Afzel. 황회색안장버섯
*Helvella sulcata* Afz. ex Fr. 검은안장버섯

 천사버섯속(Hemimycena) 애주름버섯과(Mycenaceae) 주름버섯목(Agaricales) 주름버섯강(Agaricomycetes) 담자균문(Basidiomycota)

*Hemimycena cucullata* (Pers.) Singer 흰천사버섯
*Hemimycena lactea* (Pers.) Singer 천사버섯

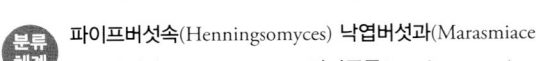 파이프버섯속(Henningsomyces) 낙엽버섯과(Marasmiaceae) 주름버섯목(Agaricales) 주름버섯강(Agaricomycetes) 담자균문(Basidiomycota)

*Henningsomyces candidus* (Pers.) Kuntze 순백파이프버섯

 산호침버섯속(Hericium) 노루궁뎅이과(Hericiaceae) 무당버섯목(Russulales) 주름버섯강(Agaricomycetes) 담자균문(Basidiomycota)

*Hericium coralloides* (Scop.) Pers. 산호침버섯
*Hericium erinaceus* (Bull.) Pers. 노루궁뎅이
*Hericium laciniatum* (Leers) Banker 산호침버섯아재비

뿌리버섯속(Heterobasidion) 떡버섯과(Bondarzewiaceae) 무당버섯목(Russulales) 주름버섯강(Agaricomycetes) 담자균문(Basidiomycota)

*Heterobasidion insulare* (Murrill) Ryvarden 벽돌빛뿌리버섯

 돌기목이속(Heterochaete) 목이과(Auriculariaceae) 목이목(Auriculariales) 주름버섯강(Agaricomycetes) 담자균문(Basidiomycota)

*Heterochaete delicata* (Klotzsch ex Berk.) Bres. 미세돌기목이

 육각구멍버섯속(Hexagonia) 구멍장이버섯과(Polyporaceae) 구멍장이버섯목(Polyporales) 주름버섯강(Agaricomycetes) 담자균문(Basidiomycota)

*Hexagonia tenuis* (Hook.) Fr. 가는육각구멍버섯

 잔뿌리동충하초속(Hirsutella) 잠자리동충하초과(Ophiocordycipitaceae) 동충하초목(Hypocreales) 동충하초강(Sordariomycetes) 자낭균문(Ascomycota)

*Hirsutella citriformis* Spease 송충이잔뿌리동충하초
*Hirsutella clavispora* Spease 다발잔뿌리동충하초
*Hirsutella entomophila* Pat. 잔뿌리동충하초
*Hirsutella nigrella* Kobayasi 유충검은동충하초덧부치
*Hirsutella nutans* Kobayasi 노린재동충하초덧부치

 꼬막버섯속(Hohenbuehelia) 느타리과(Pleurotaceae) 주름버섯목(Agaricales) 주름버섯강(Agaricomycetes) 담자균문(Basidiomycota)

*Hohenbuehelia atrocoerulea* (Fr.) Singer 쥐털꼬막버섯
*Hohenbuehelia petaloides* (Bull.) Schulzer 꼬막버섯
*Hohenbuehelia reniformis* (G. Mey.) Singer 애기꼬막버섯

 산호버섯속(Holtermannia) 흰목이과(Tremellaceae) 흰목이목 (Tremellales) 흰목이강(Tremellomycetes) 담자균문(Basidiomycota)

*Holtermannia corniformis* Kobayasi 산호버섯

 사발버섯속(Humaria) 털접시버섯과(Pyronemataceae) 주발버섯목(Pezizales) 주발버섯강(Pezizomycetes) 자낭균문(Ascomycota)

*Humaria hemisphaerica* (F. H. Wigg.) Fuckel 갈색사발버섯

 갈색깔때기버섯속(Hydnellum) 노루털버섯과(Bankeraceae) 사마귀버섯목(Thelephorales) 주름버섯강(Agaricomycetes) 담자균문(Basidiomycota)

*Hydnellum aurantiacum* (Batsch) P. Karst. 황금갈색깔때기버섯

*Hydnellum caeruleum* (Hornem.) P. Karst. 살갗갈색깔때기버섯

*Hydnellum concrescens* (Pers.) Banker 고리갈색깔때기버섯

*Hydnellum ferrugineum* (Fr.) P. Karst. 향기갈색깔때기버섯

*Hydnellum peckii* Banker 피즙갈색깔때기버섯

소나무껍질버섯속(Hydnochaete) 소나무비늘버섯과(Hymenochaetaceae) 소나무비늘버섯목(Hymenochaetales) 주름버섯강(Agaricomycetes) 담자균문(Basidiomycota)

*Hydnochaete tabacinoides* (Yasuda) Imazeki 갓소나무껍질버섯

맥수염버섯속(Hydnophlebia) 아교버섯과(Meruliaceae) 구멍장이버섯목(Polyporales) 주름버섯강(Agaricomycetes) 담자균문(Basidiomycota)

*Hydnophlebia chrysorhiza* (Torr.) Parmasto 황금맥수염버섯

미로덩이버섯속(Hydnotrya) 원반버섯과(Discinaceae) 주발버섯목(Pezizales) 주발버섯강(Pezizomycetes) 자낭균문(Ascomycota)

*Hydnotrya tulasnei* (Berk.) Berk. & Broome 미로덩이버섯

턱수염버섯속(Hydnum) 턱수염버섯과(Hydnaceae) 꾀꼬리버섯목(Cantharellales) 주름버섯강(Agaricomycetes) 담자균문(Basidiomycota)

*Hydnum repandum* L. 턱수염버섯

맑은대버섯속(Hydropus) 낙엽버섯과(Marasmiaceae) 주름버섯목(Agaricales) 주름버섯강(Agaricomycetes) 담자균문(Basidiomycota)

*Hydropus erinensis* (Dennis) Singer 잔디맑은대버섯

*Hydropus floccipes* (Fr.) Singer 솜털맑은대버섯

*Hydropus marginellus* (Pers.) Singer 제주맑은대버섯

*Hydropus nigrita* (Berk. & M. A. Curtis) Singer 검은맑은대버섯

꽃버섯속(Hygrocybe) 벚꽃버섯과(Hygrophoraceae) 주름버섯목(Agaricales) 주름버섯강(Agaricomycetes) 담자균문(Basidiomycota)

*Hygrocybe calyptriformis* (Berk.) Fayod 새벽꽃버섯

*Hygrocybe cantharellus* (Schwein.) Murrill 화병꽃버섯

*Hygrocybe chlorophana* (Fr.) Wünsche 끈적노랑꽃버섯

*Hygrocybe coccinea* (Schaeff.) P. Kumm. 진빨간꽃버섯

*Hygrocybe coccineocrenata* (P. D. Orton) M. M. Moser 진빨간꽃버섯아재비

*Hygrocybe conica* (Scop.) P. Kumm. 꽃버섯

*Hygrocybe cruenta* (Hongo) Hongo 주황아기꽃버섯

*Hygrocybe cuspidata* (Peck) Hongo & Izawa 고깔꽃버섯
*Hygrocybe firma* (Berk. & Broome) Singer 이란성꽃버섯
*Hygrocybe flavescens* (Kauffman) Singer 노란대꽃버섯
*Hygrocybe hypohaemacta* (Corner) Pegler 빨간리본꽃버섯
*Hygrocybe imazekii* (Hongo) Hongo 황적색꽃버섯
*Hygrocybe lacmus* (Schumach.) P. D. Orton & Watling 보라꽃버섯
*Hygrocybe laeta* (Pers.) P. Kumm. 장미꽃버섯
*Hygrocybe marchii* (Bres.) Singer 빨강꽃버섯
*Hygrocybe miniata* (Fr.) P. Kumm. 붉은꽃버섯
*Hygrocybe nitrata* (Pers.) Wünsche 질산꽃버섯
*Hygrocybe ovina* (Bull.) Kühner 투구꽃버섯
*Hygrocybe pantoleuca* (Hongo) Hongo 흰갓꽃버섯
*Hygrocybe persistens* (Britzelm.) Singer 노란고깔꽃버섯
*Hygrocybe pratensis* (Fr.) Murrill 처녀꽃버섯
*Hygrocybe punicea* (Fr.) P. Kumm. 팥배꽃버섯
*Hygrocybe subcinnabarina* (Hongo) Hongo 황갈꽃버섯아재비
*Hygrocybe subvitellina* (S. Imai) S. Ito 등황색꽃버섯
*Hygrocybe suzukaensis* (Hongo) Hongo 주홍꽃버섯
*Hygrocybe turunda* (Fr.) P. Karst. 애비늘꽃버섯
*Hygrocybe virginea* (Wulf.) Ort. & Watl. 눈빛꽃버섯
*Hygrocybe vitellina* (Fr.) P. Karst. 노랑꽃버섯

꾀꼬리큰버섯속(Hygrophoropsis) 꾀꼬리큰버섯과(Hygrophoropsidaceae) 그물버섯목(Boletales) 주름버섯강(Agaricomycetes) 담자균문(Basidiomycota)

*Hygrophoropsis aurantiaca* (Wulfen) Maire 꾀꼬리큰버섯
*Hygrophoropsis bicolor* Hongo 재목꾀꼬리큰버섯

벚꽃버섯속(Hygrophorus) 벚꽃버섯과(Hygrophoraceae) 주름버섯목(Agaricales) 주름버섯강(Agaricomycetes) 담자균문(Basidiomycota)

*Hygrophorus arbustivus* Fr. 단심벚꽃버섯
*Hygrophorus camarophyllus* (Alb. & Schwein.) Dumée, Grandjean & Maire 노란구름벚꽃버섯
*Hygrophorus capreolarius* Kalchbr. 적갈색벚꽃버섯
*Hygrophorus chrysodon* (Batsch) Fr. 노란갓벚꽃버섯
*Hygrophorus eburneus* (Bull.) Fr. 벚꽃버섯
*Hygrophorus fagi* G. Becker & Bon 너도벚꽃버섯
*Hygrophorus leucophaeus* (Scop.) Fr. 가마벚꽃버섯
*Hygrophorus lucorum* Kalchbr. 노란틸벚꽃버섯

*Hygrophorus olivaceoalbus* (Fr.) Fr. 젤리벚꽃버섯

*Hygrophorus pantoleucus* Hongo 흰갓벚꽃버섯

*Hygrophorus purpurascens* (Alb. & Schwein.) Fr. 보라벚꽃버섯

*Hygrophorus russula* (Schaeff.) Kauffman 다색벚꽃버섯

*Hygrophorus subcinnabarinus* Hongo 붉은벚꽃버섯

*Hygrophorus subvitellinus* (Imai) S. Ito 노란벚꽃버섯

*Hygrophorus suzukaensis* Hongo 주홍벚꽃버섯

소나무비늘버섯속(Hymenochaete) 소나무비늘버섯과(Hymenochaetaceae) 소나무비늘버섯목(Hymenochaetales) 주름버섯강(Agaricomycetes) 담자균문(Basidiomycota)

*Hymenochaete cinnamomea* (Jacq.) Murrill 적황색소나무비늘버섯

*Hymenochaete corrugata* (Fr.) Lév. 민소나무비늘버섯

*Hymenochaete cruenta* (Pers.) Donk 붉은소나무비늘버섯

*Hymenochaete fuliginosa* (Pers.) Lév. 가루소나무비늘버섯

*Hymenochaete intricata* (Lloyd) S. Ito 기와소나무비늘버섯

*Hymenochaete rubiginosa* (Dicks.) Lév. 암갈색소나무비늘버섯

*Hymenochaete tabacina* (Sowerby) Lév. 소나무비늘버섯

*Hymenochaete villosa* (Lév.) Bres. 긴털소나무비늘버섯

*Hymenochaete xerantica* (Berk.) S. H. He & Y. C. Dai 금빛소나무비늘버섯

*Hymenochaete yasudai* Imazeki 무늬소나무비늘버섯

긴꼬리버섯속(Hymenopellis) 뽕나무버섯과(Physalacriaceae) 주름버섯목(Agaricales) 주름버섯강(Agaricomycetes) 담자균문(Basidiomycota)

*Hymenopellis radicata* (Relhan) R. H. Petersen 긴꼬리버섯

*Hymenopellis xeruloides* (Bon) R. H. Petersen 꼬마긴꼬리버섯

술잔고무버섯속(Hymenoscyphus) 두건버섯과(Helotiaceae) 고무버섯목(Helotiales) 두건버섯강(Leotiomycetes) 자낭균문(Ascomycota)

*Hymenoscyphus calyculus* (Fr.) W. Phillips 진노란술잔고무버섯

*Hymenoscyphus equisetinus* (Vel.) Dennis 껍질술잔고무버섯

*Hymenoscyphus scutula* (Pers.) w. Phillips 긴자루술잔고무버섯

나방이동충하초속(Hymenostilbe) 잠자리동충하초과(Ophiocordycipitaceae) 동충하초목(Hypocreales) 동충하초강(Sordariomycetes) 자낭균문(Ascomycota)

*Hymenostilbe odonatae* Kobayasi 잠자리동충하초

*Hymenostilbe sphingum* (Schw.) Petch 나방이동충하초

**목재고약버섯속**(Hyphoderma) **왕잎새버섯과**(Meripilaceae) **구멍장이버섯목**(Polyporales) **주름버섯강**(Agaricomycetes) **담자균문**(Basidiomycota)

*Hyphoderma argillaceum* (Bres.) Donk 진흙목재고약버섯
*Hyphoderma mutatum* (Peck) Donk 백갈색목재고약버섯
*Hyphoderma praetermissum* (P. Karst.) J. Erikss. and Å. Strid 흰목재고약버섯
*Hyphoderma puberum* (Fr.) Wallr. 털속껍질버섯
*Hyphoderma roseocremeum* (Bres.) Donk 분홍목재고약버섯
*Hyphoderma setigerum* (Fr.) Donk 목재고약버섯
*Hyphoderma sibiricum* (Parmasto) J. Erikss. and Å. Strid 틈목재고약버섯

**돌기고약버섯속**(Hyphodontia) **좀구멍버섯과**(Schizoporaceae) **소나무비늘버섯목**(Hymenochaetales) **주름버섯강**(Agaricomycetes) **담자균문**(Basidiomycota)

*Hyphodontia alutacea* (Fr.) J. Erikss. 털돌기고약버섯
*Hyphodontia alutaria* (Burt) Jülich 둥근돌기고약버섯
*Hyphodontia arguta* (Fr.) J. Erikss. 침돌기고약버섯
*Hyphodontia aspera* (Pers.) Quél. 돌기고약버섯
*Hyphodontia breviseta* (P. Karst.) J. Erikss. 흰돌기고약버섯
*Hyphodontia crustosa* (Pers.) J. Erikss. 틈돌기고약버섯
*Hyphodontia pallidula* (Bres.) Erikss. 돌기고약버섯
*Hyphodontia papillosa* (Fr.) J. Erikss. 크림돌기고약버섯
*Hyphodontia sambuci* (Pers.) J. Erikss. 석회돌기고약버섯
*Hyphodontia spathulata* (Schrad.) Parmasto 혀돌기고약버섯
*Hyphodontia tropica* Sheng H. Wu 미로돌기고약버섯

**개암버섯속**(Hypholoma) **포도버섯과**(Strophariaceae) **주름버섯목**(Agaricales) **주름버섯강**(Agaricomycetes) **담자균문**(Basidiomycota)

*Hypholoma elongatum* (Pers.) Ricken 긴대개암버섯
*Hypholoma fasciculare* (Huds.) P. Kumm. 노란개암버섯
*Hypholoma lateritium* (Schaeff.) P. Kummer 개암버섯
*Hypholoma marginatum* J. Schröt. 가는다리개암버섯(개칭)

**후막고약버섯속**(Hypochnicium) **왕잎새버섯과**(Meripilaceae) **구멍장이버섯목**(Polyporales) **주름버섯강**(Agaricomycetes) **담자균문**(Basidiomycota)

*Hypochnicium bombycinum* (Sommerf.) J. Erikss. 후막고약버섯
*Hypochnicium eichleri* (Bres. ex Sacc.) J. Erikss. and Ryvarden 흰후막고약버섯
*Hypochnicium lundellii* (Bourdot) J. Erikss. 평탄후막고약버섯
*Hypochnicium punctulatum* (Berk. and Ravenel) Cooke 백설후막고약버섯

점버섯속(Hypocrea) 점버섯과(Hypocreaceae) 동충하초목(Hypocreales) 동충하초강(Sordariomycetes) 자낭균문(Ascomycota)

*Hypocrea citrina* (Pers.) Fr. 노란점버섯

*Hypocrea pulvinata* Fuckel 가루점버섯

---

팥버섯속(Hypoxylon) 콩꼬투리버섯과(Xylariaceae) 콩꼬투리버섯목(Xylariales) 동충하초강(Sordariomycetes) 자낭균문(Ascomycota)

*Hypoxylon fragiforme* (Pers.) J. Kickx f. 점박이팥버섯

*Hypoxylon fuscum* (Pers.) Fr. 붉은팥버섯

*Hypoxylon howeanum* Peck 애기붉은팥버섯

*Hypoxylon mediterraneum* (de Not.) Mill. 회색점팥버섯

*Hypoxylon nummularium* Bull. ex Fr. 민팥버섯

*Hypoxylon punctulatum* (Berk. et Rav.) Cke 큰방석팥버섯

*Hypoxylon rubiginosum* (Pers.) Fr. 팥죽팥버섯

*Hypoxylon rutilum* Tul. 방석팥버섯

*Hypoxylon serpens* (Pers.) J. Kickx f. 주름팥버섯

*Hypoxylon udum* (Pers.) Fr. 참나무팥버섯

---

느티만가닥버섯속(Hypsizygus) 만가닥버섯과(Lyophyllaceae) 주름버섯목(Agaricales) 주름버섯강(Agaricomycetes) 담자균문(Basidiomycota)

*Hypsizygus marmoreus* (Peck) H. E. Bigelow 느티만가닥버섯

---

입술버섯속(Hysterographium) 입술버섯과(Hysteriaceae) 입술버섯목(Hysteriales) 입술버섯강(Dothideomycetes) 자낭균문(Ascomycota)

*Hysterographium fraxini* (Pers. ex Fr.) de Not. 입술버섯

---

꼴망태버섯속(Ileodictyon) 말뚝버섯과(Phallaceae) 말뚝버섯목(Phallales) 주름버섯강(Agaricomycetes) 담자균문(Basidiomycota)

*Ileodictyon gracile* Berk. 가는꼴망태버섯

---

다리깔때기버섯속(Infundibulicybe) 송이과(Tricholomataceae) 주름버섯목(Agaricales) 주름버섯강(Agaricomycetes) 담자균문(Basidiomycota)

*Infundibulicybe geotropa* (Bull.) Harmaja 굽다리깔때기버섯

---

꼭지버섯속(Inocephalus) 외대버섯과(Entolomataceae) 주름버섯목(Agaricales) 주름버섯강(Agaricomycetes) 담자균문(Basidiomycota)

*Inocephalus murrayi* (Berk. & M. A. Curtis) Rutter & Watling 노란꼭지버섯

*Inocephalus virescens* (Sacc.) Largent & Abell-Davis 하늘꼭지버섯

**내피버섯속**(Inocutis) 소나무비늘버섯과(Hymenochaetaceae) 소나무비늘버섯목(Hymenochaetales) 주름버섯강(Agaricomycetes) 담자균문(Basidiomycota)

*Inocutis dryophila* (Berk.) Fiasson & Niemelä 마른내피버섯

**땀버섯속**(Inocybe) 땀버섯과(Inocybaceae) 주름버섯목(Agaricales) 주름버섯강(Agaricomycetes) 담자균문(Basidiomycota)

*Inocybe acutata* Tak. Kobay. & Nagas 흰꼭지땀버섯

*Inocybe albodisca* Peck 백색꼭지땀버섯

*Inocybe asterospora* Quél. 삿갓땀버섯

*Inocybe bispora* Hongo 양포자땀버섯

*Inocybe bresadolae* Massee 두메땀버섯

*Inocybe caesariata* (Fr.) P. Karst. 털실땀버섯

*Inocybe calamistrata* (Fr.) Gillet 큰비늘땀버섯

*Inocybe calospora* Quél. 바늘땀버섯

*Inocybe cincinnata* (Fr.) Quél. 곱슬머리땀버섯

*Inocybe cookei* Bres. 단발머리땀버섯

*Inocybe corydalina* Quél. 고깔땀버섯

*Inocybe curvipes* P. Karst. 점비늘땀버섯

*Inocybe flocculosa* (Berk.) Sacc. 가루땀버섯

*Inocybe geophylla* (Sow. : Fr.) Kummer 애기흰땀버섯

*Inocybe griseolilacina* J. E. Lange 회보라땀버섯

*Inocybe haemacta* (Berk. & Cooke) Sacc. 자수정땀버섯

*Inocybe hirtella* Bres. 센털땀버섯아재비

*Inocybe huijsmanii* Kuyper 애기땀버섯

*Inocybe kasugayamensis* Hongo 광택줄기땀버섯

*Inocybe kobayasii* Hongo 원추땀버섯

*Inocybe koreana* W. H. Park & J. H. Lee 분홍털땀버섯

*Inocybe lacera* (Fr.) P. Kumm. 비듬땀버섯

*Inocybe leptophylla* G. F. Atk. 가는땀버섯

*Inocybe longicystis* G. F. Atk. 긴땀버섯

*Inocybe lutea* Kobayasi & Hongo 노란땀버섯

*Inocybe maculata* Boud. 털땀버섯

*Inocybe montana* Kobayasi 산땀버섯

*Inocybe multicoronata* A. H. Sm. 노란꼭지땀버섯

*Inocybe niigatensis* Hongo 모래땀버섯

*Inocybe nodulosospora* Kobayasi 애기비늘땀버섯

*Inocybe praetervisa* Quél., in Bresadola 땀버섯아재비

*Inocybe proximella* P. Karst. 솜털땀버섯

*Inocybe rimosa* (Bull.) P. Kumm. 솔땀버섯

*Inocybe sororia* Kauffman 팽이땀버섯

*Inocybe sphaerospora* Kobayasi 둥근포자땀버섯

*Inocybe squamulosa* Kobayasi 비늘땀버섯

*Inocybe trechispora* (Berk.) P. Karst. 이끼땀버섯

*Inocybe umbratica* Quél. 흰땀버섯

시루뻔버섯속(Inonotus) 소나무비늘버섯과(Hymenochaetaceae) 소나무비늘버섯목(Hymenochaetales) 주름버섯강(Agaricomycetes) 담자균문(Basidiomycota)

*Inonotus andersonii* (Ellis and Everh.) Černý 배착시루뻔버섯

*Inonotus cuticularis* (Bull.) P. Karst. 시루뻔버섯

*Inonotus flavidus* (Berk.) Ryvarden 털황갈시루뻔버섯

*Inonotus hastifer* Pouzar 누룽지시루뻔버섯

*Inonotus hispidus* (Bull.) P. Karst. 털시루뻔버섯

*Inonotus kanehirae* (Yasuda) Imazeki 유리시루뻔버섯

*Inonotus lonicerus* (Bondartsev) Sheng H. Wu, Y. C. Dai & T. Hatt. 병꽃시루뻔버섯

*Inonotus mikadoi* (Lloyd) Gilb. and Ryvarden 황갈색시루뻔버섯

*Inonotus nodulosus* (Fr.) P. Karst. 흑시루뻔버섯

*Inonotus obliquus* (Ach. ex Pers.) Pilát 자작나무시루뻔버섯

*Inonotus radiatus* (Sowerby) P. Karst. 갈색시루뻔버섯

*Inonotus tabacinus* (Mont.) G. Cunn. 비단시루뻔버섯

*Inonotus xeranticus* (Berk.) Imazeki & Aoshima 금빛시루뻔버섯

기계충버섯속(Irpex) 아교버섯과(Meruliaceae) 구멍장이버섯목(Polyporales) 주름버섯강(Agaricomycetes) 담자균문(Basidiomycota)

*Irpex consors* Berk. 송곳니단색털구름버섯

*Irpex hydnoides* Y. W. Lim & H. S. Jung 침기계충버섯

*Irpex lacteus* (Fr.) Fr. 기계충버섯

나방꽃동충하초속(Isaria) 동충하초과(Cordycipitaceae) 동충하초목(Hypocreales) 동충하초강(Sordariomycetes) 자낭균문(Ascomycota)

*Isaria japonica* Yasuda 나방꽃동충하초

*Isaria sinclairii* (Berk.) Lloyd 매미나방꽃동충하초

떡버섯속(Ischnoderma) 잔나비버섯과(Fomitopsidaceae) 구멍장이버섯목(Polyporales) 주름버섯강(Agaricomycetes) 담자균문(Basidiomycota)

*Ischnoderma benzoinum* (Wahlenb.) P. Karst. 갈색떡버섯
*Ischnoderma resinosum* (Schrad.) P. Karst. 떡버섯

---

자루주발버섯속(Jafnea) 털접시버섯과(Pyronemataceae) 주발버섯목(Pezizales) 주발버섯강(Pezizomycetes) 자낭균문(Ascomycota)

*Jafnea fusicarpa* (Gerard) Korf. 털끝자루주발버섯

---

머리말뚝버섯속(Jansia) 말뚝버섯과(Phallaceae) 말뚝버섯목(Phallales) 주름버섯강(Agaricomycetes) 담자균문(Basidiomycota)

*Jansia boninensis* Lloyd 황갈색머리말뚝버섯

---

살색구멍버섯속(Junghuhnia) 왕잎새버섯과(Meripilaceae) 구멍장이버섯목(Polyporales) 주름버섯강(Agaricomycetes) 담자균문(Basidiomycota)

*Junghuhnia lacera* (P. Karst.) Niemelä & Kinnunen 큰살색구멍버섯
*Junghuhnia luteoalba* (P. Karst.) Ryvarden 누런살색구멍버섯
*Junghuhnia nitida* (Pers.) Ryvarden 살색구멍버섯

---

찐빵버섯속(Kobayasia) 말뚝버섯과(Phallaceae) 말뚝버섯목(Phallales) 주름버섯강(Agaricomycetes) 담자균문(Basidiomycota)

*Kobayasia nipponica* (Kobayasi) S. Imai & A. Kawam. 찐빵버섯

---

고약방석버섯속(Kretzschmaria) 콩꼬투리버섯과(Xylariaceae) 콩꼬투리버섯목(Xylariales) 동충하초강(Sordariomycetes) 자낭균문(Ascomycota)

*Kretzschmaria deusta* (Hoffm.) P. M. D. Martin 껍질고약방석버섯

---

무리우산버섯속(Kuehneromyces) 포도버섯과(Strophariaceae) 주름버섯목(Agaricales) 주름버섯강(Agaricomycetes) 담자균문(Basidiomycota)

*Kuehneromyces mutabilis* (Schaeff.) Singer & A. H. Sm. 무리우산버섯

---

졸각버섯속(Laccaria) 졸각버섯과(Hydnangiaceae) 주름버섯목(Agaricales) 주름버섯강(Agaricomycetes) 담자균문(Basidiomycota)

*Laccaria amethystina* Cooke 자주졸각버섯
*Laccaria bicolor* (Maire) P. D. Orton 보라발졸각버섯
*Laccaria galerinoides* Singer 모자꼴졸각버섯
*Laccaria laccata* (Scop.) Cooke 졸각버섯

*Laccaria nigra* Hongo 검정졸각버섯

*Laccaria ohiensis* (Mont.) Sing. 젖꼭지졸각버섯

*Laccaria proxima* (Boud.) Pat. 큰졸각버섯

*Laccaria tortilis* (Bolton) Cooke 밀졸각버섯

*Laccaria vinaceoavellanea* Hongo 색시졸각버섯

 털종지버섯속(Lachnellula) 거미줄종지버섯과(Hyaloscyphaceae) 고무버섯목(Helotiales) 두건버섯강(Leotiomycetes) 자낭균문(Ascomycota)

*Lachnellula calyciformis* (Willd.) Dharne 노란양모접시버섯

*Lachnellula pseudofarinacea* (Crouan) Dennis 가루털종지버섯

 큰눈물버섯속(Lacrymaria) 눈물버섯과(Psathyrellaceae) 주름버섯목(Agaricales) 주름버섯강(Agaricomycetes) 담자균문(Basidiomycota)

*Lacrymaria lacrymabunda* (Bull.) Pat. 큰눈물버섯

 젖버섯속(Lactarius) 무당버섯과(Russulaceae) 무당버섯목(Russulales) 주름버섯강(Agaricomycetes) 담자균문(Basidiomycota)

*Lactarius acris* (Bolton) Gray 고추젖버섯

*Lactarius akahatsu* Tanaka 피젖버섯

*Lactarius argillaceifolius* Hesler & A. H. Sm. 흑갈색주름젖버섯

*Lactarius aspideus* (Fr.) Fr. 보라변색버섯

*Lactarius camphoratus* (Bull.) Fr. 민맛젖버섯

*Lactarius castanopsidis* Hongo 잣밤젖버섯

*Lactarius chloroides* (Krombh.) A. Kawam. 흰젖버섯

*Lactarius chrysorrheus* Fr. 노란젖버섯

*Lactarius cilicioides* (Fr.) Fr. 염소털젖버섯

*Lactarius circellatus* Fr. 작은테젖버섯

*Lactarius controversus* (Pers.) Pers. 쌈젖버섯

*Lactarius corrugis* Peck 주름젖버섯

*Lactarius deliciosus* (L.) Gray 붉은젖버섯

*Lactarius deterrimus* Gröger 솔송나무젖버섯

*Lactarius flavidulus* S. Imai 누룩젖버섯

*Lactarius gerardii* Peck 애기젖버섯

*Lactarius glaucescens* Crossl. 푸른유액젖버섯

*Lactarius gracilis* Hongo 애기털젖버섯

*Lactarius hatsudake* Tanaka 젖버섯아재비

*Lactarius hygrophoroides* Berk. & M. A. Curtis 흰주름젖버섯

*Lactarius hysginus* (Fr.) Fr. 끈적붉은젖버섯

*Lactarius indigo* 남보라젖버섯

*Lactarius lignyotus* Fr. 잿빛헛대젖버섯

*Lactarius luteolus* Peck 갈색끈적젖버섯

*Lactarius mutabilis* Peck 진갈색무늬젖버섯

*Lactarius necator* (Bull.) Pers. 독젖버섯

*Lactarius nigroviolascens* G. F. Atk. 보라헛대젖버섯

*Lactarius obscuratus* (Lasch) Fr 애기낙엽젖버섯

*Lactarius omphaliiformis* Romagn. 꼬마배꼽젖버섯

*Lactarius pergamenus* (Sw.) Fr. 후추젖버섯

*Lactarius piperatus* (L.) Pers. 젖버섯

*Lactarius porninsis* Rolland 낙엽송젖버섯

*Lactarius pterosporus* Romagn. 가죽색젖버섯

*Lactarius pubescens* (Fr.) Fr. 솜털젖버섯

*Lactarius pyrogalus* (Bull.) Fr. 개암젖버섯

*Lactarius quietus* (Fr.) Fr. 향기젖버섯

*Lactarius repraesentaneus* Britzelm. 보랏빛주름젖버섯

*Lactarius sakamotoi* S. Imai 애기젖버섯아재비

*Lactarius scrobiculatus* (Scop.) Fr. 민들레젖버섯

*Lactarius subdulcis* (Pers.) Gray 광릉젖버섯

*Lactarius subgerardii* Hesler & A. H. Sm. 검은젖버섯아재비

*Lactarius subpiperatus* Hongo 굴털이아재비

*Lactarius subplinthogalus* Coker 얇은갓젖버섯

*Lactarius subzonarius* Hongo 당귀젖버섯

*Lactarius sumstinei* Peck 우산주름젖버섯

*Lactarius theiogalus* (Bull.) Gray 갈황색젖버섯

*Lactarius torminosus* (Schaeff.) Gray 큰붉은젖버섯

*Lactarius turpis* (Weinm.) Fr. 걸레젖버섯

*Lactarius uvidus* (Fr.) Fr. 끈적젖버섯

*Lactarius vellereus* (Fr.) Fr. 새털젖버섯

*Lactarius violascens* (J. Otto) Fr. 잿빛젖버섯

*Lactarius volemus* (Fr.) Fr. 배젖버섯

*Lactarius zonarius* (Bull.) Fr. 당귀젖버섯아재비

---

털젖버섯속(Lactifluus) 무당버섯과(Russulaceae) 무당버섯목(Russulales) 주름버섯강(Agaricomycetes) 담자균문(Basidiomycota)

*Lactifluus subvellereus* (Peck) Nuytinck 흰털젖버섯

*Lactifluus uyedae* (Singer) Verbeken 치마털젖버섯

장미고약버섯속(Laeticorticium) 고약버섯과(Corticiaceae) 고약버섯목(Corticiales)
주름버섯강(Agaricomycetes) 담자균문(Basidiomycota)

*Laeticorticium roseocarneum* (Schwein.) Boidin 칠장미고약버섯
*Laeticorticium roseum* (Pers.) Donk 장미고약버섯

덕다리버섯속(Laetiporus) 잔나비버섯과(Fomitopsidaceae) 구멍장이버섯목(Polyporales)
주름버섯강(Agaricomycetes) 담자균문(Basidiomycota)

*Laetiporus miniatus* (Jungh.) Overeem 붉은덕다리버섯
*Laetiporus sulphureus* (Bull.) Murrill 덕다리버섯
*Laetiporus versisporus* (Lloyd) Imazeki 후막덕다리버섯

가루담자버섯속(Lagarobasidium) 아교버섯과(Meruliaceae) 구멍장이버섯목(Polyporales)
주름버섯강(Agaricomycetes) 담자균문(Basidiomycota)

*Lagarobasidium detriticum* (Bourdot & Galzin) Jülich. 거친후막고약버섯

나발버섯속(Lanzia) 자루접시버섯과(Rutstroemiaceae) 고무버섯목(Helotiales) 두건버섯강(Leotiomycetes)
자낭균문(Ascomycota)

*Lanzia huangshanica* W. Y. Zhuang & Korf 주황나발버섯

잔나비버섯속(Laricifomes) 잔나비버섯과(Fomitopsidaceae) 구멍장이버섯목(Polyporales)
주름버섯강(Agaricomycetes) 담자균문(Basidiomycota)

*Laricifomes officinalis* (Vill.) Kotl. & Pouzar 말발굽잔나비버섯

구멍공버섯속(Lasiosphaeria) 구멍공버섯과(Lasiosphaeriaceae) 구멍공버섯목(Sordariales)
동충하초강(Sordariomycetes) 자낭균문(Ascomycota)

*Lasiosphaeria ovina* (Fr.) Ces. & de Not. 털구멍공버섯

비늘꽃구름버섯속(Laxitextum) 노루궁뎅이과(Hericiaceae) 무당버섯목(Russulales)
주름버섯강(Agaricomycetes) 담자균문(Basidiomycota)

*Laxitextum bicolor* (Pers.) Lentz 비늘꽃구름버섯

껄껄이그물버섯속(Leccinum) 그물버섯과(Boletaceae) 그물버섯목(Boletales) 주름버섯강(Agaricomycetes)
담자균문(Basidiomycota)

*Leccinum aurantiacum* (Bull.) Gray 껄껄이그물버섯
*Leccinum chromapes* (Frost) Sing. 노란대껄껄이그물버섯

*Leccinum griseum* (Quél.) Singer 회색껄껄이그물버섯
*Leccinum holopus* (Rostk.) Watling 으뜸껄껄이그물버섯
*Leccinum rugosiceps* (Peck) Sing. 붉은갓껄껄이그물버섯
*Leccinum scabrum* (Bull.) Gray 거친껄껄이그물버섯
*Leccinum subglabripes* (Peck) Singer 한라껄껄이그물버섯
*Leccinum subradicatum* Hongo 말목껄껄이그물버섯
*Leccinum versipelle* (Fr. & Hök) Snell 오렌지껄껄이그물버섯

뱅어버섯속(Lentaria) 뱅어버섯과(Lentariaceae) 나팔버섯목(Gomphales) 주름버섯강(Agaricomycetes) 담자균문(Basidiomycota)

*Lentaria micheneri* (Berk. & M. A. Curtis) Corner 가지뱅어버섯
*Lentaria mucida* (Fr.) Corner 끈적뱅어버섯

털느타리속(Lentinellus) 솔방울털버섯과(Auriscalpiaceae) 무당버섯목(Russulales) 주름버섯강(Agaricomycetes) 담자균문(Basidiomycota)

*Lentinellus cochleatus* (Pers.) P. Karst. 털느타리
*Lentinellus ursinus* (Fr.) Kühner 갈색털느타리

표고속(Lentinula) 화경버섯과(Omphalotaceae) 주름버섯목(Agaricales) 주름버섯강(Agaricomycetes) 담자균문(Basidiomycota)

*Lentinula edodes* (Berk.) Pegler 표고

조개껍질버섯속(Lenzites) 구멍장이버섯과(Polyporaceae) 구멍장이버섯목(Polyporales) 주름버섯강(Agaricomycetes) 담자균문(Basidiomycota)

*Lenzites acuta* Berk. 큰조개껍질버섯
*Lenzites betulina* (L.) Fr. 조개껍질버섯
*Lenzites elegans* (Spreng.) Pat. 미로송편버섯
*Lenzites styracina* (Henn. & Shirai) Lloyd 때죽조개껍질버섯

두건버섯속(Leotia) 두건버섯과(Leotiaceae) 두건버섯목(Leotiales) 두건버섯강(Leotiomycetes) 자낭균문(Ascomycota)

*Leotia chlorocephala* Schw. 연두두건버섯
*Leotia lubrica* (Scop.) Pers. 콩두건버섯

갓버섯속(Lepiota) 주름버섯과(Agaricaceae) 주름버섯목(Agaricales) 주름버섯강(Agaricomycetes) 담자균문(Basidiomycota)

*Lepiota atrosquamulosa* Hongo 메꽃갓버섯

*Lepiota aurantioflava* Hongo 노랑갓버섯

*Lepiota castanea* Quél. 밤색갓버섯

*Lepiota cinnamomea* Hongo 갈색털갓버섯

*Lepiota clypeolaria* (Bull.) P. Kumm. 솜갓버섯

*Lepiota cristata* (Bolton) P. Kumm. 갈색고리갓버섯

*Lepiota cygnea* J. E. Lange 백조갓버섯

*Lepiota felina* (Pers.) P. Karst. 고양이갓버섯

*Lepiota fusciceps* Hongo 꼬마갓버섯

*Lepiota grangei* (Eyre) J. E. Lange 대추씨갓버섯

*Lepiota hetieri* Boud. 대나무갓버섯

*Lepiota hystrix* F. H. Møller & J. E. Lange 뿔껍질갓버섯

*Lepiota magnispora* Murrill 볼록포자갓버섯

*Lepiota praetervisa* Hongo 애기갓버섯

*Lepiota rosea* Rea 장미갓버섯

*Lepiota subcitrophylla* Hongo 노란주름갓버섯

---

 자주방망이버섯속(Lepista) 송이과(Tricholomataceae) 주름버섯목(Agaricales) 주름버섯강(Agaricomycetes) 담자균문(Basidiomycota)

*Lepista flaccida* (Sowerby) Pat. 끝말림자주방망이버섯

*Lepista glaucocana* (Bres.) Singer 백청색자주방망이버섯

*Lepista irina* (Fr.) H. E. Bigelow 광릉자주방망이버섯

*Lepista nuda* (Bull.) Cooke 민자주방망이버섯

*Lepista personata* (Fr.) Cooke 잔디자주방망이버섯

*Lepista sordida* (Schumach.) Singer 자주방망이버섯아재비

---

 얇은공버섯속(Leptosphaeria) 얇은공버섯과(Leptosphaeriaceae) 얇은공버섯목(Pleosporales) 입술버섯강(Dothideomycetes) 자낭균문(Ascomycota)

*Leptosphaeria doliolum* (Pers.) Ces. & de Not 항아리얇은공버섯

---

 대비늘버섯속(Leratiomyces) 포도버섯과(Strophariaceae) 주름버섯목(Agaricales) 주름버섯강(Agaricomycetes) 담자균문(Basidiomycota)

*Leratiomyces squamosus* (Pers.) Bridge & Spooner 개암대비늘버섯

---

 여우갓버섯속(Leucoagaricus) 주름버섯과(Agaricaceae) 주름버섯목(Agaricales) 주름버섯강(Agaricomycetes) 담자균문(Basidiomycota)

*Leucoagaricus americanus* (Peck.) Vellinga 과립여우갓버섯

*Leucoagaricus rubrotinctus* (Peck.) Singer 주홍여우갓버섯

각시버섯속(Leucocoprinus) 주름버섯과(Agaricaceae) 주름버섯목(Agaricales) 주름버섯강(Agaricomycetes) 담자균문(Basidiomycota)

*Leucocoprinus birnbaumii* (Corda) Singer 노란각시버섯
*Leucocoprinus cepistipes* (Sowerby) Pat. 노란날개각시버섯
*Leucocoprinus cretaceus* (Bull.) Locq. 흰각시버섯
*Leucocoprinus cygneus* (J. E. Lange) Bon 백조각시버섯
*Leucocoprinus fragilissimus* (Berk. & M. A. Curtis) Pat. 여우꽃각시버섯
*Leucocoprinus lanzonii* Bon, Migl. & Brunori 비듬각시버섯
*Leucocoprinus otsuensis* Hongo 우산각시버섯
*Leucocoprinus straminellus* (Bagl.) Narducci & Caroti 꾀꼬리각시버섯
*Leucocoprinus subglobisporus* Hongo 둥근포자각시버섯

---

 이불버섯속(Leucogyrophana) 꾀꼬리큰버섯과(Hygrophoropsidaceae) 그물버섯목(Boletales) 주름버섯강(Agaricomycetes) 담자균문(Basidiomycota)

*Leucogyrophana pseudomollusca* (Parmasto) Parmasto 누비이불버섯

---

 흰우단버섯속(Leucopaxillus) 송이과(Tricholomataceae) 주름버섯목(Agaricales) 주름버섯강(Agaricomycetes) 담자균문(Basidiomycota)

*Leucopaxillus giganteus* (Sowerby) Singer 흰우단버섯
*Leucopaxillus septentrionalis* Sing. et A. H. Smith 관음흰우단버섯

---

 바위옷버섯속(Lichenomphalia) 벚꽃버섯과(Hygrophoraceae) 주름버섯목(Agaricales) 주름버섯강(Agaricomycetes) 담자균문(Basidiomycota)

*Lichenomphalia umbellifera* (L.) Redhead 낙하산바위옷버섯

---

 노을버섯속(Limacella) 광대버섯과(Amanitaceae) 주름버섯목(Agaricales) 주름버섯강(Agaricomycetes) 담자균문(Basidiomycota)

*Limacella delicata* (Fr.) H. V. Sm. 살구노을버섯

---

 발톱버섯속(Linderia) 말뚝버섯과(Phallaceae) 말뚝버섯목(Phallales) 주름버섯강(Agaricomycetes) 담자균문(Basidiomycota)

*Linderia bicolumnata* (Kusano) G. Cunn. 게발톱버섯

---

 껍질버섯속(Lopharia) 구멍장이버섯과(Polyporaceae) 구멍장이버섯목(Polyporales) 주름버섯강(Agaricomycetes) 담자균문(Basidiomycota)

*Lopharia cinerascens* (Schwein.) G. Cunn. 큰껍질버섯

말불버섯속(Lycoperdon) 주름버섯과(Agaricaceae) 주름버섯목(Agaricales) 주름버섯강(Agaricomycetes) 담자균문(Basidiomycota)

*Lycoperdon caudatum* J. Schröt. 긴꼬리말불버섯

*Lycoperdon colossus* A. Kawam. 큰말불버섯

*Lycoperdon echinatum* Pers. 가시말불버섯

*Lycoperdon mammiforme* Pers.(as mammaeforme) 비늘말불버섯

*Lycoperdon muscorum* Morgan 이끼말불버섯

*Lycoperdon nigrescens* Pers. 악취말불버섯

*Lycoperdon perlatum* Pers. 말불버섯

*Lycoperdon pratense* Pers. 목장말불버섯

*Lycoperdon pusillum* Batsch 애기말불버섯

*Lycoperdon pyriforme* Schaeff. 좀말불버섯

*Lycoperdon rimulatum* Peck 도토리말불버섯

*Lycoperdon spadiceum* Pers. 긴대말불버섯

*Lycoperdon umbrinum* Pers. 너도말불버섯

 만가닥버섯속(Lyophyllum) 만가닥버섯과(Lyophyllaceae) 주름버섯목(Agaricales) 주름버섯강(Agaricomycetes) 담자균문(Basidiomycota)

*Lyophyllum cinerascens* (Bull.) Singer 무데기만가닥버섯

*Lyophyllum connatum* (Schumach.) Singer 밀만가닥버섯

*Lyophyllum decastes* (Fr.) Singer 잿빛만가닥버섯

*Lyophyllum fallax* (Sacc.) Kühner & Romagn. 황토색만가닥버섯

*Lyophyllum fumosum* (Pers.) P. D. Orton 연기색만가닥버섯

*Lyophyllum geminum* Clémençon & A. H. Sm. 해남만가닥버섯

*Lyophyllum leucophaeatum* (P. Karst.) P. Karst. 만가닥버섯

*Lyophyllum semitale* (Fr.) Kühner 모래꽃만가닥버섯

*Lyophyllum shimeji* (Kawam.) Hongo 땅찌만가닥버섯

*Lyophyllum sykosporum* Hongo & Clémençon 반투명만가닥버섯

 새주둥이버섯속(Lysurus) 말뚝버섯과(Phallaceae) 말뚝버섯목(Phallales) 주름버섯강(Agaricomycetes) 담자균문(Basidiomycota)

*Lysurus arachnoideus* (E. Fisch.) Trierv.-Per. & Hosaka 오징어새주둥이버섯(개칭)

*Lysurus mokusin* (L.) Fr. 새주둥이버섯

 왕송이속(Macrocybe) 송이과(Tricholomataceae) 주름버섯목(Agaricales) 주름버섯강(Agaricomycetes) 담자균문(Basidiomycota)

*Macrocybe gigantea* (Massee) Pegler & Lodge 다발왕송이

큰낭상체버섯속(Macrocystidia) 낙엽버섯과(Marasmiaceae) 주름버섯목(Agaricales) 주름버섯강(Agaricomycetes) 담자균문(Basidiomycota)

*Macrocystidia cucumis* (Pers.) Joss. 낭상체버섯

큰갓버섯속(Macrolepiota) 주름버섯과(Agaricaceae) 주름버섯목(Agaricales) 주름버섯강(Agaricomycetes) 담자균문(Basidiomycota)

*Macrolepiota procera* (Scop.) Singer 큰갓버섯

*Macrolepiota rhacodes* (Vittad.) Singer 큰갓버섯아재비

선녀버섯속(Marasmiellus) 낙엽버섯과(Marasmiaceae) 주름버섯목(Agaricales) 주름버섯강(Agaricomycetes) 담자균문(Basidiomycota)

*Marasmiellus candidus* (Bolton) Singer 하얀선녀버섯

*Marasmiellus chamaecyparidis* (Hongo) Hongo 삼나무선녀버섯

*Marasmiellus koreanus* Antonín, Ryoo & H. D. Shin 고려선녀버섯

*Marasmiellus pseudonigripes* Y. S. Kim & S. J. Seok 검은대선녀버섯아재비

*Marasmiellus ramealis* (Bull.) Singer 삭정이선녀버섯

낙엽버섯속(Marasmius) 낙엽버섯과(Marasmiaceae) 주름버섯목(Agaricales) 주름버섯강(Agaricomycetes) 담자균문(Basidiomycota)

*Marasmius androsaceus* (L.) Fr. 연잎낙엽버섯

*Marasmius aurantioferrugineus* Hongo 황소낙엽버섯

*Marasmius bulliardii* Quél. 실낙엽버섯

*Marasmius buxi* Fr. 키다리낙엽버섯

*Marasmius calopus* (Pers.) Fr. 오목낙엽버섯

*Marasmius cobariensis* (Roumeg.) Sing. 동백낙엽버섯

*Marasmius cohaerens* (Alb. & Schwein.) Cooke & Quél. 우산낙엽버섯

*Marasmius crinis-equi* F. Muell. ex Kalchbr. 말총낙엽버섯

*Marasmius delectans* Morgan 환희낙엽버섯

*Marasmius epiphylloides* (Rea) Sacc. & Trotter 표피낙엽버섯

*Marasmius graminum* (Lib.) Berk. 풀잎낙엽버섯

*Marasmius hudsonii* (Pers.) Fr. 호랑가시낙엽버섯

*Marasmius leveilleanus* (Berk.) Sacc. 주름낙엽버섯

*Marasmius limosus* Boud. & Quél. 진흙낙엽버섯

*Marasmius maximus* Hongo 큰낙엽버섯

*Marasmius oreades* (Bolton) Fr. 선녀낙엽버섯

*Marasmius prasiosmus* (Fr.) Fr. 흰낙엽버섯

*Marasmius pulcherripes* Peck 종이꽃낙엽버섯

*Marasmius purpureostriatus* Hongo 자주색줄낙엽버섯
*Marasmius rotula* (Scop.) Fr. 낙엽버섯
*Marasmius siccus* (Schwein.) Fr. 애기낙엽버섯
*Marasmius torquescens* Quél. 목걸이낙엽버섯
*Marasmius wettsteinii* Sacc. & syd. 뭍낙엽버섯
*Marasmius wynnei* Berk. & Br. 보라낙엽버섯

큰솔버섯속(Megacollybia) 낙엽버섯과(Marasmiaceae) 주름버섯목(Agaricales) 주름버섯강(Agaricomycetes) 담자균문(Basidiomycota)

*Megacollybia platyphylla* (Pers.) Kotl. & Pouzar 넓은큰솔버섯

속검정덩이속(Melanogaster) 우단버섯과(Paxillaceae) 그물버섯목(Boletales) 주름버섯강(Agaricomycetes) 담자균문(Basidiomycota)

*Melanogaster tuberiformis* Corda 속검정덩이아재비

배꼽버섯속(Melanoleuca) 송이과(Tricholomataceae) 주름버섯목(Agaricales) 주름버섯강(Agaricomycetes) 담자균문(Basidiomycota)

*Melanoleuca arcuata* (Bull.) Singer 검은물결배꼽버섯
*Melanoleuca melaleuca* (Pers.: Fr.) Murr. 잔디배꼽버섯
*Melanoleuca verrucipes* (Fr.) Sing. 흑얼룩배꼽버섯

흑주름버섯속(Melanophyllum) 주름버섯과(Agaricaceae) 주름버섯목(Agaricales) 주름버섯강(Agaricomycetes) 담자균문(Basidiomycota)

*Melanophyllum eyrei* (Massee) Singer 청흑주름버섯
*Melanophyllum haematospermum* (Bull.) Kreisel 잔피막흑주름버섯

검은잔나비버섯속(Melanoporia) 구멍장이버섯과(Polyporaceae) 구멍장이버섯목(Polyporales) 주름버섯강(Agaricomycetes) 담자균문(Basidiomycota)

*Melanoporia nigra* (Berk.) Murrill 검은잔나비버섯

흑단추버섯속(Melanopsamma) (Incertae sedis) 동충하초목(Hypocreales) 동충하초강(Sordariomycetes) 자낭균문(Ascomycota)

*Melanopsamma pomiformis* (Pers.) Sacc. 흑단추버섯

꽃접시버섯속(Melastiza) 털접시버섯과(Pyronemataceae) 주발버섯목(Pezizales) 주발버섯강(Pezizomycetes) 자낭균문(Ascomycota)

*Melastiza chateri* (W. G. Smith) Boudier 꽃접시버섯

왕잎새버섯속(Meripilus) 왕잎새버섯과(Meripilaceae) 구멍장이버섯목(Polyporales) 주름버섯강(Agaricomycetes) 담자균문(Basidiomycota)

*Meripilus giganteus* (Pers.) P. Karst. 왕잎새버섯

갈색컵버섯속(Merismodes) 컵버섯과(Niaceae) 주름버섯목(Agaricales) 주름버섯강(Agaricomycetes) 담자균문(Basidiomycota)

*Merismodes fasciculata* (Schwein.) Donk 민자루갈색컵버섯

가죽아교버섯속(Meruliopsis) 유색고약버섯과(Phanerochaetaceae) 구멍장이버섯목(Polyporales) 주름버섯강(Agaricomycetes) 담자균문(Basidiomycota)

*Meruliopsis corium* (Pers.) Ginns 흰가죽아교버섯

아교버섯속(Merulius) 아교버섯과(Meruliaceae) 구멍장이버섯목(Polyporales) 주름버섯강(Agaricomycetes) 담자균문(Basidiomycota)

*Merulius aureus* Fr. 노랑아교버섯

고무동충하초속(Metacordyceps) 맥각균과(Clavicipitaceae) 동충하초목(Hypocreales) 동충하초강(Sordariomycetes) 자낭균문(Ascomycota)

*Metacordyceps yongmunensis* G. H. Sung, J. M. Sung & Spatafora 번데기흰고무동충하초

녹강균속(Metarhizium) 맥각균과(Clavicipitaceae) 동충하초목(Hypocreales) 동충하초강(Sordariomycetes) 자낭균문(Ascomycota)

*Metarhizium anisopliae* (Metschn.) Sorokĭn 녹강균

좀콩나물버섯속(Microglossum) 콩나물고무버섯과(Geoglossaceae) 고무버섯목(Geoglossales) 두건버섯강(Leotiomycetes) 자낭균문(Ascomycota)

*Microglossum rufum* (Schwein.) Underw. 노란좀콩나물버섯
*Microglossum viride* (Pers.) Gillet 녹색좀콩나물버섯

마늘향버섯속(Micromphale) 낙엽버섯과(Marasmiaceae) 주름버섯목(Agaricales) 주름버섯강(Agaricomycetes) 담자균문(Basidiomycota)

*Micromphale foetidum* (Sowerby) Singer 악취마늘향버섯

메꽃버섯속(Microporus) 구멍장이버섯과(Polyporaceae) 구멍장이버섯목(Polyporales) 주름버섯강(Agaricomycetes) 담자균문(Basidiomycota)

*Microporus affinis* de Bary, in Fuckel 메꽃버섯부치

작은입술잔버섯속(Microstoma) 술잔버섯과(Sarcoscyphaceae) 주발버섯목(Pezizales)
주발버섯강(Pezizomycetes) 자낭균문(Ascomycota)

*Microstoma floccosum* (Sacc.) Raitv. 털작은입술잔버섯

 등불버섯속(Mitrula) 녹청접시버섯과(Hemiphacidiaceae) 고무버섯목(Helotiales) 두건버섯강(Leotiomycetes) 자낭균문(Ascomycota)

*Mitrula paludosa* Fr. 습지등불버섯

 동전버섯속(Mollisia) 살갗버섯과(Dermateaceae) 고무버섯목(Helotiales) 두건버섯강(Leotiomycetes) 자낭균문(Ascomycota)

*Mollisia cinerea* (Batsch ex Mérat) Karst. 동전버섯

*Mollisia ventosa* Karst. 굽은동전버섯

 곰보버섯속(Morchella) 곰보버섯과(Morchellaceae) 주발버섯목(Pezizales) 주발버섯강(Pezizomycetes) 자낭균문(Ascomycota)

*Morchella crassipes* (Vent.) Pers. 굵은대곰보버섯

*Morchella elata* Fr. 키다리곰보버섯

*Morchella esculenta* (L.) Pers. 곰보버섯

 더듬이버섯속(Multiclavula) 볏싸리버섯과(Clavulinaceae) 꾀꼬리버섯목(Cantharellales) 주름버섯강(Agaricomycetes) 담자균문(Basidiomycota)

*Multiclavula clara* (Berk. & M. A. Curtis) R. H. Petersen 빛더듬이버섯

*Multiclavula mucida* (Pers.) R. H. Petersen 끈적더듬이버섯

 뱀버섯속(Mutinus) 말뚝버섯과(Phallaceae) 말뚝버섯목(Phallales) 주름버섯강(Agaricomycetes) 담자균문(Basidiomycota)

*Mutinus bambusinus* (Zoll.) E. Fisch. 끝검은뱀버섯

*Mutinus caninus* (Huds.) Fr. 뱀버섯

*Mutinus elegans* (Mont.) E. Fisch 붉은뱀버섯

 애주름버섯속(Mycena) 애주름버섯과(Mycenaceae) 주름버섯목(Agaricales) 주름버섯강(Agaricomycetes) 담자균문(Basidiomycota)

*Mycena acicula* (Schaeff.) P. Kumm. 빨간애주름버섯

*Mycena adonis* (Bull.) Gray 분홍애주름버섯

*Mycena adscendens* (Lasch) Maas Geest. 가는대애주름버섯

*Mycena alcalina* (Fr.) P. Kumm. 악취애주름버섯

*Mycena alphitophora* (Berk.) Sacc. 흰애주름버섯

*Mycena arcangeliana* Bres. 알애주름버섯
*Mycena aurantiidisca* Murrill 등색애주름버섯
*Mycena aurantiomarginata* (Fr.) Quél. 노랑긴대애주름버섯
*Mycena capillaripes* Peck 실애주름버섯
*Mycena carolinensis* A. H. Sm. & Hesler 큰애주름버섯
*Mycena chlorophos* (Berk. & M. A. Curtis) Sacc. 받침애주름버섯
*Mycena clavularis* (Batsch. : Fr.) Sacc. 자주빛애주름버섯
*Mycena corynephora* Maas Geest. 흰가죽애주름버섯
*Mycena crocata* (Schrad.) P. Karst 노란애주름버섯
*Mycena elegans* (Pers.) P. Kumm. 긴대애주름버섯
*Mycena epipterygia* (Scop.) Gray 솔잎애주름버섯
*Mycena erubescens* Höhn. 붉은애주름버섯
*Mycena filopes* (Bull.) P. Kumm. 가마애주름버섯
*Mycena flos-nivium* Kühner 흰털애주름버섯
*Mycena fragillima* A. H. Sm. 여린애주름버섯
*Mycena galericulata* (Scop.) Gray 콩나물애주름버섯
*Mycena haematopus* (Pers.) P. Kumm. 적갈색애주름버섯
*Mycena inclinata* (Fr.) Quél. 무더기애주름버섯
*Mycena laevigata* (Lasch) Gillet 천가닥애주름버섯
*Mycena latifolia* (Peck) A. H. Sm. 넓은잎애주름버섯
*Mycena leptocephala* (Pers.) Gillet 얇은갓애주름버섯
*Mycena luteopallens* Peck 너도애주름버섯
*Mycena macrocystidiata* Singer 소녀애주름버섯
*Mycena meliigena* (Berk. & Cooke) Sacc 대추애버섯
*Mycena neoavenacea* Hongo 고깔애주름버섯
*Mycena pelianthina* (Fr.) Quél. 졸각애주름버섯
*Mycena polyadelpha* (Lasch) Kühner 낙엽애주름버섯
*Mycena polygramma* (Bull.) Gray 키다리애주름버섯
*Mycena pterigena* (Fr.) P. Kumm. 적백색애주름버섯
*Mycena pura* (Pers.) P. Kumm. 맑은애주름버섯
*Mycena rorida* (Scop.) Quél. 점질대애주름버섯
*Mycena roseomarginata* Hongo 도토리애주름버섯
*Mycena sanguinolenta* (Alb. & Schwein.) P. Kumm. 주홍애주름버섯
*Mycena stylobates* (Pers.) P. Kumm. 빨판애주름버섯
*Mycena tintinnabulum* (Batsch) Quél. 잔다리애주름버섯
*Mycena viscidocruenta* Cleland Trans & Proc. Roy. Soc. S. 홍옥애주름버섯

마늘버섯속(Mycetinis) 낙엽버섯과(Marasmiaceae) 주름버섯목(Agaricales) 주름버섯강(Agaricomycetes) 담자균문(Basidiomycota)

*Mycetinis alliaceus* (Jacq.) Earle ex A.W. Wilson & Desjardin 마늘버섯

*Mycetinis scorodonius* (Fr.) A. W. Wilson 향마늘버섯

---

 송곳버섯속(Mycoacia) 아교버섯과(Meruliaceae) 구멍장이버섯목(Polyporales) 주름버섯강(Agaricomycetes) 담자균문(Basidiomycota)

*Mycoacia aurea* (Fr.) J. Erikss. & Ryvarden 노란송곳버섯

*Mycoacia fuscoatra* (Fr.) Donk 송곳버섯

*Mycoacia uda* (Fr.) Donk 젖은송곳버섯

---

 침버섯속(Mycoleptodonoides) 아교버섯과(Meruliaceae) 구멍장이버섯목(Polyporales) 주름버섯강(Agaricomycetes) 담자균문(Basidiomycota)

*Mycoleptodonoides aitchisonii* (Berk.) Maas Geest. 침버섯

---

 점액솔밭버섯속(Myxomphalia) 송이과(Tricholomataceae) 주름버섯목(Agaricales) 주름버섯강(Agaricomycetes) 담자균문(Basidiomycota)

*Myxomphalia maura* (Fr.) H. E. Bigelow 회점액솔밭버섯

---

 알보리수버섯속(Nectria) 알보리수버섯과(Nectriaceae) 동충하초목(Hypocreales) 동충하초강(Sordariomycetes) 자낭균문(Ascomycota)

*Nectria cinnabarina* (Tode) Fr. 알보리수버섯

*Nectria coryli* Fuckel 원추알보리수버섯

*Nectria ellisii* Boot 타원알보리수버섯

*Nectria episphaeria* (Tode) Fr. 붉은씨알보리수버섯

*Nectria funicola* Berk. & Broome 연기알보리수버섯

*Nectria galligena* Bres. apud Strasser 벼알보리수버섯

*Nectria pallidula* Cooke 담황색알보리버섯

*Nectria viridescens* Booth 녹색알보리버섯

---

 새그물버섯(Neoboletus) 그물버섯과(Boletaceae) 그물버섯목(Boletales) 주름버섯강(Agaricomycetes) 담자균문(Basidiomycota)

*Neoboletus brunneissimus* (W.F. Chiu) Gelardi, Simonini & Vizzini 암갈색그물버섯

---

 밥풀버섯속(Neobulgaria) 두건버섯과(Helotiaceae) 고무버섯목(Helotiales) 두건버섯강(Leotiomycetes) 자낭균문(Ascomycota)

*Neobulgaria pura* (Fr.) Patrak. 수정밥풀버섯

새잣버섯속(Neolentinus) 구멍장이버섯과(Polyporaceae) 구멍장이버섯목(Polyporales)
주름버섯강(Agaricomycetes) 담자균문(Basidiomycota)

*Neolentinus lepideus* (Fr.) Redhead & Ginns 비늘새잣버섯

--------------------------------------------------------------------

 신알보리수버섯속(Neonectria) 알보리수버섯과(Nectriaceae) 동충하초목(Hypocreales)
동충하초강(Sordariomycetes) 자낭균문(Ascomycota)

*Neonectria punicea* (J. C. Schmidt) Castl. & Rossman 과립알보리버섯

--------------------------------------------------------------------

 새둥지버섯속(Nidula) 주름버섯과(Agaricaceae) 주름버섯목(Agaricales) 주름버섯강(Agaricomycetes)
담자균문(Basidiomycota)

*Nidula niveo-tomentosa* (Henn.) Lloyd 새둥지버섯

--------------------------------------------------------------------

 검은잔나비버섯속(Nigrofomes) 구멍장이버섯과(Polyporaceae) 구멍장이버섯목(Polyporales)
주름버섯강(Agaricomycetes) 담자균문(Basidiomycota)

*Nigrofomes melanoporus* (Mont.) Murrill 검포도잔나비버섯

--------------------------------------------------------------------

 포도색잔나비버섯속(Nigroporus) 구멍장이버섯과(Polyporaceae) 구멍장이버섯목(Polyporales)
주름버섯강(Agaricomycetes) 담자균문(Basidiomycota)

*Nigroporus vinosus* (Berk.) Murrill 포도색잔나비버섯

--------------------------------------------------------------------

 톱밥버섯속(Odontia) 아교버섯과(Meruliaceae) 구멍장이버섯목(Polyporales) 주름버섯강(Agaricomycetes)
담자균문(Basidiomycota)

*Odontia crustula* L. W. Mill. 아교톱밥버섯
*Odontia livida* Bres. 큰톱밥버섯

--------------------------------------------------------------------

 화경버섯속(Omphalotus) 화경버섯과(Omphalotaceae) 주름버섯목(Agaricales) 주름버섯강(Agaricomycetes)
담자균문(Basidiomycota)

*Omphalotus japonicus* (Kawam.) Kirchm. & O. K. Mill. 달화경버섯

--------------------------------------------------------------------

 대구멍버섯속(Onnia) 소나무비늘버섯과(Hymenochaetaceae) 소나무비늘버섯목(Hymenochaetales)
주름버섯강(Agaricomycetes) 담자균문(Basidiomycota)

*Onnia orientalis* (Lloyd) Imazeki 귀대구멍장이버섯
*Onnia scaura* (Lloyd) Imazeki 범부채대구멍버섯
*Onnia tomentosa* (Fr.) P. Karst. 황갈색털대구멍버섯
*Onnia vallata* (Berk.) Y. C. Dai & Niemelä 대구멍버섯

**포식동충하초속**(Ophiocordyceps) **잠자리동충하초과**(Ophiocordycipitaceae) **동충하초목**(Hypocreales) **동충하초강**(Sordariomycetes) **자낭균문**(Ascomycota)

*Ophiocordyceps agriotis* (A. Kawam.) G. H. Sung, J. M. Sung, Hywel-Jones & Spatafora 유충포식동충하초

*Ophiocordyceps gracilioides* (Kobayasi) G.H. Sung, J.M. Sung, Hywel-Jones & Spatafora 가는유충포식동충하초

*Ophiocordyceps gracilis* (Grev.) G.H. Sung, J.M. Sung, Hywel-Jones & Spatafora 긴목구형포식동충하초

*Ophiocordyceps heteropoda* (Kobayasi) G. H. Sung, J. M. Sung, Hywel-Jones & Spatafora 큰매미포식동충하초

*Ophiocordyceps longissima* (Kobayasi) G. H. Sung, J. M. Sung, Hywel-Jones & Spatafora 긴뿌리포식동충하초

*Ophiocordyceps nutans* (Pat.) G. H. Sung, J. M. Sung, Hywel-Jones & Spatafora 노린재포식동충하초

*Ophiocordyceps sobolifera* (Hill ex Watson) G. H. Sung, J. M. Sung, Hywel-Jones & Spatafora 매미포식동충하초

*Ophiocordyceps sphecocephala* (Klotzsch ex Berk.) G. H. Sung, J. M. Sung, Hywel-Jones & Spatafora 벌포식동충하초

*Ophiocordyceps tricentri* (Yasuda) G. H. Sung, J. M. Sung, Hywel-Jones & Spatafora 깡충이포식동충하초

 **바퀴버섯속**(Orbilia) **바퀴버섯과**(Orbiliaceae) **바퀴버섯목**(Orbiliales) **바퀴버섯강**(Orbiliomycetes) **자낭균문**(Ascomycota)

*Orbilia coccinella* (Somm.) Fr. 원추바퀴버섯

*Orbilia sarraziniana* Boud. 회청바퀴버섯

 **째진귀버섯속**(Otidea) **털접시버섯과**(Pyronemataceae) **주발버섯목**(Pezizales) **주발버섯강**(Pezizomycetes) **자낭균문**(Ascomycota)

*Otidea alutacea* (Pers.) Massee 주머니째진귀버섯

 **끈끈이버섯속**(Oudemansiella) **뽕나무버섯과**(Physalacriaceae) **주름버섯목**(Agaricales) **주름버섯강**(Agaricomycetes) **담자균문**(Basidiomycota)

*Oudemansiella brunneomarginata* Lj. N. Vassiljeva 갈색날끈끈이버섯

*Oudemansiella canarii* (Jungh.) Höhn. 얼룩끈끈이버섯

*Oudemansiella mucida* (Schrad.) Höhn. 끈적끈끈이버섯

*Oudemansiella venosolamellata* (Imazeki & Toki) Imazeki & Hongo 간맥끈끈이버섯

 **흰살버섯속**(Oxyporus) (Incertae sedis) (Incertae sedis) **주름버섯강**(Agaricomycetes) **담자균문**(Basidiomycota)

*Oxyporus cuneatus* (Murrill) Aoshima 무른흰살버섯

*Oxyporus latemarginatus* (Durieu & Mont.) Donk 큰구멍흰살버섯

*Oxyporus populinus* (Schumach.) Donk 흰살버섯
*Oxyporus ravidus* (Fr.) Bondartsev and Singer 이끼흰살버섯
*Oxyporus similis* (Bres.) Ryvarden 구멍흰살버섯

쟁반버섯속(Pachyella) 주발버섯과(Pezizaceae) 주발버섯목(Pezizales) 주발버섯강(Pezizomycetes) 자낭균문(Ascomycota)

*Pachyella clypeata* (Schwein.) Le Gal 방패꼴쟁반버섯

꽃동충하초속(Paecilomyces) 꽃동충하초과(Trichocomaceae) 흰가시동충하초목(Eurotiales) 흰가시동충하초강(Eurotiomycetess) 자낭균문(Ascomycota)

*Paecilomyces farinosus* (Holm.) Fr. 번데기눈꽃동충하초
*Paecilomyces japonica* Yasuda 눈꽃동충하초
*Paecilomyces sinclairii* (Berk.) Lloyd. 매미눈꽃동충하초

퇴비버섯속(Panaeolina) (Incertae sedis) 주름버섯목(Agaricales) 주름버섯강(Agaricomycetes) 담자균문(Basidiomycota)

*Panaeolina foenisecii* (Pers.) Maire 대추씨퇴비버섯

말똥버섯속(Panaeolus) (Incertae sedis) 주름버섯목(Agaricales) 주름버섯강(Agaricomycetes) 담자균문(Basidiomycota)

*Panaeolus antillarum* (Fr.) Dennis 흰계란말똥버섯
*Panaeolus fimicola* (Pers.) Gillet 말똥버섯아재비
*Panaeolus papilionaceus* (Bull.) Quél. 말똥버섯
*Panaeolus reticulatus* Overh. 잔디말똥버섯
*Panaeolus semiovatus* (Sowerby) S. Lundell & Nannf. 계란말똥버섯
*Panaeolus subbalteatus* (Berk. & Broome) Sacc. 검은띠말똥버섯

부채버섯속(Panellus) 애주름버섯과(Mycenaceae) 주름버섯목(Agaricales) 주름버섯강(Agaricomycetes) 담자균문(Basidiomycota)

*Panellus mitis* (Pers.) Singer 주걱부채버섯
*Panellus ringens* (Fr.) Romagn. 반지부채버섯
*Panellus serotinus* (Schrad.) Kühner 참부채버섯
*Panellus stipticus* (Bull.) P. Karst. 부채버섯

참버섯속(Panus) 구멍장이버섯과(Polyporaceae) 구멍장이버섯목(Polyporales) 주름버섯강(Agaricomycetes) 담자균문(Basidiomycota)

*Panus neostrigosus* Drechsler-Santos & Wartchow 애참버섯

양산버섯속(Parasola) 눈물버섯과(Psathyrellaceae) 주름버섯목(Agaricales) 주름버섯강(Agaricomycetes) 담자균문(Basidiomycota)

*Parasola conopilus* (Fr.) Orstadius & E. Larss. 갈모양산버섯

*Parasola plicatilis* (Curtis) Redhead, Vilgalys & Hopple 양산버섯

 우단버섯속(Paxillus) 우단버섯과(Paxillaceae) 그물버섯목(Boletales) 주름버섯강(Agaricomycetes) 담자균문(Basidiomycota)

*Paxillus involutus* (Batsch) Fr. 주름우단버섯

 가지잘록병균속(Pellicularia) 가지잘록병균과(Ceratobasidiaceae) 꾀꼬리버섯목(Cantharellales) 주름버섯강(Agaricomycetes) 담자균문(Basidiomycota)

*Pellicularia filamentosa* (Pat.) D. P. Rogers 가지잘록병균

*Pellicularia rolfsii* (Curzi) E. West 외따위흰비단병균

*Pellicularia sasakii* (Shirai) S. Ito 벼잎집무늬마름병균

 껍질고약버섯속(Peniophora) 껍질고약버섯과(Peniophoraceae) 무당버섯목(Russulales) 주름버섯강(Agaricomycetes) 담자균문(Basidiomycota)

*Peniophora incarnata* (Pers.) P. Karst. 오렌지껍질고약버섯

*Peniophora lilacea* Bourdot and Galzin 자색껍질고약버섯

*Peniophora lycii* (Pers.) Höhn. & Litsch. 조각껍질고약버섯

*Peniophora pini* (Schleich.) Boidin 솔껍질고약버섯

*Peniophora polygonia* (Pers.) Bourdot & Galzin 자주색껍질고약버섯

*Peniophora quercina* (Pers.) Cooke 껍질고약버섯

*Peniophora rufomarginata* (Pers.) Bourdot & Galzin 피나무껍질고약버섯

 흰구멍버섯속(Perenniporia) 구멍장이버섯과(Polyporaceae) 구멍장이버섯목(Polyporales) 주름버섯강(Agaricomycetes) 담자균문(Basidiomycota)

*Perenniporia fraxinea* (Bull.) Ryvarden 아까시흰구멍버섯

*Perenniporia fraxinophila* (Peck) Ryvarden 물푸레흰구멍버섯

*Perenniporia latissima* (Bres.) Ryvarden 거북껍질흰구멍버섯

*Perenniporia medulla-panis* (Jacq.) Donk 흰구멍버섯

*Perenniporia minutissima* (Yasuda) T. Hatt. & Ryvarden 밀랍흰구멍버섯

*Perenniporia ochroleuca* (Berk.) Ryvarden 코르크흰구멍버섯

*Perenniporia ohiensis* (Berk.) Ryvarden 갓흰구멍버섯

*Perenniporia subacida* (Peck) Donk 금빛흰구멍버섯

*Perenniporia truncatospora* (Lloyd) Ryvarden 각질흰구멍버섯

접시주발버섯속(Pezicula) 살갗버섯과(Dermateaceae) 고무버섯목(Helotiales) 두건버섯강(Leotiomycetes) 자낭균문(Ascomycota)

*Pezicula acericola* (Peck) Sacc. 노란접시주발버섯

*Pezicula rubi* (Lib.) Niessl apud Rab. 딸기접시주발버섯

 주발버섯속(Peziza) 주발버섯과(Pezizaceae) 주발버섯목(Pezizales) 주발버섯강(Pezizomycetes) 자낭균문(Ascomycota)

*Peziza badia* Pers. ex Merat. 자주주발버섯

*Peziza badioconfusa* Korf 고려주발버섯

*Peziza celtica* (Boud.) moser 자갈색주발버섯

*Peziza domiciliana* Cooke 집주발버섯

*Peziza echinospora* Karst. 숯가마주발버섯

*Peziza granulosa* Schum. ex. Fr. 과립주발버섯

*Peziza limnaea* Maas Geesteranus 배꼽주발버섯

*Peziza michelii* (Boud.) Dennis 적갈색주발버섯

*Peziza praetervisa* Bres. 가루주발버섯

*Peziza repanda* Pers. 넓은주발버섯

*Peziza vesiculosa* Bull 요강주발버섯

 턱받이금버섯속(Phaeolepiota) 주름버섯과(Agaricaceae) 주름버섯목(Agaricales) 주름버섯강(Agaricomycetes) 담자균문(Basidiomycota)

*Phaeolepiota aurea* (Matt.) Maire 턱받이금버섯

 해면버섯속(Phaeolus) 잔나비버섯과(Fomitopsidaceae) 구멍장이버섯목(Polyporales) 주름버섯강(Agaricomycetes) 담자균문(Basidiomycota)

*Phaeolus schweinitzii* (Fr.) Pat. 해면버섯

 말뚝버섯속(Phallus) 말뚝버섯과(Phallaceae) 말뚝버섯목(Phallales) 주름버섯강(Agaricomycetes) 담자균문(Basidiomycota)

*Phallus costatus* Vent. 노란말뚝버섯

*Phallus impudicus* L. 말뚝버섯

*Phallus indusiatus* Vent. 망태말뚝버섯

*Phallus luteus* (Liou & L. Hwang) T. Kasuya 노란망말뚝버섯(개칭)

*Phallus rugulosus* Lloyd 붉은말뚝버섯

유색고약버섯속(Phanerochaete) 유색고약버섯과(Phanerochaetaceae) 구멍장이버섯목(Polyporales) 주름버섯강(Agaricomycetes) 담자균문(Basidiomycota)

*Phanerochaete avellanea* (Bres.) J. Erikss. and Hjortstam 옅은유색고약버섯
*Phanerochaete calotricha* (P. Karst.) J. Erikss. and Ryvarden 깃털유색고약버섯
*Phanerochaete crassa* (Lév.) Burds 종이유색고약버섯
*Phanerochaete filamentosa* (Berk. & M. A. Curtis) Burds. 끈유색고약버섯
*Phanerochaete laevis* (Fr.) J. Erikss. and Ryvarden 균열유색고약버섯
*Phanerochaete martelliana* (Bres.) J. Erikss. and Ryvarden 노란유색고약버섯
*Phanerochaete sordida* (P. Karst.) J. Erikss. and Ryvarden 유색고약버섯
*Phanerochaete xerophila* Burds. 마른유색고약버섯

---

 겹층진흙버섯속(Phellinopsis) 소나무비늘버섯과(Hymenochaetaceae) 소나무비늘버섯목(Hymenochaetales) 주름버섯강(Agaricomycetes) 담자균문(Basidiomycota)

*Phellinopsis conchata* (Pers.) Y.C. Dai 겹층진흙버섯

---

 진흙버섯속(Phellinus) 소나무비늘버섯과(Hymenochaetaceae) 소나무비늘버섯목(Hymenochaetales) 주름버섯강(Agaricomycetes) 담자균문(Basidiomycota)

*Phellinus baumii* Pilát 장수진흙버섯
*Phellinus contiguus* (Pers.) Pat. 참진흙버섯
*Phellinus ferruginosus* (Schrad.) Pat. 녹슨진흙버섯
*Phellinus gilvus* (Schwein.) Pat. 마른진흙버섯
*Phellinus hartigii* (Allesch. & Schnabl) Pat. 전나무진흙버섯
*Phellinus igniarius* (L.) Quél. 진흙버섯
*Phellinus laevigatus* (Fr.) Bourdot and Galzin 가지진흙버섯
*Phellinus lundellii* Niemelä 납작진흙버섯
*Phellinus nigricans* (Fr.) P. Karst. 검은진흙버섯
*Phellinus pomaceus* (Pers.) Maire 벚나무진흙버섯
*Phellinus robustus* (P. Karst.) Bourdot and Galzin 찰진흙버섯
*Phellinus setulosus* (Lloyd) Imazeki 말굽진흙버섯
*Phellinus tremulae* (Bondartsev) Bondartsev & P. N. Borisov 버들진흙버섯
*Phellinus trivialis* (Bres.) Kreisel 판상진흙버섯
*Phellinus viticola* (Schwein.) Donk 녹슨테진흙버섯
*Phellinus xeranticus* (Berk.) Pegler 금빛진흙버섯

---

 살쾡이버섯속(Phellodon) 노루털버섯과(Bankeraceae) 사마귀버섯목(Thelephorales) 주름버섯강(Agaricomycetes) 담자균문(Basidiomycota)

*Phellodon melaleucus* (Sw. ex Fr.) P. Karst. 살쾡이버섯

*Phellodon niger* (Fr.) P. Karst. 검은살쾡이버섯
*Phellodon tomentosus* (L.) Banker 솜살쾡이버섯

 민자루버섯속(Phialina) 거미줄종지버섯과(Hyaloscyphaceae) 고무버섯목(Helotiales) 두건버섯강(Leotiomycetes) 자낭균문(Ascomycota)

*Phialina ulmariae* (Lasch) Dennis 갈색민자루버섯

 아교고약버섯속(Phlebia) 아교버섯과(Meruliaceae) 구멍장이버섯목(Polyporales) 주름버섯강(Agaricomycetes) 담자균문(Basidiomycota)

*Phlebia cremeoalutacea* (Parmasto) K. H. Larss. & Hjortstam 황아교고약버섯
*Phlebia deflectens* (P. Karst.) Ryvarden 큰아교고약버섯
*Phlebia lilascens* (Bourdot) J. Erikss. and Hjortstam 작은아교고약버섯
*Phlebia livida* (Pers.) Bres. 금아교고약버섯
*Phlebia rufa* (Pers.) M. P. Christ. 가는아교고약버섯
*Phlebia subcretacea* (Litsch.) M. P. Christ. 막아교고약버섯
*Phlebia tremellosa* (Schrad.) Nakasone & Burds. 아교고약버섯

 좀아교고약버섯속(Phlebiopsis) 아교버섯과(Meruliaceae) 구멍장이버섯목(Polyporales) 주름버섯강(Agaricomycetes) 담자균문(Basidiomycota)

*Phlebiopsis gigantea* (Fr.) Jülich 좀아교고약버섯

 주걱목이속(Phlogiotis) (Incertae sedis) 목이목(Auriculariales) 주름버섯강(Agaricomycetes) 담자균문(Basidiomycota)

*Phlogiotis helvelloides* (DC.) G. W. Martin 장미주걱목이

 비늘버섯속(Pholiota) 포도버섯과(Strophariaceae) 주름버섯목(Agaricales) 주름버섯강(Agaricomycetes) 담자균문(Basidiomycota)

*Pholiota adiposa* (Batsch) P. Kumm. 검은비늘버섯
*Pholiota alnicola* (Fr.) Singer 진노랑비늘버섯
*Pholiota astragalina* (Fr.) Singer 개암비늘버섯
*Pholiota aurivella* (Batsch) P. Kumm. 금빛비늘버섯
*Pholiota brunnescens* A. H. Sm. & Hesler 한천비늘버섯
*Pholiota flammans* (Batsch) P. Kumm. 노랑비늘버섯
*Pholiota highlandensis* (Peck) Quadr. & Lunghini 재비늘버섯
*Pholiota lenta* (Pers.) Singer 흰비늘버섯
*Pholiota lubrica* (Pers.) Singer 갈색밋밋한비늘버섯
*Pholiota nameko* (T. Itô) S. Ito & S. Imai 나도팽나무버섯(맛버섯)

*Pholiota spumosa* (Fr.) Singer 노란갓비늘버섯
*Pholiota squarrosa* (Vahl) P. Kumm. 비늘버섯
*Pholiota squarrosoides* (Peck) Sacc. 침비늘버섯
*Pholiota terrestris* Overh. 땅비늘버섯
*Pholiota tuberculosa* (Schaeff.) P. Kumm 큰머리비늘버섯

겨우살이버섯속(Phylloporia) 소나무비늘버섯과(Hymenochaetaceae) 소나무비늘버섯목(Hymenochaetales) 주름버섯강(Agaricomycetes) 담자균문(Basidiomycota)

*Phylloporia spathulata* (Hook.) Ryvarden 범부채겨우살이버섯

민그물버섯속(Phylloporus) 그물버섯과(Boletaceae) 그물버섯목(Boletales) 주름버섯강(Agaricomycetes) 담자균문(Basidiomycota)

*Phylloporus bellus* (Massee) Corner 노란길민그물버섯
*Phylloporus rhodoxanthus* (Schw.) Bres 붉은민그물버섯

귀느타리속(Phyllotopsis) 송이과(Tricholomataceae) 주름버섯목(Agaricales) 주름버섯강(Agaricomycetes) 담자균문(Basidiomycota)

*Phyllotopsis nidulans* (Pers.) Singer 귀느타리

풍선버섯속(Physalacria) 뽕나무버섯과(Physalacriaceae) 주름버섯목(Agaricales) 주름버섯강(Agaricomycetes) 담자균문(Basidiomycota)

*Physalacria sanctae-martae* G. W. Martin & A. C. Baker 위미풍선버섯

포낭버섯속(Physisporinus) 구멍장이버섯과(Polyporaceae) 구멍장이버섯목(Polyporales) 주름버섯강(Agaricomycetes) 담자균문(Basidiomycota)

*Physisporinus vitreus* (Pers.) P. Karst. 포낭버섯

종자동충하초속(Phytocordyceps) 동충하초과(Cordycipitaceae) 동충하초목(Hypocreales) 동충하초강(Sordariomycetes) 자낭균문(Ascomycota)

*Phytocordyceps ninchukispora* Su & Wang 종자동충하초

자작나무버섯속(Piptoporus) 잔나비버섯과(Fomitopsidaceae) 구멍장이버섯목(Polyporales) 주름버섯강(Agaricomycetes) 담자균문(Basidiomycota)

*Piptoporus betulinus* (Bull.) P. Karst. 자작나무버섯

**모래밭버섯속**(Pisolithus) **어리알버섯과**(Sclerodermataceae) **그물버섯목**(Boletales) **주름버섯강**(Agaricomycetes) **담자균문**(Basidiomycota)

*Pisolithus tinctorius* (Pers.) Coker & Couch 모래밭버섯

---

**잎사귀버섯속**(Pleurocybella) **낙엽버섯과**(Marasmiaceae) **주름버섯목**(Agaricales) **주름버섯강**(Agaricomycetes) **담자균문**(Basidiomycota)

*Pleurocybella porrigens* (Pers.) Singer 잎사귀버섯

---

**느타리속**(Pleurotus) **느타리과**(Pleurotaceae) **주름버섯목**(Agaricales) **주름버섯강**(Agaricomycetes) **담자균문**(Basidiomycota)

*Pleurotus citrinopileatus* Singer 노랑느타리

*Pleurotus cornucopiae* (Paulet) Rolland 흰느타리

*Pleurotus cystidiosus* O. K. Mill. 전복느타리

*Pleurotus djamor* (Rumph. ex Fr.) Boedijn 분홍느타리

*Pleurotus eryngii* (DC.) Quél. 큰느타리

*Pleurotus ferulae* Lanzi 아위느타리

*Pleurotus floridanus* Singer 사철느타리

*Pleurotus lignatilis* (Pers. : Fr.) Kummer 은색느타리

*Pleurotus nebrodensis* (Inzenga) Quél. 백령느타리

*Pleurotus ostreatus* (Jacq.) P. Kumm. 느타리

*Pleurotus pulmonarius* (Fr.) Quél. 산느타리

*Pleurotus pulmonarius* (Fr.) Quél. var. *sajor-caju* 여름느타리

*Pleurotus spodoleucus* (Fr.) Quél. 참느타리

---

**주름고약버섯속**(Plicaturopsis) (Incertae sedis) **주름버섯목**(Agaricales) **주름버섯강**(Agaricomycetes) **담자균문**(Basidiomycota)

*Plicaturopsis crispa* (Pers.) D. A. Reid 주름고약버섯

---

**난버섯속**(Pluteus) **난버섯과**(Pluteaceae) **주름버섯목**(Agaricales) **주름버섯강**(Agaricomycetes) **담자균문**(Basidiomycota)

*Pluteus atroavellaneus* Murrill 과립난버섯

*Pluteus atromarginatus* (Konrad) Kühner 검은날난버섯

*Pluteus aurantiorugosus* (Trog) Sacc. 빨간난버섯

*Pluteus cervinus* (Schaeff.) P. Kumm. 난버섯

*Pluteus chrysophaeus* (Schaeff.) Quél. 꾀꼬리난버섯

*Pluteus chrysophlebius* subsp. *koriensis* S. J. Seok & Y. S. Kim 겨자난버섯

*Pluteus cubensis* (Murrill) Dennis 비듬난버섯

*Pluteus depauperatus* Romagn. 살갗난버섯

*Pluteus diptychocystis* Singer 풍선머리난버섯

*Pluteus discoipes* Seok, S. J. & Kim, Y. S. 원반난버섯

*Pluteus ephebeus* (Fr.) Gillet 흑갈색난버섯

*Pluteus eugraptus* (Berk. & Broome) Sacc. 가루난버섯

*Pluteus exiguus* (Pat.) Sacc. 갈잎난버섯

*Pluteus fibulatus* Singer 실난버섯

*Pluteus flavofuligineus* G. F. Atk. 쑥냄새난버섯

*Pluteus floridanus* Murrill 호도난버섯

*Pluteus harrisii* Murrill 삼지창난버섯

*Pluteus hispidulus* (Fr.) Gillet 꼬마난버섯

*Pluteus leoninus* (Schaeff.) P. Kumm. 노란난버섯

*Pluteus magnus* McClatchie 술병난버섯

*Pluteus myceniformis* Murrill 소녀난버섯

*Pluteus nanus* (Pers.) P. Kumm. 애기난버섯

*Pluteus pantherinus* Courtec. & M. Uchida 호피난버섯

*Pluteus patricius* (Schulzer) Boud 털보난버섯

*Pluteus petasatus* (Fr.) Gillet 흰난버섯

*Pluteus phlebophorus* (Ditmar) P. Kumm. 망사난버섯

*Pluteus plautus* (Weinm.) Gillet 은반난버섯

*Pluteus pluvialis* Singer 황금난버섯

*Pluteus podospileus* Sacc. & Cub. 톱밥난버섯

*Pluteus pouzarianus* Singer 깃발난버섯

*Pluteus rimosellus* Singer 잔주름난버섯

*Pluteus romellii* (Britzelm.) Sacc 노란대난버섯

*Pluteus roseipes* Höhn. 장미난버섯

*Pluteus satur* Kühner & Romagn. 우산난버섯

*Pluteus spegazzinianus* Murrill 뿔난버섯

*Pluteus spilopus* (Berk. & Broome) Sacc. 혹난버섯

*Pluteus spinulosus* Murrill 가시난버섯

*Pluteus sublaevigatus* (Singer) Menolli & Capelari 노란줄난버섯

*Pluteus thomsonii* (Berk. & Broome) Dennis 벌집난버섯

*Pluteus umbrosus* (Pers.) P. Kumm. 그물난버섯

*Pluteus viscidulus* Singer 점질난버섯

*Pluteus xylophilus* (Speg.) Singer 비늘난버섯

배꽃버섯속(Podoscypha) 아교버섯과(Meruliaceae) 구멍장이버섯목(Polyporales) 주름버섯강(Agaricomycetes) 담자균문(Basidiomycota)

*Podoscypha albida* (Lloyd) S. Ito 흰배꽃버섯
*Podoscypha nitidula* (Berk.) Pat. 배꽃버섯

 사슴뿔버섯속(Podostroma) 점버섯과(Hypocreaceae) 동충하초목(Hypocreales) 동충하초강(Sordariomycetes) 자낭균문(Ascomycota)

*Podostroma cornu-damae* (Pat.) Boedijin 붉은사슴뿔버섯
*Podostroma solmsii* (E. Fisch.) S. Imai 말뚝사슴뿔버섯

 봉오리동충하초속(Polycephalomyces) 잠자리동충하초과(Ophiocordycipitaceae) 동충하초목(Hypocreales) 동충하초강(Sordariomycetes) 자낭균문(Ascomycota)

*Polycephalomyces ramosus* (Peck) Mains 유충봉오리동충하초

 까치버섯속(Polyozellus) 사마귀버섯과(Thelephoraceae) 사마귀버섯목(Thelephorales) 주름버섯강(Agaricomycetes) 담자균문(Basidiomycota)

*Polyozellus multiplex* (Underw.) Murrill 까치버섯

 구멍장이버섯속(Polyporus) 구멍장이버섯과(Polyporaceae) 구멍장이버섯목(Polyporales) 주름버섯강(Agaricomycetes) 담자균문(Basidiomycota)

*Polyporus alveolaris* (DC.) Bondartsev & Singer 벌집구멍장이버섯
*Polyporus arcularius* (Batsch) Fr. 좀벌집구멍장이버섯
*Polyporus brumalis* (Pers.) Fr. 겨울구멍장이버섯
*Polyporus emerici* Berk. ex Cooke 황갈색구멍장이버섯
*Polyporus leptocephalus* (Jacq.) Fr 노란구멍장이버섯
*Polyporus melanopus* (Pers.) Fr. 검은발구멍장이버섯
*Polyporus squamosus* (Huds.) Fr. 털구멍장이버섯
*Polyporus tuberaster* (Jacq. ex Pers.) Fr. 구멍장이버섯
*Polyporus umbellatus* (Pers.) Fr. 저령
*Polyporus varius* (Pers.) Fr. 노란대구멍장이버섯

 용종버섯속(Polypus) (Incertae sedis) 무당버섯목(Russulales) 주름버섯강(Agaricomycetes) 담자균문(Basidiomycota)

*Polypus dispansus* (Lloyd) Audet 용종버섯

층층버섯속(Porodaedalea) 소나무비늘버섯과(Hymenochaetaceae) 소나무비늘버섯목(Hymenochaetales) 주름버섯강(Agaricomycetes) 담자균문(Basidiomycota)

*Porodaedalea pini* (Brot.) Murrill 층층버섯

---

 그물코버섯속(Porodiscus) 소혀버섯과(Fistulinaceae) 주름버섯목(Agaricales) 주름버섯강(Agaricomycetes) 담자균문(Basidiomycota)

*Porodiscus pendulus* Murrill 그물코버섯

---

 구멍집버섯속(Poronidulus) 구멍장이버섯과(Polyporaceae) 구멍장이버섯목(Polyporales) 주름버섯강(Agaricomycetes) 담자균문(Basidiomycota)

*Poronidulus conchifer* (Schwein.) Murrill 구멍집버섯

---

 종이비늘버섯속(Porostereum) 유색고약버섯과(Phanerochaetaceae) 구멍장이버섯목(Polyporales) 주름버섯강(Agaricomycetes) 담자균문(Basidiomycota)

*Porostereum crassum* (Lév.) Hjortstam & Ryvarden 보라종이비늘버섯

---

 미친그물버섯속(Porphyrellus) 그물버섯과(Boletaceae) 그물버섯목(Boletales) 주름버섯강(Agaricomycetes) 담자균문(Basidiomycota)

*Porphyrellus pseudoscaber* Secr. ex Singer 미친그물버섯

---

 손등버섯속(Postia) 잔나비버섯과(Fomitopsidaceae) 구멍장이버섯목(Polyporales) 주름버섯강(Agaricomycetes) 담자균문(Basidiomycota)

*Postia tephroleuca* (Fr.) Jülich 손등버섯

---

 자낭각버섯속(Prosthecium) (Incertae sedis) 오리나무목(Diaporthales) 동충하초강(Sordariomycetes) 자낭균문(Ascomycota)

*Prosthecium auctum* (Breik. & Br.) Petr. 검은자낭각버섯

---

 눈물버섯속(Psathyrella) 눈물버섯과(Psathyrellaceae) 주름버섯목(Agaricales) 주름버섯강(Agaricomycetes) 담자균문(Basidiomycota)

*Psathyrella bipellis* (Quél.) A. H. Sm. 껍질눈물버섯

*Psathyrella candolleana* (Fr.) Maire 족제비눈물버섯

*Psathyrella gracilis* (Fr.) Quél. 눈물버섯

*Psathyrella koreana* S. J. Seok & Yang S. Kim 털보눈물버섯

*Psathyrella maculata* (C. S. Parker) A. H. Sm 종형눈물버섯

*Psathyrella microsporoides* Heykoop & G. Moreno 좀포자눈물버섯

*Psathyrella multissima* (S. Imai) Hongo 갈색눈물버섯

*Psathyrella obtusata* (Pers.) A. H. Sm. 애기눈물버섯

*Psathyrella ochracea* (Romagn.) M. M. Moser ex Kits van Wav. 흰주름눈물버섯

*Psathyrella pervelatoides* S. J. Seok & Yang S. Kim 털마개버섯

*Psathyrella piluliformis* (Bull.) P. D. Orton 다람쥐눈물버섯

*Psathyrella spadiceogrisea* (Schaeff.) Maire 회갈색눈물버섯

*Psathyrella utriformicystis* S. J. Seok & Yang S. Kim 서리눈물버섯

산그물버섯속(Pseudoboletus) 그물버섯과(Boletaceae) 그물버섯목(Boletales) 주름버섯강(Agaricomycetes) 담자균문(Basidiomycota)

*Pseudoboletus astraeicola* (Imazeki) Šutara 먼지헛그물버섯

담배비늘버섯속(Pseudochaete) 소나무비늘버섯과(Hymenochaetaceae) 소나무비늘버섯목(Hymenochaetales) 주름버섯강(Agaricomycetes) 담자균문(Basidiomycota)

*Pseudochaete tabacina* (Sowerby) T. Wagner & M. Fisch. 담배비늘버섯

헛깔때기버섯속(Pseudoclitocybe) 송이과(Tricholomataceae) 주름버섯목(Agaricales) 주름버섯강(Agaricomycetes) 담자균문(Basidiomycota)

*Pseudoclitocybe cyathiformis* (Bull.) Singer 헛깔때기버섯

세발버섯속(Pseudocolus) 말뚝버섯과(Phallaceae) 말뚝버섯목(Phallales) 주름버섯강(Agaricomycetes) 담자균문(Basidiomycota)

*Pseudocolus fusiformis* (E. Fisch.) Lloyd 세발버섯

꼬마나팔버섯속(Craterellus) 꾀꼬리버섯과(Cantharellaceae) 꾀꼬리버섯목(Cantharellales) 주름버섯강(Agaricomycetes) 담자균문(Basidiomycota)

*Pseudocraterellus undulatus* (Pers.) Rauschert 꼬마나팔버섯

혓바늘목이속(Pseudohydnum) (Incertae sedis) 목이목(Auriculariales) 주름버섯강(Agaricomycetes) 담자균문(Basidiomycota)

*Pseudohydnum gelatinosum* (Scop.) P. Karst. 혓바늘목이

너도시루뻔버섯속(Pseudoinonotus) 소나무비늘버섯과(Hymenochaetaceae) 소나무비늘버섯목(Hymenochaetales) 주름버섯강(Agaricomycetes) 담자균문(Basidiomycota)

*Pseudoinonotus dryadeus* (Pers.) T. Wagner & M. Fisch. 너도시루뻔버섯

배꼽접시버섯속(Pseudombrophila) 털접시버섯과(Pyronemataceae) 주발버섯목(Pezizales) 주발버섯강(Pezizomycetes) 자낭균문(Ascomycota)

*Pseudombrophila deerrata* (Karst.) Seaver 배꼽접시버섯

 주름버짐버섯속(Pseudomerulius) 주름버짐버섯과(Tapinellaceae) 그물버섯목(Boletales) 주름버섯강(Agaricomycetes) 담자균문(Basidiomycota)

*Pseudomerulius aureus* (Fr.) Jülich 주름버짐버섯

*Pseudomerulius curtisii* (Berk.) Redhead & Ginns 곰주름버짐버섯

 검은잔버섯속(Pseudoplectania) 털고무버섯과(Sarcosomataceae) 주발버섯목(Pezizales) 주발버섯강(Pezizomycetes) 자낭균문(Ascomycota)

*Pseudoplectania vogesiaca* (Moug. & Nestlé) Seav. 전나무검은잔버섯

 환각버섯속(Psilocybe) 포도버섯과(Strophariaceae) 주름버섯목(Agaricales) 주름버섯강(Agaricomycetes) 담자균문(Basidiomycota)

*Psilocybe argentipes* K. Yokoyama 청환각버섯

*Psilocybe coprophila* (Bull.) P. Kumm. 좀환각버섯

*Psilocybe merdaria* (Fr.) Ricken 분색환각버섯

*Psilocybe xeroderma* Huijsman 소똥환각버섯

 깃싸리버섯속(Pterula) 깃싸리버섯과(Pterulaceae) 주름버섯목(Agaricales) 주름버섯강(Agaricomycetes) 담자균문(Basidiomycota)

*Pterula multifida* (Chevall.) Fr. 가지깃싸리버섯

*Pterula subulata* Fr. 바늘깃싸리버섯

 갓그물버섯속(Pulveroboletus) 그물버섯과(Boletaceae) 그물버섯목(Boletales) 주름버섯강(Agaricomycetes) 담자균문(Basidiomycota)

*Pulveroboletus auriflammeus* (Berk. & M. A. Curtis) Singer 주황갓그물버섯

*Pulveroboletus ravenelii* (Berk. & M. A. Curtis) Murrill 갓그물버섯

*Pulveroboletus retipes* (Berk. et Curt) Sing. 밤색갓그물버섯

 털가는주름버섯속(Punctularia) 고약버섯과(Corticiaceae) 고약버섯목(Corticiales) 주름버섯강(Agaricomycetes) 담자균문(Basidiomycota)

*Punctularia strigosozonata* (Schwein.) P. H. B. Talbot 털가는주름버섯

간버섯속(Pycnoporus) 구멍장이버섯과(Polyporaceae) 구멍장이버섯목(Polyporales) 주름버섯강(Agaricomycetes) 담자균문(Basidiomycota)

*Pycnoporus cinnabarinus* (Jacq.) Fr. 간버섯(개칭)

 만두피버섯속(Pyrenopeziza) 살갗버섯과(Dermateaceae) 고무버섯목(Helotiales) 두건버섯강(Leotiomycetes) 자낭균문(Ascomycota)

*Pyrenopeziza revincta* (P. Karst.) Gremmen 흰만두피버섯

 핵버섯속(Pyronema) 털접시버섯과(Pyronemataceae) 주발버섯목(Pezizales) 주발버섯강(Pezizomycetes) 자낭균문(Ascomycota)

*Pyronema domesticum* (Sowerby) Sacc. 쟁반핵버섯

 송곳버섯속(Radulodon) 아교버섯과(Meruliaceae) 구멍장이버섯목(Polyporales) 주름버섯강(Agaricomycetes) 담자균문(Basidiomycota)

*Radulodon copelandii* (Pat.) N. Maek. 긴송곳버섯

 초고약버섯속(Radulomyces) 깃싸리버섯과(Pterulaceae) 주름버섯목(Agaricales) 주름버섯강(Agaricomycetes) 담자균문(Basidiomycota)

*Radulomyces confluens* (Fr.) M. P. Christ. 이빨버섯

*Radulomyces molaris* (Chaillet ex Fr.) M. P. Christ. 큰이빨버섯

 싸리버섯속(Ramaria) 나팔버섯과(Gomphaceae) 나팔버섯목(Gomphales) 주름버섯강(Agaricomycetes) 담자균문(Basidiomycota)

*Ramaria apiculata* (Fr.) Donk 바늘싸리버섯

*Ramaria aurea* (Schaeff.) Quél. 황금싸리버섯

*Ramaria botrytis* (Pers.) Ricken 싸리버섯

*Ramaria broomei* (Cotton & Wakef.) R. H. Petersen 검정싸리버섯

*Ramaria campestris* (K. Yokoy. & Sagara) R. H. Petersen 황토싸리버섯

*Ramaria flaccida* (Fr.) Bourdot 다박싸리버섯

*Ramaria flava* (Schaeff.) Quél. 노랑싸리버섯

*Ramaria formosa* (Pers.) Quél. 붉은싸리버섯

*Ramaria fumigata* (Peck) Corner 연기싸리버섯

*Ramaria grandis* (Peck) Corner 흰끝싸리버섯

*Ramaria lorithamnus* (Berk.) R. H. Petersen 은행싸리버섯

*Ramaria obtusissima* (Peck) Corner 도가머리싸리버섯

*Ramaria pallida* (Schaeff.) Ricken 백색끼싸리버섯

*Ramaria sanguinea* Corner 자주색싸리버섯

*Ramaria stricta* (Pers.) Quél. 답싸리버섯
*Ramaria subbotrytis* (Coker) Corner 산호싸리버섯

쇠뜨기버섯속(Ramariopsis) 국수버섯과(Clavariaceae) 주름버섯목(Agaricales) 주름버섯강(Agaricomycetes) 담자균문(Basidiomycota)

*Ramariopsis kunzei* (Fr.) Corner 쇠뜨기버섯

꼬마컵버섯속(Rectipilus) 낙엽버섯과(Marasmiaceae) 주름버섯목(Agaricales) 주름버섯강(Agaricomycetes) 담자균문(Basidiomycota)

*Rectipilus fasciculatus* (Pers.) Agerer 꼬마컵버섯

수지고약버섯속(Resinicium) 아교버섯과(Meruliaceae) 구멍장이버섯목(Polyporales) 주름버섯강(Agaricomycetes) 담자균문(Basidiomycota)

*Resinicium bicolor* Alb. & Schwein. Parmasto 수지고약버섯

송진버섯속(Resinomycena) 애주름버섯과(Mycenaceae) 주름버섯목(Agaricales) 주름버섯강(Agaricomycetes) 담자균문(Basidiomycota)

*Resinomycena rhododendri* (Peck) Redhead & Singer 낙엽송진버섯

꽃무늬애버섯속(Resupinatus) 송이과(Tricholomataceae) 주름버섯목(Agaricales) 주름버섯강(Agaricomycetes) 담자균문(Basidiomycota)

*Resupinatus applicatus* (Batsch) Gray 꽃무늬애버섯
*Resupinatus striatulus* (Pers.) Murrill 선꽃무늬애버섯
*Resupinatus trichotis* (Pers.) Singer 쥐털꽃무늬애버섯

망그물버섯속(Retiboletus) 그물버섯과(Boletaceae) 그물버섯목(Boletales) 주름버섯강(Agaricomycetes) 담자균문(Basidiomycota)

*Retiboletus griseus* (Frost) Binder & Bresinsky 회색망그물버섯
*Retiboletus nigerrimus* (R. Heim) Manfr. Binder & Bresinsky 검은망그물버섯
*Retiboletus ornatipes* (Peck) Binder & Bresinsky 밤색망그물버섯

땅해파리속(Rhizina) 땅해파리과(Rhizinaceae) 주발버섯목(Pezizales) 주발버섯강(Pezizomycetes) 자낭균문(Ascomycota)

*Rhizina inflata* (Schaeff.) P.Karst. 땅해파리
*Rhizina undulata* Fr. 파상땅해파리

뿌리고약버섯속(Rhizochaete) 유색고약버섯과(Phanerochaetaceae) 구멍장이버섯목(Polyporales) 주름버섯강(Agaricomycetes) 담자균문(Basidiomycota)

*Rhizochaete radicata* (Henn.) Gresl., Nakasone & Rajchenb. 주름뿌리고약버섯

알버섯속(Rhizopogon) 알버섯과(Rhizopogonaceae) 그물버섯목(Boletales) 주름버섯강(Agaricomycetes) 담자균문(Basidiomycota)

*Rhizopogon roseolus* (Corda) Th. Fr. 붉은알버섯

철쭉버섯속(Rhodocollybia) 화경버섯과(Omphalotaceae) 주름버섯목(Agaricales) 주름버섯강(Agaricomycetes) 담자균문(Basidiomycota)

*Rhodocollybia butyracea* (Bull.) Lennox 버터철쭉버섯
*Rhodocollybia maculata* (Alb. & Schwein.) Singer 철쭉버섯

진달래버섯속(Rhodocybe) 외대버섯과(Entolomataceae) 주름버섯목(Agaricales) 주름버섯강(Agaricomycetes) 담자균문(Basidiomycota)

*Rhodocybe caelata* (Fr.) Maire 진달래버섯
*Rhodocybe popinalis* (Fr.) Singer 통발진달래버섯

살구버섯속(Rhodotus) 뽕나무버섯과(Physalacriaceae) 주름버섯목(Agaricales) 주름버섯강(Agaricomycetes) 담자균문(Basidiomycota)

*Rhodotus palmatus* (Bull.) Maire 살구버섯

이끼버섯속(Rickenella) 이끼버섯과(Repetobasidiaceae) 소나무비늘버섯목(Hymenochaetales) 주름버섯강(Agaricomycetes) 담자균문(Basidiomycota)

*Rickenella fibula* (Bull.) Raithelh. 이끼버섯

각목버섯속(Rigidoporus) 왕잎새버섯과(Meripilaceae) 구멍장이버섯목(Polyporales) 주름버섯강(Agaricomycetes) 담자균문(Basidiomycota)

*Rigidoporus lineatus* (Pers.) Ryvarden 오징어각목버섯
*Rigidoporus microporus* (Sw.) Overeem 각목버섯

탈버섯속(Ripartites) 송이과(Tricholomataceae) 주름버섯목(Agaricales) 주름버섯강(Agaricomycetes) 담자균문(Basidiomycota)

*Ripartites tricholoma* (Alb. & Schwein.) P. Karst. 탈버섯

**점질버섯속**(Roridomyces) **애주름버섯과**(Mycenaceae) **주름버섯목**(Agaricales) **주름버섯강**(Agaricomycetes) **담자균문**(Basidiomycota)

*Roridomyces roridus* (Scop.) Rexer 점질버섯

---

**날개무늬버섯속**(Rosellinia) **콩꼬투리버섯과**(Xylariaceae) **콩꼬투리버섯목**(Xylariales) **동충하초강**(Sordariomycetes) **자낭균문**(Ascomycota)

*Rosellinia thelena* (Fr.) Rab. 장미날개무늬버섯

---

**검정대구멍장이버섯속**(Royoporus) **구멍장이버섯과**(Polyporaceae) **구멍장이버섯목**(Polyporales) **주름버섯강**(Agaricomycetes) **담자균문**(Basidiomycota)

*Royoporus badius* (Pers.) A. B. De 검정대구멍장이버섯

---

**접시그물버섯속**(Rugiboletus) **그물버섯과**(Boletaceae) **그물버섯목**(Boletales) **주름버섯강**(Agaricomycetes) **담자균문**(Basidiomycota)

*Rugiboletus extremiorientalis* (Lj.N. Vassiljeva) G. Wu & Zhu L. Yang 접시그물버섯(개칭)

---

**무당버섯속**(Russula) **무당버섯과**(Russulaceae) **무당버섯목**(Russulales) **주름버섯강**(Agaricomycetes) **담자균문**(Basidiomycota)

*Russula adusta* (Pers.) Fr. 흑갈색무당버섯

*Russula aeruginea* Fr. 구릿빛무당버섯

*Russula alboareolata* Hongo 목련무당버섯

*Russula albonigra* (Krombh.) Fr. 검은무당버섯

*Russula amoena* Quél. 가지무당버섯

*Russula atropurpurea* (Krombh.) Britzelm. 참무당버섯

*Russula aurea* Pers. 금무당버섯(개칭)

*Russula bella* Hongo 수원무당버섯

*Russula castanopsidis* Hongo 좀흰무당버섯

*Russula chloroides* (Krombh.) Bres. 흰무당버섯

*Russula compacta* Frost 담갈색무당버섯

*Russula crustosa* Peck 기와무당버섯

*Russula cyanoxantha* (Schaeff.) Fr. 청머루무당버섯

*Russula delica* Fr. 푸른주름무당버섯

*Russula densifolia* Secr. ex Gillet 애기무당버섯

*Russula emetica* (Schaeff.) Pers. 무당버섯

*Russula exalbicans* (Pers.) Melzer & Zvára 색바랜무당버섯

*Russula farinipes* Romell 황색깔대기무당버섯

*Russula flavida* Frost 노랑무당버섯

*Russula foetens* (Pers.) Pers. 깔때기무당버섯
*Russula fragilis* Fr. 흰애기무당버섯
*Russula furcata* (Pers.) Fr. 청무당버섯
*Russula garinipes* Romell 선황색무당버섯
*Russula grata* Britzelm. 밀짚색무당버섯
*Russula heterophylla* (Fr.) Fr. 돼지털무당버섯
*Russula integra* (L.) Fr. 붉은무당버섯
*Russula japonica* Hongo 갈변흰무당버섯
*Russula kansaiensis* Hongo 꼬마무당버섯
*Russula lilacea* Quél. 연보라무당버섯
*Russula luteotacta* Rea 단심무당버섯
*Russula mariae* Peck 냉이무당버섯(개칭)
*Russula nauseosa* (Pers.) Fr. 고구마무당버섯(개칭)
*Russula nigricans* Fr. 절구무당버섯
*Russula ochroleuca* (Pers.) Fr. 조개무당버섯
*Russula olivacea* (Schaeff.) Fr. 가죽껍질무당버섯
*Russula omiensis* Hongo 보라무당버섯
*Russula pectinata* (Bull.) Fr. 달팽이무당버섯
*Russula poichilochroa* Sarnari 색깔이무당버섯
*Russula polyphylla* Peck 이파리무당버섯
*Russula pseudodelica* Lange 흰무당버섯아재비
*Russula risigallina* (Batsch) Sacc. 변덕장이무당버섯
*Russula rosea* Pers. 장미무당버섯
*Russula rubescens* Beardslee 변색무당버섯
*Russula rubra* (Fr.) Fr. 주홍색무당버섯
*Russula sanguinaria* (Schumach.) Rauschert 혈색무당버섯
*Russula senecis* S. Imai 흙무당버섯
*Russula sororia* Fr. 회갈색무당버섯
*Russula subnigricans* Hongo 절구무당버섯아재비
*Russula vesca* Fr. 조각무당버섯
*Russula violeipes* Quél. 자주빛무당버섯
*Russula virescens* (Schaeff.) Fr. 기와버섯
*Russula xerampelina* (Schaeff.) Fr. 포도무당버섯

---

**분류체계** **자루접시버섯속**(Rutstroemia) **자루접시버섯과**(Rutstroemiaceae) **고무버섯목**(Helotiales) **두건버섯강**(Leotiomycetes) **자낭균문**(Ascomycota)

*Rutstroemia petiolorum* (Rob.) White 작은자루접시버섯

능이속(Sarcodon) 노루털버섯과(Bankeraceae) 사마귀버섯목(Thelephorales) 주름버섯강(Agaricomycetes) 담자균문(Basidiomycota)

*Sarcodon imbricatus* (L.) P. Karst. 능이
*Sarcodon murrillii* Banker 능이아재비
*Sarcodon scabrosus* (Fr.) P. Karst. 소나무능이

창버섯속(Sarcodontia) 구멍장이버섯과(Polyporaceae) 구멍장이버섯목(Polyporales) 주름버섯강(Agaricomycetes) 담자균문(Basidiomycota)

*Sarcodontia pachyodon* (Pers.) Spirin 흰단창버섯

술잔버섯속(Sarcoscypha) 술잔버섯과(Sarcoscyphaceae) 주발버섯목(Pezizales) 주발버섯강(Pezizomycetes) 자낭균문(Ascomycota)

*Sarcoscypha coccinea* (S. F. Gray.) Lamb. 술잔버섯

고무술잔버섯속(Sarcosoma) 털고무버섯과(Sarcosomataceae) 주발버섯목(Pezizales) 주발버섯강(Pezizomycetes) 자낭균문(Ascomycota)

*Sarcosoma globosum* Casp. 고무술잔버섯

치마버섯속(Schizophyllum) 치마버섯과(Schizophyllaceae) 주름버섯목(Agaricales) 주름버섯강(Agaricomycetes) 담자균문(Basidiomycota)

*Schizophyllum commune* Fr. 치마버섯

좀구멍버섯속(Schizopora) 좀구멍버섯과(Schizoporaceae) 소나무비늘버섯목(Hymenochaetales) 주름버섯강(Agaricomycetes) 담자균문(Basidiomycota)

*Schizopora flavipora* (Berk. & M. A. Curtis ex Cooke) Ryvarden 크림좀구멍버섯
*Schizopora paradoxa* (Schrad.) Donk 좀구멍버섯

어리알버섯속(Scleroderma) 어리알버섯과(Sclerodermataceae) 그물버섯목(Boletales) 주름버섯강(Agaricomycetes) 담자균문(Basidiomycota)

*Scleroderma areolatum* Ehrenb. 점박이어리알버섯
*Scleroderma bovista* Fr. 갯어리알버섯
*Scleroderma cepa* Pers. 양파어리알버섯
*Scleroderma citrinum* Pers. 황토색어리알버섯
*Scleroderma flavidum* Ellis & Everh. 볏짚어리알버섯
*Scleroderma lycoperdoides* Schw. 회반점어리알버섯(개칭)
*Scleroderma verrucosum* (Bull.) Pers. 어리알버섯

균핵꼬리버섯속(Scleromitrula) 자루접시버섯과(Rutstroemiaceae) 고무버섯목(Helotiales) 두건버섯강(Leotiomycetes) 자낭균문(Ascomycota)

*Scleromitrula shiraiana* (Henn.) S. Imai 균핵꼬리버섯

---

 균핵버섯속(Sclerotinia) 균핵버섯과(Sclerotiniaceae) 고무버섯목(Helotiales) 두건버섯강(Leotiomycetes) 자낭균문(Ascomycota)

*Sclerotinia sclerotiorum* (Lib.) de Bary 별빛균핵버섯

---

 접시버섯속(Scutellinia) 털접시버섯과(Pyronemataceae) 주발버섯목(Pezizales) 주발버섯강(Pezizomycetes) 자낭균문(Ascomycota)

*Scutellinia erinaceus* (Schwein.) Kuntze 침접시버섯

*Scutellinia kergulensis* (Berk.) O. Kuntze 짧은털접시버섯

*Scutellinia scutellata* (L.) Lamb. 접시버섯

*Scutellinia umbrorum* (Fr.) Lambotte 그늘접시버섯

---

 기질고약버섯속(Scytinostroma) 기질고약버섯과(Lachnocladiaceae) 무당버섯목(Russulales) 주름버섯강(Agaricomycetes) 담자균문(Basidiomycota)

*Scytinostroma odoratum* (Fr.) Donk 흰기질고약버섯

---

 곤약버섯속(Sebacina) 곤약버섯과(Sebacinaceae) 곤약버섯목(Sebacinales) 주름버섯강(Agaricomycetes) 담자균문(Basidiomycota)

*Sebacina incrustans* (Pers.) Tul. & C. Tul. 곤약버섯

---

 고약병균속(Septobasidium) 교약병균과(Septobasidiaceae) 고약병균목(Septobasidiales) 녹균강(Pucciniomycetes) 담자균문(Basidiomycota)

*Septobasidium bogoriense* Pat. 잿빛고약병균

*Septobasidium tanakae* (Miyabe) Boedijn & B. A. Steinm. 갈색고약병균

---

 버짐버섯속(Serpula) 버짐버섯과(Serpulaceae) 그물버섯목(Boletales) 주름버섯강(Agaricomycetes) 담자균문(Basidiomycota)

*Serpula lacrymans* (Wulfen) J. Schröt. 녹슨버짐버섯

---

 가시동충하초속(Shimizuomyces) 맥각균과(Clavicipitaceae) 동충하초목(Hypocreales) 동충하초강(Sordariomycetes) 자낭균문(Ascomycota)

*Shimizuomyces paradoxus* Y. Kobay. 청가시종자동충하초

요정버섯속(Simocybe) 땀버섯과(Inocybaceae) 주름버섯목(Agaricales) 주름버섯강(Agaricomycetes) 담자균문(Basidiomycota)

*Simocybe centunculus* (Fr.) P. Karst. 요정버섯

단지고약버섯속(Sistotrema) 턱수염버섯과(Hydnaceae) 꾀꼬리버섯목(Cantharellales) 주름버섯강(Agaricomycetes) 담자균문(Basidiomycota)

*Sistotrema citriforme* (M. P. Christ.) K. H. Larss. & Hjortstam 황단지고약버섯
*Sistotrema diademiferum* (Bourdot & Galzin) Donk 리본단지고약버섯
*Sistotrema octosporum* (J. Schröt. ex Höhn. & Litsch.) Hallenb. 회색단지고약버섯

각질구멍버섯속(Skeletocutis) 구멍장이버섯과(Polyporaceae) 구멍장이버섯목(Polyporales) 주름버섯강(Agaricomycetes) 담자균문(Basidiomycota)

*Skeletocutis lilacina* A. David & Jean Keller 자색각질구멍버섯
*Skeletocutis nivea* (Jungh.) Jean Keller 흰각질구멍버섯

노란주발버섯속(Sowerbyella) 털접시버섯과(Pyronemataceae) 주발버섯목(Pezizales) 주발버섯강(Pezizomycetes) 자낭균문(Ascomycota)

*Sowerbyella imperialis* (Peck) Korf 받침노란주발버섯

꽃송이속(Sparassis) 꽃송이버섯과(Sparassidaceae) 구멍장이버섯목(Polyporales) 주름버섯강(Agaricomycetes) 담자균문(Basidiomycota)

*Sparassis crispa* (Wulfen) Fr. 꽃송이버섯

넓적콩나물버섯속(Spathularia) 투구버섯과(Cudoniaceae) 색찌끼버섯목(Rhytismatales) 두건버섯강(Leotiomycetes) 자낭균문(Ascomycota)

*Spathularia clavata* Fr. 넓적콩나물버섯
*Spathularia flavida* Pers. 황금넓적콩나물버섯

털넓적콩나물버섯속(Spathulariopsis) 투구버섯과(Cudoniaceae) 색찌끼버섯목(Rhytismatales) 두건버섯강(Leotiomycetes) 자낭균문(Ascomycota)

*Spathulariopsis velutipes* (Cooke & Farl. ex Cooke) Maas Geest. 털넓적콩나물버섯

수수깜부기속(Sphacelotheca) 수수깜부기과(Microbotryaceae) 수수깜부기목(Microbotryales) 수수깜부기강(Microbotryomycetes) 담자균문(Basidiomycota)

*Sphacelotheca reiliana* (J. G. Kühn) G. P. Clinton 수수깜부기

공버섯속(Sphaerobolus) 방귀버섯과(Geastraceae) 방귀버섯목(Geastrales) 주름버섯강(Agaricomycetes) 담자균문(Basidiomycota)

*Sphaerobolus stellatus* Tode 공버섯

---

 고깔버섯속(Squamanita) 송이과(Tricholomataceae) 주름버섯목(Agaricales) 주름버섯강(Agaricomycetes) 담자균문(Basidiomycota)

*Squamanita umbonata* (Sumst.) Bas 비늘고깔버섯

---

 바늘버섯속(Steccherinum) 아교버섯과(Meruliaceae) 구멍장이버섯목(Polyporales) 주름버섯강(Agaricomycetes) 담자균문(Basidiomycota)

*Steccherinum fimbriatum* (Pers.) J. Erikss. 깃털바늘버섯
*Steccherinum laeticolor* Berk. & M. A. Curtis) Banker 털바늘버섯
*Steccherinum litschaueri* (Bourdot & Galzin) J. Erikss. 흰바늘버섯
*Steccherinum ochraceum* (Pers.) Gray 바늘버섯
*Steccherinum rhois* (Schwein.) Banker 줄바늘버섯
*Steccherinum septentrionale* (Fr.) Banker 수염바늘버섯

---

 애기꽃버섯속(Stereopsis) 애기꽃버섯과(Stereopsidaceae) 구멍장이버섯목(Polyporales) 주름버섯강(Agaricomycetes) 담자균문(Basidiomycota)

*Stereopsis burtiana* (Peck) D. A. Reid 종이애기꽃버섯

---

 꽃구름버섯속(Stereum) 꽃구름버섯과(Stereaceae) 무당버섯목(Russulales) 주름버섯강(Agaricomycetes) 담자균문(Basidiomycota)

*Stereum complicatum* (Fr. : Fr.) Fr. 복합꽃구름버섯
*Stereum gausapatum* (Fr.) Fr. 흰테꽃구름버섯
*Stereum hirsutum* (Willd.) Pers. 꽃구름버섯
*Stereum ochraceoflavum* (Schwein.) Sacc. 배착꽃구름버섯
*Stereum ostrea* (Blume & T. Nees) Fr. 갈색꽃구름버섯
*Stereum peculiare* Parmasto, Boidin & Dinghra 껍질꽃구름버섯
*Stereum sanguinolentum* (Alb. & Schwein.) Fr. 유혈꽃구름버섯
*Stereum striatum* (Fr.) Fr. 줄무늬꽃구름버섯
*Stereum subtomentosum* Pouzar 갈색털꽃구름버섯

---

 귀신그물버섯속(Strobilomyces) 그물버섯과(Boletaceae) 그물버섯목(Boletales) 주름버섯강(Agaricomycetes) 담자균문(Basidiomycota)

*Strobilomyces confusus* Singer 털귀신그물버섯
*Strobilomyces strobilaceus* (Scop.) Berk. 귀신그물버섯

맛솔방울버섯속(Strobilurus) 뽕나무버섯과(Physalacriaceae) 주름버섯목(Agaricales) 주름버섯강(Agaricomycetes) 담자균문(Basidiomycota)

*Strobilurus esculentus* (Wulfen) Singer 요리맛솔방울버섯
*Strobilurus ohshimae* (Hongo) Hongo & Izawa 가시맛솔방울버섯
*Strobilurus stephanocystis* (Kühner & Romagn. ex Hora) Singer 작은맛솔방울버섯

 포도버섯속(Stropharia) 포도버섯과(Strophariaceae) 주름버섯목(Agaricales) 주름버섯강(Agaricomycetes) 담자균문(Basidiomycota)

*Stropharia aeruginosa* (Curtis) Quél. 포도버섯
*Stropharia ambigua* (Peck) Zeller 톱날포도버섯
*Stropharia rugosoannulata* Farl. ex Murrill 턱받이포도버섯
*Stropharia semiglobata* (Batsch) Quél. 반구포도버섯

 비단그물버섯속(Suillus) 비단그물버섯과(Suillaceae) 그물버섯목(Boletales) 주름버섯강(Agaricomycetes) 담자균문(Basidiomycota)

*Suillus americanus* (Peck) Snell 끈적비단그물버섯
*Suillus bovinus* (Pers.) Roussel 황소비단그물버섯
*Suillus cavipes* (Opat.) A. H. Sm. & Thiers 황금비단그물버섯
*Suillus granulatus* (L.) Roussel 젖비단그물버섯
*Suillus grevillei* (Klotzsch) Singer 큰비단그물버섯
*Suillus luteus* (L.) Roussel 비단그물버섯
*Suillus pictus* (Peck) A. H. Sm. & Thiers 붉은비단그물버섯
*Suillus placidus* (Bonord.) Singer 평원비단그물버섯
*Suillus subluteus* (Peck) Snell 포도주비단그물버섯
*Suillus tomentosus* (Kauffman) Singer 솔비단그물버섯
*Suillus viscidipes* Hongo 점질비단그물버섯
*Suillus viscidus* (L.) Roussel 녹슬은비단그물버섯

 연한살갗버섯속(Tapesia) (Incertae sedis) 고무버섯목(Helotiales) 두건버섯강(Leotiomycetes) 자낭균문(Ascomycota)

*Tapesia fusca* Fuckel 흑갈색연한살갗버섯

 은행잎버섯속(Tapinella) 주름버짐버섯과(Tapinellaceae) 그물버섯목(Boletales) 주름버섯강(Agaricomycetes) 담자균문(Basidiomycota)

*Tapinella atrotomentosa* (Batsch) Šutara 좀은행잎버섯
*Tapinella panuoides* (Batsch) E. -J. Gilbert 은행잎버섯

자루접시버섯속(Tatraea) 두건버섯과(Helotiaceae) 고무버섯목(Helotiales) 두건버섯강(Leotiomycetes) 자낭균문(Ascomycota)

*Tatraea macrospora* (Peck) Baral 갈색자루접시버섯

---

 골무버섯속(Tectella) 애주름버섯과(Mycenaceae) 주름버섯목(Agaricales) 주름버섯강(Agaricomycetes) 담자균문(Basidiomycota)

*Tectella patellaris* (Fr.) Murrill 골무버섯

---

 청담자기버섯속(Tephrocybe) 만가닥버섯과(Lyophyllaceae) 주름버섯목(Agaricales) 주름버섯강(Agaricomycetes) 담자균문(Basidiomycota)

*Tephrocybe ambusta* (Fr.) Donk 곱추청담자기버섯
*Tephrocybe anthracophila* (Lasch) P. D. Orton 숯청담자기버섯
*Tephrocybe erosa* (Fr.) Bon 애주름청담자기버섯
*Tephrocybe tylicolor* (Fr.) M.M. Moser 청담자기버섯

---

 모피버섯속(Terana) 유색고약버섯과(Phanerochaetaceae) 구멍장이버섯목(Polyporales) 주름버섯강(Agaricomycetes) 담자균문(Basidiomycota)

*Terana caerulea* (Lam.) Kuntze 청자색모피버섯

---

 흰개미버섯속(Termitomyces) 만가닥버섯과 (Lyophyllaceae) 주름버섯목(Agaricales) 주름버섯강(Agaricomycetes) 담자균문(Basidiomycota)

*Termitomyces roombinieansis* Y. S. Kim & S. J. Seok 네팔흰개미버섯

---

 마른가지버섯속(Tetrapyrgos) 낙엽버섯과(Marasmiaceae) 주름버섯목(Agaricales) 주름버섯강(Agaricomycetes) 담자균문(Basidiomycota)

*Tetrapyrgos nigripes* (Schwein.) E. Horak 검은마른가지버섯

---

 사마귀버섯속(Thelephora) 사마귀버섯과(Thelephoraceae) 사마귀버섯목(Thelephorales) 주름버섯강(Agaricomycetes) 담자균문(Basidiomycota)

*Thelephora anthocephala* (Bull.) Fr. 가시사마귀버섯
*Thelephora aurantiotincta* Corner 주먹사마귀버섯
*Thelephora fuscella* (Ces.) Lloyd 넓은가지사마귀버섯
*Thelephora multipartita* Schwein. ex Fr. 많은가지사마귀버섯
*Thelephora palmata* (Scop.) Fr. 단풍사마귀버섯
*Thelephora penicillata* (Pers.) Fr. 붓털사마귀버섯
*Thelephora terrestris* Ehrh. 사마귀버섯

**총생동충하초속**(Tilachlidiopsis) **송이과**(Tricholomataceae) **주름버섯목**(Agaricales) **주름버섯강**(Agaricomycetes) **담자균문**(Basidiomycota)

*Tilachlidiopsis nigra* Yakusiji et Kumazawa 검은병총생동충하초

**융단버섯속**(Tomentella) **사마귀버섯과**(Thelephoraceae) **사마귀버섯목**(Thelephorales) **주름버섯강**(Agaricomycetes) **담자균문**(Basidiomycota)

*Tomentella bryophila* (Pers.) M. J. Larsen 이끼융단버섯
*Tomentella ferruginella* (Bourdot & Galzin) Svrček 회색융단버섯
*Tomentella pilosa* (Burt) Bourdot & Galzin 털융단버섯
*Tomentella terrestris* (Berk. & Broome) M. J. Larsen 흑색융단버섯

**송편버섯속**(Trametes) **구멍장이버섯과**(Polyporaceae) **구멍장이버섯목**(Polyporales) **주름버섯강**(Agaricomycetes) **담자균문**(Basidiomycota)

*Trametes coccinea* (Fr.) Hai J. Li & S.H. He 간송편버섯(개칭)
*Trametes gibbosa* (Pers.) Fr. 대합송편버섯
*Trametes hirsuta* (Wulfen) Pilát 흰구름송편버섯
*Trametes kusanoana* Imazeki 벌레송편버섯
*Trametes ochracea* (Pers.) Gilb. & Ryvarden 밤색송편버섯
*Trametes orientalis* (Yasuda) Imazeki 시루송편버섯
*Trametes palisotii* (Fr.) Imazeki 살송편버섯
*Trametes pubescens* (Schumach.) Pilát, in Kavina & Pilát 흰융털송편버섯
*Trametes suaveolens* (L.) Fr. 송편버섯
*Trametes trogii* Berk. 토끼털송편버섯
*Trametes versicolor* (L.) Lloyd 구름송편버섯
*Trametes villosa* (Sw.) Kreise 회색송편버섯

**미세고약버섯속**(Trechispora) **미세고약버섯과**(Hydnodontaceae) **미세고약버섯목**(Trechisporales) **주름버섯강**(Agaricomycetes) **담자균문**(Basidiomycota)

*Trechispora albo-ochracea* (Bres.) Liberta 황미세고약버섯
*Trechispora farinacea* (Pers.) Liberta 분미세고약버섯
*Trechispora mollusca* (Pers.) Liberta 연질미세고약버섯

**흰목이속**(Tremella) **흰목이과**(Tremellaceae) **흰목이목** (Tremellales) **흰목이강**(Tremellomycetes) **담자균문**(Basidiomycota)

*Tremella fimbriata* Pers. 미역흰목이
*Tremella foliacea* Pers. 꽃흰목이
*Tremella fuciformis* Berk. 흰목이

*Tremella globispora* D. A. Reid 방울흰목이
*Tremella mesenterica* Retz. 황금흰목이
*Tremella pulvinalis* Kobayasi 방석흰목이

---

 옷솔버섯속(Trichaptum) (Incertae sedis) 소나무비늘버섯목(Hymenochaetales) 주름버섯강(Agaricomycetes) 담자균문(Basidiomycota)

*Trichaptum abietinum* (Dicks.) Ryvarden 옷솔버섯
*Trichaptum biforme* (Fr.) Ryvarden 테옷솔버섯
*Trichaptum fuscoviolaceum* (Ehrenb.) Ryvarden 기와옷솔버섯
*Trichaptum laricinum* (P. Karst.) Ryvarden 주름옷솔버섯

---

 털접시버섯속(Tricharina) 털접시버섯과(Pyronemataceae) 주발버섯목(Pezizales) 주발버섯강(Pezizomycetes) 자낭균문(Ascomycota)

*Tricharina gilva* (Boudier) Echkblad 주황털접시버섯

---

 마귀숟갈버섯속(Trichoglossum) 콩나물고무버섯과(Geoglossaceae) 고무버섯목(Geoglossales) 두건버섯강(Leotiomycetes) 자낭균문(Ascomycota)

*Trichoglossum hirsutum* (Fr.) Boud. 검은마귀숟갈버섯
*Trichoglossum walteri* (Berk.) Dur. 왈트마귀숟갈버섯

---

 송이속(Tricholoma) 송이과(Tricholomataceae) 주름버섯목(Agaricales) 주름버섯강(Agaricomycetes) 담자균문(Basidiomycota)

*Tricholoma albobrunneum* (Pers.) P. Kumm. 흰갈색송이
*Tricholoma album* (Schaeff.) P. Kumm. 흰송이
*Tricholoma atrosquamosum* (Cheval.) Sacc. 검은비늘송이
*Tricholoma aurantiipes* Hongo 노랑가루송이
*Tricholoma aurantium* (Schaeff.) Ricken 해송송이
*Tricholoma caligatum* (Viv.) Ricken 송이아재비버섯
*Tricholoma colossus* (Fr.) Quél. 어리송이
*Tricholoma columbetta* (Fr.) P. Kumm. 흰비단송이
*Tricholoma equestre* (L.) P. Kumm. 금빛송이
*Tricholoma fulvum* (Bull.) Sacc. 황갈색송이
*Tricholoma giganteum* Massee 왕송이
*Tricholoma imbricatum* (Fr.) P. Kumm. 붉은송이
*Tricholoma inamoenum* (Fr.) Gillet 향기송이
*Tricholoma japonicum* Kawam. 찐빵송이
*Tricholoma lascivum* (Fr.) Gillet 털송이

*Tricholoma matsutake* (S. Ito & S. Imai) Singer 송이
*Tricholoma muscarium* A. Kawam. ex Hongo 독송이
*Tricholoma pardinum* Quél. 거북송이
*Tricholoma psammopus* (Kalchbr.) Quél. 족제비송이
*Tricholoma robustum* (Alb. & Schwein.) Ricken 송이아재비
*Tricholoma saponaceum* (Fr.) P. Kumm. 할미송이
*Tricholoma scalpturatum* (Fr.) Quél. 노란비늘송이
*Tricholoma sejunctum* (Sowerby) Quél. 쓴송이
*Tricholoma squarrulosum* Bres. 잿빛송이
*Tricholoma sulphureum* (Bull.) P. Kumm. 유황송이
*Tricholoma terreum* (Schaeff.) P. Kumm. 땅송이
*Tricholoma ustale* (Fr.) P. Kumm. 담갈색송이
*Tricholoma vaccinum* (Schaeff.) P. Kumm. 비늘송이
*Tricholoma virgatum* (Fr.) P. Kumm. 흑비늘송이

 솔버섯속(Tricholomopsis) 송이과(Tricholomataceae) 주름버섯목(Agaricales) 주름버섯강(Agaricomycetes) 담자균문(Basidiomycota)

*Tricholomopsis decora* (Fr.) Singer 장식솔버섯
*Tricholomopsis rutilans* (Schaeff.) Singer 솔버섯
*Tricholomopsis sasae* Hongo 조릿대솔버섯

 털잔버섯속(Trichophaea) 털접시버섯과(Pyronemataceae) 주발버섯목(Pezizales) 주발버섯강(Pezizomycetes) 자낭균문(Ascomycota)

*Trichophaea gregaria* (Rehm) Boud. 털잔버섯
*Trichophaea woolhopeia* (Cooke & W. Phillips) Arnould 회색털잔버섯

 열대구멍버섯속(Tropicoporus) 소나무비늘버섯과(Hymenochaetaceae) 소나무비늘버섯목(Hymenochaetales) 주름버섯강(Agaricomycetes) 담자균문(Basidiomycota)

*Tropicoporus linteus* (Berk. & M.A. Curtis) L.W. Zhou & Y.C. Dai 목질열대구멍버섯(개칭)

 겨나팔버섯속(Tubaria) 땀버섯과(Inocybaceae) 주름버섯목(Agaricales) 주름버섯강(Agaricomycetes) 담자균문(Basidiomycota)

*Tubaria furfuracea* (Pers.) Gillet 겨나팔버섯

 덩이버섯속(Tuber) 덩이버섯과(Tuberaceae) 주발버섯목(Pezizales) 주발버섯강(Pezizomycetes) 자낭균문(Ascomycota)

*Tuber aestivum* var. *uncinatum* I.R. Hall, P.K. Buchanan, Y. Wang & Cole 여름덩이버섯

*Tuber borchii* Vittad. 대리석덩이버섯

*Tuber indicum* Cooke et Massee 검은덩이버섯

 관털버섯속(Tubulicrinis) 소나무비늘버섯과(Hymenochaetaceae) 소나무비늘버섯목(Hymenochaetales) 주름버섯강(Agaricomycetes) 담자균문(Basidiomycota)

*Tubulicrinis accedens* (Bourdot & Galzin) Donk 먼지관털버섯

*Tubulicrinis thermometrus* (G. Cunn.) M. P. Christ. 열관털버섯

 쓴맛그물버섯속(Tylopilus) 그물버섯과(Boletaceae) 그물버섯목(Boletales) 주름버섯강(Agaricomycetes) 담자균문(Basidiomycota)

*Tylopilus alboater* (Schwein.) Murrill 융단쓴맛그물버섯

*Tylopilus areolatus* Hongo 기와쓴맛그물버섯

*Tylopilus ballouii* (Peck) Singer 황소쓴맛그물버섯

*Tylopilus castaneiceps* Hongo 끈적쓴맛그물버섯

*Tylopilus chromapes* (Frost) A. H. Sm. & Thiers 노란대쓴맛그물버섯

*Tylopilus eximius* (Peck) Singer 은빛쓴맛그물버섯

*Tylopilus felleus* (Bull.) P. Karst. 쓴맛그물버섯

*Tylopilus ferrugineus* (Frost) Singer 회갈색대쓴맛그물버섯

*Tylopilus fumosipes* (Peck) A. H. Sm. & Thiers 미친쓴맛그물버섯

*Tylopilus neofelleus* Hongo 제주쓴맛그물버섯

*Tylopilus nigropurpureus* (Corner) Hongo 흑자색쓴맛그물버섯

*Tylopilus vinosobrunneus* Hongo 포도쓴맛그물버섯

*Tylopilus virens* (W. F. Chiu) Hongo 녹색쓴맛그물버섯

 가루고약버섯속(Tylospora) 부후고약버섯과(Atheliaceae) 부후고약버섯목(Atheliales) 주름버섯강(Agaricomycetes) 담자균문(Basidiomycota)

*Tylospora fibrillosa* (Burt) Donk 흰가루고약버섯

 부들국수버섯속(Typhula) 부들국수버섯과(Typhulaceae) 주름버섯목(Agaricales) 주름버섯강(Agaricomycetes) 담자균문(Basidiomycota)

*Typhula erythropus* (Pers.) Fr. 선녀부들국수버섯

*Typhula phacorrhiza* (Reichardt) Fr. 부들국수버섯

*Typhula setipes* (Grev.) Berthier 절반부들국수버섯

 개떡버섯속(Tyromyces) 구멍장이버섯과(Polyporaceae) 구멍장이버섯목(Polyporales) 주름버섯강(Agaricomycetes) 담자균문(Basidiomycota)

*Tyromyces chioneus* (Fr.) P. Karst. 개떡버섯

*Tyromyces incarnatus* Imazeki 주황개떡버섯

*Tyromyces leucospongia* (Cooke & Harkn.) Bond. & Sing. 손등개떡버섯

*Tyromyces sambuceus* (Lloyd) Imazeki 명아주개떡버섯

 말미잘버섯속(Urnula) 털고무버섯과(Sarcosomataceae) 주발버섯목(Pezizales) 주발버섯강(Pezizomycetes) 자낭균문(Ascomycota)

*Urnula craterium* (Schwein.) Fr. 말미잘버섯

 깜부기균속(Ustilago) 깜부기균과(Ustilaginaceae) 깜부기균목(Ustilaginales) 깜부기균강(Ustilaginomycetes) 담자균문(Basidiomycota)

*Ustilago maydis* (DC.) Corda 옥수수깜부기병균

 가지포자균속(Verticillium) 가지포자균과(Plectosphaerellaceae) (Incertae sedis) 동충하초강(Sordariomycetes) 자낭균문(Ascomycota)

*Verticillium lecanii* Nees 윤생곁가지포자균

 레몬고약버섯속(Vesiculomyces) 껍질고약버섯과(Peniophoraceae) 무당버섯목(Russulales) 주름버섯강(Agaricomycetes) 담자균문(Basidiomycota)

*Vesiculomyces citrinus* (Pers.) E. Hagstr. 레몬고약버섯

 코털버섯속(Vibrissea) 코털버섯과(Vibrisseaceae) 고무버섯목(Helotiales) 두건버섯강(Leotiomycetes) 자낭균문(Ascomycota)

*Vibrissea truncorum* (Alb. & Schwein.) Fr. 코털버섯

 벼깜부기속(Villosiclava) 맥각균과(Clavicipitaceae) 동충하초목(Hypocreales) 동충하초강(Sordariomycetes) 자낭균문(Ascomycota)

*Villosiclava virens* (Y. Sakurai ex Nakata) E. Tanaka & C. Tanaka 벼깜부기

 비단털버섯속(Volvariella) 난버섯과(Pluteaceae) 주름버섯목(Agaricales) 주름버섯강(Agaricomycetes) 담자균문(Basidiomycota)

*Volvariella bombycina* (Schaeff.) Singer 흰비단털버섯

*Volvariella hypopithys* (Fr.) Shaffer 백마비단털버섯

*Volvariella koreana* Seok, Yang S. Kim, K. M. Park, W. G. Kim, K. H. Yoo & I. C. Park 깔때기비단털버섯

*Volvariella pusilla* (Pers.) Singer 요정비단털버섯

*Volvariella subtaylori* Hongo 각시비단털버섯

*Volvariella surrecta* (Knapp) Singer 흰깔때기비단털버섯(개칭)

*Volvariella taylorii* (Berk. & Broome) Singer 회색비단털버섯

*Volvariella villosovolva* (Lloyd) Singer 새털비단털버섯

*Volvariella volvacea* (Bull.) Singer, in Wasser 풀버섯

비단버섯속(Volvopluteus) 난버섯과(Pluteaceae) 주름버섯목(Agaricales) 주름버섯강(Agaricomycetes) 담자균문(Basidiomycota)

*Volvopluteus gloiocephalus* (DC.) Vizzini, Contu & Justo 비단버섯

새재고약버섯속(Vuilleminia) 고약버섯과(Corticiaceae) 고약버섯목(Corticiales) 주름버섯강(Agaricomycetes) 담자균문(Basidiomycota)

*Vuilleminia comedens* (Nees) Maire 새재고약버섯

구멍버섯속(Wolfiporia) 구멍장이버섯과(Polyporaceae) 구멍장이버섯목(Polyporales) 주름버섯강(Agaricomycetes) 담자균문(Basidiomycota)

*Wolfiporia cocos* (F.A. Wolf) Ryvarden & Gilb. 복령

다발귀버섯속(Wynnea) 술잔버섯과(Sarcoscyphaceae) 주발버섯목(Pezizales) 주발버섯강(Pezizomycetes) 자낭균문(Ascomycota)

*Wynnea gigantea* Berk. et Curt 다발귀버섯

먹그물버섯속(Xanthoconium) 그물버섯과(Boletaceae) 그물버섯목(Boletales) 주름버섯강(Agaricomycetes) 담자균문(Basidiomycota)

*Xanthoconium affine* (Peck) Singer 황금씨그물버섯

황구멍버섯속(Xanthoporia) 소나무비늘버섯과(Hymenochaetaceae) 소나무비늘버섯목(Hymenochaetales) 주름버섯강(Agaricomycetes) 담자균문(Basidiomycota)

*Xanthoporia radiata* (Sowerby) Ţura, Zmitr., Wasser, Raats & Nevo 담황구멍버섯

해그물버섯속(Xerocomellus) 그물버섯과(Boletaceae) 그물버섯목(Boletales) 주름버섯강(Agaricomycetes) 담자균문(Basidiomycota)

*Xerocomellus chrysenteron* (Bull.) Šutara 해그물버섯

*Xerocomellus porosporus* (Imler ex G. Moreno & Bon) Šutara 조각해그물버섯

*Xerocomellus pruinatus* (Fr. & Hök) Šutara 서리해그물버섯

*Xerocomellus rubellus* (Krombh.) Šutara 황갈색해그물버섯

산그물버섯속(Xerocomus) 그물버섯과(Boletaceae) 그물버섯목(Boletales) 주름버섯강(Agaricomycetes) 담자균문(Basidiomycota)

*Xerocomus hortonii* (A. H. Sm. & Thiers) Manfr. Binder & Besl 호두산그물버섯

*Xerocomus nigromaculatus* Hongo 검은산그물버섯
*Xerocomus parvulus* Hongo 칠갑산그물버섯

이끼살이버섯속(Xeromphalina) 애주름버섯과(Mycenaceae) 주름버섯목(Agaricales) 주름버섯강(Agaricomycetes) 담자균문(Basidiomycota)

*Xeromphalina campanella* (Batsch) Maire 이끼살이버섯
*Xeromphalina curtipes* Hongo 다닥이끼살이버섯
*Xeromphalina picta* (Fr.) A. H. Sm. 갈색이끼살이버섯

뿌리버섯속(Xerula) 뽕나무버섯과(Physalacriaceae) 주름버섯목(Agaricales) 주름버섯강(Agaricomycetes) 담자균문(Basidiomycota)

*Xerula pudens* (Pers.) Singer 뿌리버섯

콩꼬투리버섯속(Xylaria) 콩꼬투리버섯과(Xylariaceae) 콩꼬투리버섯목(Xylariales) 동충하초강(Sordariomycetes) 자낭균문(Ascomycota)

*Xylaria carpophila* (Pers.) Fr. 젓가락콩꼬투리버섯
*Xylaria filiformis* (A. & S. ex Fr.) Fr. 실콩꼬투리버섯
*Xylaria hypoxylon* (L.) Grev. 콩꼬투리버섯
*Xylaria longipes* (Nitschke) Dennis 긴발콩꼬투리버섯
*Xylaria oxyacanthae* Tul. 열매콩꼬투리버섯
*Xylaria polymorpha* (Pers.) Grev. 다형콩꼬투리버섯

거북꽃구름버섯속(Xylobolus) 꽃구름버섯과(Stereaceae) 무당버섯목(Russulales) 주름버섯강(Agaricomycetes) 담자균문(Basidiomycota)

*Xylobolus annosus* (Berk. & Broome) Boidin 큰거북꽃구름버섯
*Xylobolus frustulatus* (Pers.) Boidin 거북꽃구름버섯
*Xylobolus hiugensis* (Imazeki) Imazeki & Hongo 털깍지거북꽃구름버섯
*Xylobolus princeps* (Jungh.) Boidin 테거북꽃구름버섯
*Xylobolus spectabilis* (Klotzsch) Boidin 너털거북꽃구름버섯

# 용어 설명

**가근**(假根, rhizoid) 버섯류의 대 기부 또는 특정 조류 등에서 엽상체의 한 부분을 이루는 단세포 또는 다세포성으로 가는 실뿌리를 닮은 구조이다. 가근은 기질에 부착 또는 물질의 흡수 기관으로서의 역할을 한다.

**가는조개껍질형**(세조개껍질형, crenulate) 갓 끝 또는 주름살 끝이 가리비 조개껍질처럼 규칙적으로 굴곡이 진 상태로 조개껍질형보다 잘고 가늘다.

**각피**(殼皮, cuticle) 갓이나 대의 가장 바깥쪽의 외피.

**갈빗살형**(兩側形, 左右同形, bilateral, divergent) 주름살을 위에서 아래로 직각으로 잘라서 현미경으로 관찰하면 자실층의 균사조직이 중앙의 평행균사에서 양 바깥쪽으로 일정한 간격으로 비스듬히 나열되어 있는 상태.

**갈색부후균**(褐色腐朽菌, brown rotting fungi) 목질부후균으로서 주로 목질의 셀룰로스를 분해하여 목질부를 점차 갈색으로 변화시키는 균.

**강모체**(剛毛體, seta) 끝이 뾰족한 작살이나 뻣뻣한 털 모양으로 암황갈색 또는 갈색이나 KOH 용액에서 암갈색이나 흑색을 띠는 시스티디아의 일종.

**깔때기형**(infundibuliformis, funnel-shaped) 갓의 가운데가 깊게 들어가 깔때기 모양으로 된 것.

**격막**(隔膜, septum) 균류에서 균사의 내부에 있는 가로막으로, 고등 균류의 특징이기도 하다.

**결합균사**(結合菌絲, binding hyphae) 세포벽은 두껍고 좁으며 부정형 또는 산호형으로 많은 분지가 있고 격막이 없는 균사.

**곤봉형**(棍棒形, clavate) 대 또는 시스티디아의 모양이 한쪽으로만 굵어져 곤봉 모양을 이루는 것.

**곤충기생균**(昆蟲寄生菌, entomopathogenic fungi) 곤충에 병원성을 가지는 균으로, 대개의 경우 기주를 죽게 만든다.

**골격균사**(骨格菌絲, skeletal hyphae) 세포벽은 두껍고 분지가 없거나 적으며, 격막이 없고 비교적 곧으며 약간 유연성이 있는 균사.

**공생**(共生, mycorrhizae) 수목이나 식물의 뿌리에 기생하여 상호 도움을 주면서 살아가는것.

**관공**(管孔, tube) 갓의 하면에 포자 형성 기관이 주름살 대신 관공 모양으로 되어 있다(일부 민주름버섯목 그물버섯 등).

**괴근상**(塊根狀, bulbous) 대의 기부가 팽대되어 양파 모양으로 된 것.

**구형**(求刑, globose, spherical) 갓이나 자실체 또는 포자가 공 모양으로 둥근 것.

**균륜**(菌輪, fairyring) 버섯이 매년 중심부에서 차차 바깥쪽으로 동심원을 형성하면서 발생하는 것.

**군생**(群生, gregarious) 버섯이 한 장소에서 무리지어서 발생하는 것.

**균사**(菌絲, hypha) 영양생장기관으로 가늘며 긴 실 모양의 기관.

**균사조직**(菌絲租織, 菌絲層, trama) 버섯의 자실체를 이루고 있는 불임성의 균사조직으로서 근본적으로 원통형의 균사로 구성되어 있으며 격막(septa)에 의해서 세포가 나누어진다. 현미경적 개념의 용어이다.

**근상균사속**(根狀菌絲束, rhizomorph) 세포벽이 두껍고 불임성의 균사 다발로서 대 기부에 발달하여 넝쿨 모양으로 길게 뻗어난 것.

**균핵**(菌核, sclerotium) 균사 상호간에 엉퀴고 밀착되어 있는 균사조직으로, 불리한 환경에도 저항성을 가지는 일종의 휴면 기관.

**기본체**(基本體, gleba) 자실체 내부에서 포자를 형성하는 기본 조직으로서 복균류에서 볼 수 있음.

**기주**(寄主, host) 버섯이 발생할 수 있는 기질로서 식물, 동물 등이다.

**기주 특이성**(寄主特異性, host specificity) 주어진 기생균이 제한된 기주에만 공생, 부생 전염 또는 병원성을 가지는 것.

**깃**(collar) 대의 상단 부위에 둘려져 있는 반지 모양의 구조.

**난형**(卵形, ovoid) 포자 또는 어린 자실체가 달걀 모양을 이룬 것.

**다년생**(多年生, perennial) 자실체가 다년간에 걸쳐 생육하는 것.

**다발생**(多發生, fasciculate) 자실체가 다발(bundle)로 발생하는 것.

**다핵균사**(多核菌絲, coenocytic hypha) 균사에 격막이 없어 다수의 핵들이 세포질 속에 그대로 존재하는 균사.

**단생**(單生, solitary) 버섯이 하나씩 발생하는 것.

**담자균**(擔子菌, basidiomycetes) 고등균류 중 완전세대를 거친 담자포자를 담자기에 형성하는 균의 총칭.

**담자기**(擔子器, basidium) 담자균류에 있어서 담자포자를 형성하는 곤봉 모양의 미세 구조.

**담자뿔**(小甁, sterigmata) 담자기의 상단에 형성되는 뿔 모양의 돌기로 4개 또는 2개씩 형성되며, 그 위에 담자포자를 하나씩 형성한다.

**담자포자**(擔子胞子, basidiospore) 담자균류의 담자기 내에서 감수분열한 후 담자기 외부에 형성되는 포자.

**대(柄, stipe)** 자실체의 줄기에 해당되는 부위로, 머리를 받쳐 지탱해주는 부분.

**대주머니(volva)** 어린 버섯을 싸고 있던 외피막이 버섯의 생장에 따라 찢어져 대 기부에 막질의 주머니를 형성하는 것.

**돌기선(突起線, tubercula-striate)** 갓 표면의 선 위에 돌기가 형성되는 것.

**두부(頭部, head)** 대의 끝 부위가 상부 쪽이 머리 모양으로 팽대한 것(말뚝버섯, 말불버섯).

**두상(頭狀, 유두상, capitate)** 정단 부위가 둥글고 머리 모양인 것(주로 시스티디아).

**둔거치형(鈍鋸齒形, 무딘톱니꼴, 조개껍질형, crenate)** 갓 끝 또는 주름살의 날이 가리비 조개껍질의 끝과 같이 규칙적으로 굴곡이 진 상태.

**막질(膜質, membranous)** 얇은 막으로 형성된 것.

**망목상(網木狀, reticulate)** 갓이나 대 표면에 나타나는 그물 모양의 구조.

**맥관연락(脈管連絡, 融合, 吻合, 側肝脈, anastomoses)** 주름살, 이랑이나 엽맥과 엽맥의 사이를 연결하는 cross-connection이다. 포자 표면의 날개(wing)와 날개 사이 또는 균사 사이에 나타나는 cross-connection을 표현할 때 사용함.

**면모상(綿毛狀, 羊毛狀, flocci, floccose)** 버섯류의 자실체 갓 또는 대의 표면에 나타난 균사가 솜털(면모상) 또는 양털 모양인 것. 면, 플란넬을 닮은 것.

**면역 글로불린(immunoglobulin)** 면역 작용에 관계하는 단백질.

**멜저 용액(Melzer's solution)** 포타슘아이오다이드(potassium iodide) 1.5g, 아이오다인(iodine) 0.05g과 클로랄하이드레이트(choral hydrate) 20g을 증류수 20mL에 용해시켜서 만든다.

**목질(木質, woody)** 자실층의 육질이 나무의 조직처럼 단단한 상태로 되어 있는 것.

**무성생식(無性生殖, asexual reproduction)** 핵융합과 감수분열이 관련되지 않은 생식.

**미로상(迷路狀, daedaleoid)** 자실층의 주름살이나 관공이 불규칙하고 복잡하게 배열되어 있는 상태.

**반구형(半球形, hemiglobose, hemispherical)** 갓의 모양이 공을 반으로 잘라 엎어놓은 모양을 한 것.

**반반구형(半半球形, convex)** 갓이 활 또는 만두 모양으로 둥그스름하게 형성된 모양을 말하며, 폭이 높이보다 긴 상태.

**발아공(發芽孔, germ pore)** 포자의 정단에 있는 작은 구멍.

**발아관(發芽管, germ tube)** 짧은 균사와 같은 구조로 많은 종류의 포자가 발아 시 형성됨.

**방사상(放射狀, radial)** 중심에서 바깥쪽으로 우산살 모양으로 뻗은 모양.

**방추형(放錘形, fusiform)** 포자나 시스티디아의 양 끝이 좁아져 럭비공 모양을 한 것.

**배꼽형(제형, umbilicate)** 중앙 부위에 있는 배꼽 모양의 홈.

**배우자(配偶子, gamete)** 단상의 생식세포로, 유성생식 때 융합되어 수정이 일어난다.

**배착성(背着性, resupinate)** 자실체의 전체가 기주에 붙어 발생하는 것.

**백색부후균(白色腐朽菌, white rotting fungi)** 목질 중 주로 리그닌을 분해시키는 균으로 목질부를 점차 백색으로 변화시키는 균.

**버터형(butiraceous)** 갓의 표면이 버터의 표면처럼 매끄러움을 나타낼 때 사용하는 표현.

**병자각(柄子殼, pycnidium)** 보통 구형이거나 플라스크 모양으로 속이 비어 있는 구조를 하고 있으며, 비어 있는 내부에서 분생포자를 생산한다.

**복숭아씨형(扁桃形, 아몬드형, amygdaliform)** 복숭아씨(편도) 모양, 아몬드(almond-shaped) 모양(주로 포자의 모양을 표현할 때 사용함).

**부착세포(附着細胞, appressorium)** 평평한 균사조직으로, 작은 감염 기관이 기주의 표피세포 위에서 자라, 이를 뚫고 들어가는 기관.

**부채꼴(扇形—, flabellate)** 부채 모양인 것. 버섯류의 자실체 또는 시스티디아의 형태를 묘사할 때 주로 사용함.

**분생자병속(分生子柄束, synnema)** 분생자 자루가 다발로 뭉쳐져 신장된 포자 형성구조를 만든 것.

**분생자 자루(分生子梗 또는 分生子柄, conidiophore)** 체세포 균사로부터 자라 분지한 균사로, 그 위에 또는 측면으로 분생포자 형성 세포를 생산한다.

**분생포자(分生胞子, conidium)** 운동성이 없는 무성생식 포자로, 보통 분생자 자루 위에 형성된다.

**분생포자 형성 세포(分生胞子形成細胞, conidiogenous cell)** 분생자 자루 위에서 발달하여 분생포자를 형성하는 세포.

**불완전균(不完全菌, imperfect fungi)** 생식 수단으로서 분생포자와 같은 무성생식만을 하는 균류.

**비아밀로이드(nonamyloid)** 멜저 용액에서 버섯의 균사나 포자 등이 담황색 또는 투명하게 나타나는 것.

**사물기생(死物寄生, saprophyte)** 균이 죽은 기질을 분해하여 영양분을 섭취하며 살아가는 상태.

**산호형(珊瑚形, Coral shape, coralloid)** 자실체가 하나의 짧은 대에서 계속 작은 분지로 나뉘어져 산호 모양을 이루는 형태.

**서식자(棲息者, habitant)** 어떠한 장소에 자생하는 생물.

**서식지(棲息地, 自生地, habitat)** 서식 또는 자생하고 있는 장소.

**석회질의(石恢質의, calcareous)** 석회를 함유하고 있는(석회암 지대에서).

**선(線, striate)** 갓과 대의 표면에 방사상 또는 세로로 형성되는 줄.

**섬모형(纖毛形, ciliate)** 갓이나 주름살의 끝에 속눈썹 모양의 털이 있는 상태.

**섬모**(纖毛, fimbriate) 갓이나 주름살의 가장자리(끝 부위)에 미세한 분질 또는 술이 있는 상태.

**섬유상**(纖柔狀, 線形, filiform) 실 모양의, 실 모양으로.

**섬유질**(纖維質, fibrous) 자실체를 형성하는 가늘고 길며 실 같은 조직.

**세연쇄형**(細連鎖形, 세체인형, catenulate) 연쇄형보다 가늘고 미세한 형.

**세체인형**(세연쇄형, 細連鎖形, catenulate) 세연쇄형을 참조.

**세포형**(細胞形, cellular) 식물이나 동물의 세포처럼 둥근 세포로 구성된 균사로 된 조직을 일컬음.

**소란자**(小卵子, peridiole) 기본체가 바둑돌 모양으로 포자를 싸고 있으며 포자 분산의 수단으로 이용되며, 찻잔버섯류에서 볼 수 있다.

**소담자기**(小擔子器, basidiole) 어린 담자기, 담자기와 모양이 비슷하나 아직 담자뿔이 형성되지 않은 상태.

**소둔거치형**(小鈍鋸齒形, crenulate) 갓 끝 또는 주름살 끝이 둔거치형보다 가늘고 잘게 굴곡이 진 상태.

**소병포자**(phialoconidia) 작은 자루로부터 형성된 포자.

**습성**(習性, habitus) 일반적인 모양, 형상.

**시스티디아**(cystidium, cystidia) 담자균류의 자실체(갓, 대, 자실층 등) 표면에 나타나는 불임성, 다양한 모양의 말단세포.

**아밀로이드**(amyloid) 멜저 용액에서 버섯의 균사나 포자 등이 청색 또는 흑청색으로 변하는 반응.

**연골질**(軟骨質, cartilaginous) 대의 조직이 단단하여 부러질 때 딱 소리가 나는 것.

**연쇄형**(連鎖形, 체인형, catenate) 균사는 짧고 상당히 넓은 세포로 구성되어 있으며, 격막이 있는 부위가 잘록하게 수축되어 있어 마치 체인처럼 생긴 것.

**엽상체**(葉狀體, thallus) 식물에서는 줄기, 뿌리, 잎의 구분이 없는, 비교적 간단한 식물체를 일컫는데, 균류에서의 엽상체는 영양 기간 동안의 형태를 나타낸다.

**예형**(銳形, 圓椎돌기, acute) 끝이 뾰죽한 상태를 나타내며, 버섯류의 자실체에 나타나는 불임성 조직으로 주로 시스티디아의 모양을 표현할 때 사용함.

**요막형**(尿膜形, 콩팥형, 소시지형, allantoid) 콩팥, 소시지 또는 강낭콩 모양으로 한쪽 면은 안쪽으로 약간 굽어 있고 다른 쪽 면은 바깥쪽으로 둥글게 굽어 있는 상태.

**원추돌기**(銳形, 圓椎돌기, acute) 예형을 참조.

**원추형**(圓椎形, conic) 갓의 중앙 부위가 뾰죽한 고깔 모양이며, 높이가 폭보다 긴 모양.

**원통형**(圓筒形, cylindric) 대나 포자의 모양이 같은 굵기로 원통을 이룬 것.

**위(僞)아밀로이드**(Pseudoamyloid) 멜저 용액에서 버섯의 균사나 포자 등이 적갈색 또는 갈색으로 변하는 반응.

**위유조직**(僞柔粗織, pseudoparenchyma) 균사조직의 일종으로, 구성 균사들이 그들의 개별성을 잃어버린 조직.

**유구**(有口, ostiole) 자낭과에서 목과 같은 구조로, 말단부에는 구멍이 있다.

**유구형**(類球形, subspherical, subglobose) 포자나 시스티디아 등의 모양이 한쪽으로 약간 길거나 짧은 구형.

**유성생식**(有性生殖, sexual reproduction) 배우자 간의 접합에 의하여 생식을 하는 것으로, 핵융합과 감수분열이 일어난다.

**육질**(肉質, 組織, flesh, context) 조직 참조.

**융합**(融合, 吻合, 脈管連絡, 側肝脈, anastomoses) 맥관연락을 참조.

**이랑형**(ridge) 갓의 하면에 포자가 형성되는 부분이 밭이랑 모양으로 주름이나 굴곡이 진 모양(꾀꼬리버섯류).

**2차기생**(二次寄生, second parasitism) 성숙한 자실체 위에 다른 균이 침입하여 기생하는 것.

**2차포자**(二次胞子, second spore) 자낭포자의 격막 부분이 분열하여 각각이 개별적인 포자의 역할을 하는 것.

**인피**(鱗皮, scaly) 대 또는 갓 표면에 손거스러미 모양으로 끝이 뾰족하거나 뭉툭하게 갈라진 것.

**일반균사**(一般菌絲, generative hypha) 세포벽이 얇고 분지가 많으며 일반적으로 격막과 클램프가 있는 균사.

**일년생**(一年生, annual) 자실체가 1년 내에 생장을 완성하는 것.

**자낭**(子囊, ascus) 자낭균류의 특징으로, 보통 핵융합과 감수분열을 거쳐 형성되는 일정한 숫자의 자낭포자(보통 8개)를 포함하는 주머니 모양의 세포.

**자낭각**(子囊殼, perithecium) 정단부에 유구를 가지고 있으며, 자체의 벽을 가지고 있는 자낭과.

**자낭균강**(子囊菌綱, ascomycetes) 유성생식 포자로서, 일정한 숫자의 자낭포자를 자낭 내에 형성하는 균류.

**자낭포자**(子囊胞子, ascospore) 감수분열에 의하여 자낭 내에 형성되는 자낭균류의 유성생식 포자.

**자실체**(子實體, fruting body, carpophore) 버섯의 갓, 주름살, 관공, 대 등 전체를 말한다.

**제1균사형**(第1菌絲型, monomitic) 일반균사 한 종류만으로 구성된 균사.

**제2균사형**(第2菌絲型, dimitic) 일반균사와 골격균사 또는 일반균사와 결합균사 2종류의 균사로 구성되어 있는 것.

**제3균사형**(第3菌絲型, trimitic) 일반균사, 결합균사 그리고 골격균사로 구성되어 있는 것.

**자실층(子實層, hymenium)** 포자를 형성하는 담자기나 자낭이 있는 부위(주름살, 관공, 침상 돌기).

**자실층사(子實層絲, trama)** 버섯의 자실층 내부의 균사층.

**자웅이주(雌雄異株, heterothallic)** 유성생식을 위해서는 서로 다른 엽상체 위에 존재하는 화합성이 있는 배우자가 필요한 것.

**자좌(子座, stroma)** 자낭각이 배열된 곤봉 모양, 또는 반구형의 머리와 이를 지탱하는 대를 일컬음.

**작은자루(小柄, phialide)** 분생포자 형성 세포의 한 형태로, 출아성 분생포자를 생산한다.

**접합균강(接合菌綱, zygomycetes)** 다핵균사를 가지고 있으며, 세포벽은 키틴 성분을 함유하고 있고, 무성생식은 포자낭 또는 분생포자를 형성하며, 유성생식은 유산한 형태의 배우자간 접합에 의하여 접합포자를 생산하는 균류.

**접합포자(接合胞子, zygospore)** 접합균강에서 2개의 배우자간 융합에 의하여 형성된 휴면포자.

**정기준(定基準, holotype)** 최초 저자에 의해서 새로운 종의 학명을 위하여 사용하였던 표본으로서 저자에 의해서 지정된 표본.

**정단(頂端, apical)** 끝에, 끝쪽으로.

**정단 고리(頂端—, apical ring)** 자낭의 정단부에 존재하는 작은 점.

**조개형(conchate)** 버섯의 형태가 대합조개나 굴 모양인 것.

**조직(租織, 肉質, flesh, context)** 버섯 자실체의 각피 아래의 조직을 구성하고 있는 불임성 세포의 집합체로서 육안적 개념의 용어임(균사조직, trama 참조).

**종형(鐘形, campanulate)** 갓이 종 모양으로 된 것.

**주름살(gill, lamella)** 주름버섯류에서 갓의 하면에 포자가 형성되는 물고기 아가미 모양의 판.

**중심형(中心形, centric)** 대가 갓의 정중앙에 위치하는 것.

**중앙볼록(혹상 돌기, umbo)** 갓의 중앙 부위에 있는 혹 모양의 돌기.

**중앙볼록형(혹상 돌기형, umbonate)** 갓의 중앙 부위에 혹 모양의 돌기가 있는 것.

**중앙오목형(concave)** 갓의 중앙 부위가 함몰되거나 오목하게 되어 있는 상태. 접시 모양의 것[반의어 : 반반구형(convex)].

**배꼽홈(umbilicus)** 갓의 중앙 부위에 있는 배꼽 모양의 홈.

**배꼽홈형(umbilicate)** 갓의 중앙 부위에 배꼽 모양의 홈이 있는 것.

**체인상(체인형, 連鎖狀, catenate)** 균사는 짧고 상당히 넓은 세포가 연결되어 있으며, 격막이 있는 부위가 잘록하게 수축되어 있어 마치 체인(chain) 모양인 것.

**총생(叢生, caespitose, cespitose)** 자실체의 대 기부가 근접하여 매우 치밀하고 수북하게 발생하는 것.

**출아세포**(出芽細胞, blast cell) 무성생식 세포의 일종으로 효모류에서 발견되는데, 출아법에 의하여 세포가 증식되는 것.

**측간맥**(側肝脈, 融合, 吻合, 脈管連絡, anastomoses) 맥관연락을 참조.

**측형**(側形, lateral) 갓의 가장자리에 대가 위치하고 있는 것.

**타원형**(楕圓形, elliptic) 갓이나 포자의 모양이 길쭉하게 둥근 상태.

**탁실균사**(托室菌絲, capillitium) 포자낭 내에 있는 사상형 관공 또는 균사(말불버섯류).

**턱받이**(annulus, ring) 대와 갓이 성장하면 내피막의 일부가 대에 남아 막질의 반지 모양을 이루는 것.
 [annulate : 턱받이를 가진 또는 턱받이가 있는]

**톱니형**(serrate) 주름살 끝이 톱니 모양으로 되어 있는 것(잣버섯, 표고).

**파상형**(波狀形, undulate) 갓의 끝이나 주름살, 자실체가 불규칙한 파도 모양으로 형성된 것.

**편도형**(아몬드형, amygdaliform) 복숭아씨형 참조.

**편심형**(偏心形, excentrix) 대가 갓의 중앙 부위에서 약간 벗어난 위치에 있는 것.

**페포형**(肺胞形, alveolate) 버섯류 자실체의 갓이나 대의 표면에 곰보 자국 모양의 홈이 파여 있는 상태.

**포자**(胞子, spore) 균류에서 종자의 역할을 하는 작은 번식 단위.

**포자낭**(胞子囊, sproangium) 주머니와 같은 구조로, 내부 원형질 성분 전부가 다수의 포자로 전환된다.

**포자꼬리**(pedicel) 포자의 기부에 형성된 가늘고 긴 대로서 말불버섯류에서 흔히 볼 수 있다.

**포자배꼽**(胞子臍, apiculus) 포자가 담자뿔에 부착되었던 부위로 포자의 기부에 유두상으로 돌출된 부위.

**품종**(品種, forma) 분류학적으로 종(species) 하위 계급의 분류 단위. 변종(variety) 하위의 계급으로서 유전적 변이보다는 환경 영향에 의한 변이로 추정되는 품종.

**혹상 돌기**(중앙볼록, 각정, umbo) 중앙볼록 참조.

**후막포자**(厚膜胞子, chlamydospore) 휴면포자로서의 기능을 하는, 두꺼운 벽을 가진 무성포자.
 [Lentinellus cochleatus와 Nyctalis의 포자]

**휴면포자**(休眠胞子, resting spore) 장기간의 휴면 기간을 거쳐 발아하는 두꺼운 벽을 가진 포자.

**해면질**(海綿質, corky) 조직이 코르크 모양으로 되어 있는 것.

# 국명 찾아보기

## ㄱ

가랑잎꽃애기버섯 • 512
간버섯 • 238
간송편버섯 • 242
갈변흰무당버섯 • 474
갈색고리갓버섯 • 302
갈색꽃구름버섯 • 516
갈황색미치광이버섯 • 305
갓그물버섯 • 308
개나리광대버섯 • 312
개암버섯 • 26
검은띠말똥버섯 • 316
검은망그물버섯 • 320
검은비늘버섯 • 476
고깔갈색먹물버섯 • 519
고동색광대버섯 • 324
고리갈색깔때기버섯 • 522
고무버섯 • 30
곰보버섯 • 479
구름송편버섯(구름버섯) • 246
국수버섯 • 32
굽은꽃애기버섯 • 34
귀버섯 • 524
귀신그물버섯 • 36

금관버섯 • 326
금무당버섯 • 40
기와버섯 • 42
긴골광대버섯아재비 • 328
긴꼬리버섯 • 46
까치버섯 • 50
깔때기버섯 • 332
꽃송이버섯 • 250
꽃흰목이 • 52
꾀꼬리버섯 • 54

## ㄴ

나방꽃동충하초 • 252
냉이무당버섯 • 56
너도벚꽃버섯 • 58
넓은큰솔버섯 • 482
노란각시버섯 • 526
노란개암버섯 • 336
노란난버섯 • 62
노란달걀버섯 • 64
노란망말뚝버섯 • 68
노란젖버섯 • 340
노랑느타리 • 70
노랑무당버섯 • 530

노랑싸리버섯 • 344
노루궁뎅이 • 72
노린재포식동충하초 • 256
느타리 • 76
능이 • 484

## ㄷ

다발방패버섯 • 80
단색털구름버섯 • 258
달걀버섯 • 84
달화경버섯 • 346
당귀젖버섯 • 532
대공그물버섯 • 88
덧부치버섯 • 534
독우산광대버섯 • 348
독흰갈대버섯 • 352
동충하초 • 260
들주발버섯 • 90
땅비늘버섯 • 356
땅찌만가닥버섯 • 92

## ㅁ

마귀곰보버섯 • 360
마귀광대버섯 • 364
말굽버섯 • 262
말뚝버섯 • 96
말불버섯 • 100
말징버섯 • 104
맑은애주름버섯 • 368

망태말뚝버섯 • 106
먹물버섯 • 488
먼지버섯 • 264
명아주개떡버섯 • 108
목도리방귀버섯 • 266
목이 • 110
목질열대구멍버섯 • 268
무당버섯 • 370
미치광이버섯 • 374
밀꽃애기버섯 • 112

## ㅂ

배젖버섯 • 116
뱀껍질광대버섯 • 378
버터철쭉버섯 • 118
벌포식동충하초 • 270
볏싸리버섯 • 122
복분자버섯 • 538
부채버섯 • 124
분홍느타리 • 126
불로초(영지) • 272
붉은덕다리버섯 • 492
붉은말뚝버섯 • 540
붉은사슴뿔버섯 • 382
붉은싸리버섯 • 386
붉은창싸리버섯 • 130
비늘버섯 • 494
비늘새잣버섯 • 498
비탈광대버섯 • 390

빨간난버섯 • 132
뽕나무버섯 • 502
뿔나팔버섯 • 134

## ㅅ

산호침버섯 • 276
살쾡이버섯 • 544
삼색도장버섯 • 546
삿갓외대버섯 • 394
새벽꽃버섯 • 138
색시졸각버섯 • 142
세발버섯 • 146
소나무능이 • 398
손등버섯 • 278
솔방울털버섯 • 550
송이 • 148
신알광대버섯 • 552
싸리버섯 • 152

## ㅇ

아까시흰구멍버섯 • 280
암회색광대버섯아재비 • 400
애기무당버섯 • 404
애기볏짚버섯 • 154
양송이 • 158
어리알버섯 • 408
오징어새주둥이버섯 • 410
옷솔버섯 • 284
용종버섯 • 556

원반버섯 • 414
이끼버섯 • 558
잎새버섯 • 160

## ㅈ

자작나무시루뻔버섯 • 288
자주방망이버섯아재비 • 164
자주색싸리버섯 • 418
작은맛솔방울버섯 • 168
잔나비버섯 • 290
잔나비불로초 • 292
장미자색구멍버섯 • 562
적색신그물버섯 • 172
절구무당버섯 • 506
절구무당버섯아재비 • 422
점박이어리알버섯 • 426
접시그물버섯 • 174
접시버섯 • 564
젖버섯 • 430
제주쓴맛그물버섯 • 566
족제비눈물버섯 • 178
졸각버섯 • 182
좀노란밤그물버섯 • 570
좀벌집구멍장이버섯 • 508
좀주름찻잔버섯 • 296
종버섯 • 572
주름버섯 • 186
주름볏싸리버섯 • 190
진갈색주름버섯 • 432

찐빵버섯 • 574

**ㅊ**

참낭피버섯 • 192
참부채버섯 • 196
찹쌀떡버섯 • 200
치마버섯 • 577

**ㅋ**

콩버섯 • 581
큰갓버섯 • 203
큰낙엽버섯 • 206
큰눈물버섯 • 208
큰우산광대버섯 • 436

**ㅌ**

턱받이광대버섯 • 440
털가죽버섯 • 584
털목이 • 212
톱니겨우살이버섯 • 587

**ㅍ**

파리버섯 • 444
팽나무버섯(팽이) • 214
표고 • 218
푸른끈적버섯 • 448
풀버섯 • 222

**ㅎ**

한입버섯 • 298
황그물버섯 • 224
황금싸리버섯 • 450
황소비단그물버섯 • 228
회색두엄먹물버섯 • 452
흙무당버섯 • 456
흰가시광대버섯 • 460
흰갈대버섯 • 464
흰꼭지외대버섯 • 466
흰둘레그물버섯 • 232
흰애주름버섯 • 590
흰오뚜기광대버섯 • 468

# 학명 찾아보기

### A

*Abundisporus roseoalbus* (Jungh.) Ryvarden • 562
*Agaricus bisporus* Hongo • 158
*Agaricus campestris* L. • 186
*Agaricus subrutilescens* (Kauffman) Hotson & D. E. Stuntz • 432
*Agrocybe arvalis* (Fr.) Singer • 154
*Albatrellus confluens* (Alb. & Schwein.) Kotl. & Pouzar • 80
*Aleuria aurantia* (Pers.) Fuckel • 90
*Amanita abrupta* Peck • 390
*Amanita castanopsidis* Hongo • 468
*Amanita cheelii* P.M. Kirk • 436
*Amanita fulva* Fr. • 324
*Amanita hemibapha* (Berk. and Broome) Sacc. • 84
*Amanita javanica* (Corner & Bas) T. Oda, C. Tanaka & Tsuda • 64
*Amanita longistriata* S. Imai • 328
*Amanita melleiceps* Hongo • 444
*Amanita neo-ovoidea* Hongo • 552
*Amanita pantherina* (DC.) Krombh. • 364
*Amanita pseudoporphyria* Hongo • 400
*Amanita spissacea* S. Imai • 378
*Amanita spreta* (Peck) Sacc. • 440
*Amanita subjunquillea* S. Imai • 312
*Amanita virgineoides* Bas • 460
*Amanita virosa* (Fr.) Bertill. • 348
*Annulohypoxylon truncatum* (Starbäck) Y.M. Ju, J.D. Rogers & H.M. Hsieh • 538
*Armillaria mellea* (Vahl) P. Kumm. • 502
*Asterophora lycoperdoides* (Bull.) Ditmar • 534
*Astraeus hygrometricus* (Pers.) Morgan • 264
*Aureoboletus thibetanus* (Pat.) Hongo & Nagas. • 172
*Auricularia auricula-judae* (Bull.) Quél. • 110
*Auricularia nigricans* (Sw.) Birkebak, Looney & Sánchez-García • 212
*Auriscalpium vulgare* Gray • 550

### B

*Baorangia pseudocalopus* (Hongo) G. Wu & Zhu L. Yang • 326
*Boletellus obscurecoccineus* (Höhn.) Singer • 570
*Boletus subtomentosus* L. • 88
*Bovista plumbea* Pers. • 200
*Bulgaria inquinans* (Pers.) Fr. • 30

## C

*Calvatia craniiformis* (Schwein.) Fr. • 104

*Cantharellus cibarius* Fr. • 54

*Cerrena unicolor* (Bull.) Murrill • 258

*Chlorophyllum molybdites* (G. Mey.)
　Massee • 464

*Chlorophyllum neomastoideum* (Hongo)
　Vellinga • 352

*Clavaria fragilis* Holmsk. • 32

*Clavulina coralloides* (L.) J. Schröt. • 122

*Clavulina rugosa* (Bull.) J. Schröt. • 190

*Clavulinopsis miyabeana* (S. Ito) S. Ito • 130

*Clitocybe nebularis* (Batsch) P. Kumm. • 332

*Coltricia cinnamomea* (Jacq.) Murrill • 587

*Conocybe tenera* (Schaeff.) Fayod • 572

*Coprinellus disseminatus* (Pers.) J.E. Lange • 519

*Coprinopsis atramentaria* (Bull.) Redhead,
　Vilgalys & Moncalvo • 452

*Coprinus comatus* (O. F. Müll.) Pers. • 488

*Cordyceps militaris* (Vuill.) Fr. • 260

*Cortinarius salor* Fr. • 448

*Craterellus cornucopioides* (L.) Pers. • 134

*Crepidotus mollis* (Schaeff.) Staude • 524

*Crinipellis scabella* (Alb. & Schwein.)
　Murrill • 584

*Crocinoboletus laetissimus* (Hongo) N.K. Zeng,
　Zhu L. Yang & G. Wu • 224

*Cryptoporus volvatus* (Peck) Shear • 298

*Cyathus stercoreus* (Schwein.) De Toni • 296

*Cystoderma amianthinum* (Scop.) Fayod • 192

## D

*Daedaleopsis tricolor* (Bull.) Bondartsev &
　Singer • 546

*Daldinia concentrica* (Bolton) Ces. & De
　Not. • 581

*Discina ancilis* (Pers.) Sacc. • 414

## E

*Entoloma album* Hiroë • 466

*Entoloma rhodopolium* (Fr.) P. Kumm. • 394

## F

*Flammulina velutipes* (Curtis) Singer • 214

*Fomes fomentarius* (L.) Gillet • 262

*Fomitopsis pinicola* (Sw.) P. Karst. • 290

## G

*Ganoderma applanatum* (Pers.) Pat. • 292

*Ganoderma lucidum* (Curtis) P. Karst. • 272

*Geastrum triplex* Jungh. • 266

*Grifola frondosa* (Dicks.) Gray • 160

*Gymnopilus liquiritiae* (Pers.) P. Karst. • 374

*Gymnopilus spectabilis* (Fr.) Singer • 305

*Gymnopus confluens* (Pers.) Antonín, Halling &
　Noordel. • 112

*Gymnopus dryophilus* (Bull.) Murrill • 34

*Gymnopus peronatus* (Bolton) Gray • 512

*Gyromitra esculenta* (Pers.) Fr. • 360

*Gyroporus castaneus* (Bull.) Quél. • 232

## H

*Hericium corralloides* (Scop.) Pers. • 276

*Hericium erinaceus* (Bull.) Pers. • 72

*Hydnellum concrescens* (Pers.) Banker • 522

*Hygrocybe calyptriformis* (Berk.) Fayod • 138

*Hygrophorus fagi* G. Becker & Bon • 58

*Hymenopellis radicata* (Relhan) R. H. Petersen • 46

*Hypholoma fasciculare* (Huds.) P. Kumm. • 336

*Hypholoma lateritium* (Schaeff.) P. Kumm. • 26

## I

*Inonotus obliquus* (Ach. ex Pers.) Pilát • 288

*Isaria japonica* Yasuda • 252

## K

*Kobayasia nipponica* (Kobayasi) S. Imai & A. Kawam. • 574

## L

*Laccaria laccata* (Scop.) Cooke • 182

*Laccaria vinaceoavellanea* Hongo • 142

*Lacrymaria lacrymabunda* (Bull.) Pat. • 208

*Lactarius chrysorrheus* Fr. • 340

*Lactarius piperatus* (L.) Pers. • 430

*Lactarius subzonarius* Hongo • 532

*Lactarius volemus* (Fr.) Fr. • 116

*Laetiporus miniatus* (Jungh.) Overeem • 492

*Lentinula edodes* (Berk.) Pegler • 218

*Lepiota cristata* (Bolton) P. Kumm. • 302

*Lepista sordida* (Schumach.) Singer • 164

*Leucocoprinus birnbaumii* (Corda) Singer • 526

*Lycoperdon perlatum* Pers. • 100

*Lyophyllum shimeji* (Kawam.) Hongo • 92

*Lysurus arachnoideus* (E. Fisch.) Trierv.-Per. & Hosaka • 410

## M

*Macrolepiota procera* (Scop.) Singer • 203

*Marasmius maximus* Hongo • 206

*Megacollybia platyphylla* (Pers.) Kotl. & Pouzar • 482

*Morchella esculenta* (L.) Pers. • 479

*Mycena alphitophora* (Berk.) Sacc. • 590

*Mycena pura* (Pers.) P. Kumm. • 368

## N

*Neolentinus lepideus* (Fr.) Redhead & Ginns • 498

## O

*Omphalotus japonicus* (Kawam.) Kirchm. & O.K. Mill. • 346

*Ophiocordyceps nutans* (Pat.) G. H. Sung, J. M. Sung, Hywel-Jones & Spatafora • 256

*Ophiocordyceps sphecocephala* (Klotzsch ex Berk.) G. H. Sung, J. M. Sung, Hywel-Jones & Spatafora • 270

## P

*Panaeolus subbalteatus* (Berk. & Broome) Sacc. • 316

*Panellus serotinus* (Schrad.) Kühner • 196

*Panellus stipticus* (Bull.) P. Karst. • 124

*Perenniporia fraxinea* (Bull.) Ryvarden • 280

*Phallus impudicus* L. • 96

*Phallus indusiatus* Vent. • 106

*Phallus luteus* (Liou & L. Hwang) T. Kasuya • 68

*Phallus rugulosus* Lloyd • 540

*Phellodon melaleucus* (Sw. ex Fr.) P. Karst. • 544

*Pholiota adiposa* (Batsch) P. Kumm. • 476

*Pholiota squarrosa* (Vahl) P. Kumm. • 494

*Pholiota terrestris* Overh. • 356

*Pleurotus citrinopileatus* Singer • 70

*Pleurotus djamor* (Rumph. ex Fr.) Boedijn • 126

*Pleurotus ostreatus* (Jacq.) P. Kumm. • 76

*Pluteus aurantiorugosus* (Trog) Sacc. • 132

*Pluteus leoninus* (Schaeff.) P. Kumm. • 62

*Podostroma cornu-damae* (Pat.) Boedijin • 382

*Polyozellus multiplex* (Underw.) Murrill • 50

*Polyporus arcularius* (Batsch) Fr. • 508

*Polypus dispansus* (Lloyd) Audet • 556

*Postia tephroleuca* (Fr.) Jülich • 278

*Psathyrella candolleana* (Fr.) Maire • 178

*Pseudocolus fusiformis* (E. Fisch.) Lloyd • 146

*Pulveroboletus ravenelii* (Berk. & M. A. Curtis) Murrill • 308

*Pycnoporus cinnabarinus* (Jacq.) Fr. • 238

## R

*Ramaria aurea* (Schaeff.) Quél. • 450

*Ramaria botrytis* (Pers.) Ricken • 152

*Ramaria flava* (Schaeff.) Quél. • 344

*Ramaria formosa* (Pers.) Quél. • 386

*Ramaria sanguinea* Corner • 418

*Retiboletus nigerrimus* (R. Heim) Manfr. Binder & Bresinsky • 320

*Rhodocollybia butyracea* (Bull.) Lennox • 118

*Rickenella fibula* (Bull.) Raithelh. • 558

*Rugiboletus extremiorientalis* (Lj.N. Vassiljeva) G. Wu & Zhu L.Yang • 174

*Russula aurea* Pers. • 40

*Russula densifolia* Secr. ex Gillet • 404

*Russula emetica* (Schaeff.) Pers. • 370

*Russula flavida* Frost • 530

*Russula japonica* Hongo • 474

*Russula mariae* Peck • 56

*Russula nigricans* Fr. • 506

*Russula senecis* S. Imai • 456

*Russula subnigricans* Hongo • 422

*Russula virescens* (Schaeff.) Fr. • 42

## S

*Sarcodon imbricatus* (L.) P. Karst. • 484

*Sarcodon scabrosus* (Fr.) P. Karst. • 398

*Schizophyllum commune* Fr. • 577

*Scleroderma areolatum* Ehrenb. • 426

*Scleroderma verrucosum* (Bull.) Pers. • 408

*Scutellinia scutellata* (L.) Lamb. • 564

*Sparassis crispa* (Wulfen) Fr. • 250

*Stereum ostrea* (Blume & T. Nees) Fr. • 516

*Strobilomyces strobilaceus* (Scop.) Berk. • 36

*Strobilurus stephanocystis* (Kühner & Romagn. ex Hora) Singer • 168

*Suillus bovinus* (Pers.) Roussel • 228

## T

*Trametes coccinea* (Fr.) Hai J. Li & S.H. He • 242

*Trametes versicolor* (L.) Lloyd • 246

*Tremella foliacea* Pers. • 52

*Trichaptum abietinum* (Dicks.) Ryvarden • 284

*Tricholoma matsutake* (S. Ito. & S. Imai) Singer • 148

*Tropicoporus linteus* (Berk. & M.A. Curtis) L.W. Zhou & Y.C. Dai • 268

*Tylopilus neofelleus* Hongo • 566

*Tyromyces sambuceus* (Lloyd) Imazeki • 108

## V

*Volvariella volvacea* (Bull.) Singer, in Wasser • 222

# 참고문헌

- 김양섭, 석순자, 성재모, 유관희, 차주영. 2002. 강원의 버섯. 355pp. 강원대학교출판부.
- 가강현, 박원철, 박현, 여운홍, 윤갑희. 2003. 홍릉수목원의 버섯. 63pp. 임원연구원.
- 조덕현. 2003. 원색 한국의 버섯. 436pp. 아카데미서적.
- 박완희, 이호득. 2003. 원색 한국약용버섯도감. 757pp. (주)교학사.
- 농촌진흥청 농업과학기술원. 2004. 한국의 버섯(식용버섯과 독버섯). 467pp. 동방미디어.
- 박완희, 이호득. 2005. 원색도감·한국의 자연 시리즈① 한국의 버섯. 508pp. (주)교학사.
- 가강현, 박원철, 박현. 2009. 홍릉수목원의 보물찾기 버섯 99선. 86pp. 국립산림과학원.
- 고평열, 김찬수, 변광옥, 석순자, 신용만. 2009. 제주지역의 야생버섯. 463pp. 국립산림과학원.
- 고철순, 석순자, 장현유. 2011. 우리 산야의 자연버섯. 440pp. 푸른행복.
- 김양섭, 김완규, 서장선, 석순자, 손창환, 이윤선, 임경수, 정미혜. 2011. 독버섯 도감. 432pp. 푸른행복.
- 석순자, 장현유, 고철순, 박영준. 2013. 야생버섯 백과사전. 528pp. 푸른행복.
- 석순자, 손창환, 임경수, 정미혜. 2015. 독버섯 쉽게 알아보기. 400pp. 푸른행복
- 김양섭, 석순자. 2016. 생활 주변에서 흔히 볼 수 있는 버섯 100가지. 272pp. 가람누리.
- 김양섭, 석순자. 2016. 야생버섯 도감. 544pp. 푸른행복.
- 석순자, 장현유, 박영준. 2017. 자연버섯 도감. 528pp. 푸른행복.
- 양양군농업기술센터. 2002~2010. 송이생태시험지운영결과. 농업기술센터.